数字媒体技术应用专业系列教材

Photoshop CS5 平面设计案例教程

Photoshop CS5 Pingmian Sheji Anli Jiaocheng

（第2版）

段　欣　主编

高等教育出版社·北京
HIGHER EDUCATION PRESS BEIJING

内容简介

本书是数字媒体技术应用专业主干课程教学用书，在第1版的基础上，根据教育部2010年颁布的《中等职业学校专业目录》及相关职业岗位的职业能力要求修订而成。

本书采用案例教学法，以案例引领的方式介绍Photoshop CS5的基础知识、常用工具、路径、图层、通道与蒙版、图像色调、色彩的调整、滤镜及其应用等最常用、最重要的功能及其使用方法，并通过最后一章的综合应用展示了使用Photoshop进行平面设计的综合技巧。

本书可作为中等职业学校数字媒体技术应用专业及相关方向的基础教材，也可作为各类计算机动漫与游戏制作培训班的教材，还可供计算机动漫与游戏制作及平面设计从业人员参考。

图书在版编目(CIP)数据

Photoshop CS5 平面设计案例教程 / 段欣主编. --2版. --北京:高等教育出版社,2012.5
ISBN 978-7-04-034696-1

Ⅰ.①P… Ⅱ.①段… Ⅲ.①平面设计-图像处理软件,Photoshop CS5-中等专业学校-教材 Ⅳ.①TP391.41

中国版本图书馆 CIP 数据核字(2012)第 037003 号

策划编辑 郭福生　责任编辑 郭福生　封面设计 张申申　版式设计 于 婕
责任校对 刘 莉　责任印制 韩 刚

出版发行 高等教育出版社
社　　址 北京市西城区德外大街4号
邮政编码 100120
印　　刷 北京鑫丰华彩印有限公司
开　　本 787mm×1092mm 1/16
印　　张 13.5
字　　数 310 千字
购书热线 010-58581118
咨询电话 400-810-0598
网　　址 http://www.hep.edu.cn
　　　　 http://www.hep.com.cn
网上订购 http://www.landraco.com
　　　　 http://www.landraco.com.cn
版　　次 2008年6月第1版
　　　　 2012年5月第2版
印　　次 2012年5月第1次印刷
定　　价 22.50元

物 料 号 34696-00

前　言

本书是为适应中等职业学校人才培养的需要，在第1版的基础上，根据教育部2010年修订颁布的《中等职业学校专业目录》确定的数字媒体技术应用专业教学内容以及相关岗位的职业能力要求修订而成，也可作为计算机动漫与游戏制作专业相关课程的教学用书。

Photoshop CS5是Adobe公司推出的图形图像处理与设计软件的最新版本，集图像编辑、设计、合成、网页制作和高品质的图像输出功能于一体，是计算机平面设计中不可缺少的图形图像处理设计软件，也是数字媒体技术应用专业的必修课程。

本书根据教学大纲的要求和初学者的实际情况，从实用角度出发以循序渐进的方式，由浅入深地全面介绍了当前最新的Photoshop CS5 Extended(扩展)版的基本操作和实际应用，全书采用"案例教学法"，每一章都精心设计了相应的案例，通过"案例要求"、"案例分析"、"操作步骤"等，先给读者一个应用Photoshop CS5进行实际操作的案例，并对案例进行分析，再讲述实现这一案例的具体操作步骤，然后系统地对该案例所涉及的知识点进行全面讲解，达到既能帮助读者进一步掌握和巩固基本知识，又能快速提高综合应用的实践能力，使学生的学与做，理论和实践达到有机的统一，真正实现"做中学，做中教"的目的，对提高学生的动手操作能力和实践技能无疑最有针对性。

采用本书进行教学时应以操作训练为主，建议安排72学时，其中上机不少于54学时。具体的学时安排可参考下表。

章	学　时	章	学　时
第1章	4	第6章	10
第2章	12	第7章	6
第3章	10	第8章	6
第4章	14	机　动	4
第5章	6	合　计	72

本书配套网络教学资源，通过封底所附学习卡，可登录网站http://sve.hep.com.cn，获取相关教学资源。学习卡兼有防伪功能，可查阅图书真伪，详细说明见书末"郑重声明"页。

本书由段欣主编，鲁中中等专业学校范瑞霞、烟台理工学校宋彩莲、济南信息工程学校隋扬参加编写。淄博市职工教育培训中心的李波老师在百忙之中审阅了全书，并提出了许多宝贵的意见和建议,在此一并表示衷心的感谢。

由于编者水平有限,书中不妥之处在所难免,恳请广大读者批评指正,作者联系邮箱:dx866@126.com。

编　者

2011年12月

第1版前言

本书为适应中等职业学校技能紧缺人才培养的需要，根据《中等职业学校计算机应用与软件技术专业领域技能型紧缺人才培养培训指导方案》的要求编写，是电脑动漫制作技术专业的基础课程教材。

Photoshop 是 Adobe 公司推出的图形图像编辑处理软件，其集图像编辑、设计、合成、网页制作和高品质的图片输出功能为一体，是计算机平面设计中不可缺少的工具之一，也是电脑动漫制作技术专业的必修课程。Photoshop CS3 是目前的最新版本。

本书依据教学大纲的要求和初学者的实际情况，从实用角度出发，循序渐进、由浅入深地全面介绍了 Photoshop CS3 Extended(扩展)版的基本操作和实际应用。全书共分7章，采用"案例教学法"。每一章先精心设计了相应的案例，通过"项目要求"、"案例分析"、"跟我做"等步骤，先给读者一个应用 Photoshop 进行实际操作的案例，并对案例提出要求、进行分析，再讲述实现这一操作的具体方法；然后系统地对该案例所涉及的知识点进行全面讲解，以帮助读者进一步掌握并扩展基本知识；最后通过"上机实训"，促进读者巩固所学知识并熟练操作，快速提高综合应用的实践能力。三个环节紧密联系，使学生的学与做、理论和实践达到有机的统一，真正做到"在做中学，在学中做"。

为了提高学习效率和教学效果，本书采用出版物短信防伪系统，配套学习卡资源。本教材配套的网络课程和所使用的图片等相关素材通过"中等职业教育教学在线"网站(http://sve.hep.com.cn;http://sve.hep.edu.cn)发布，供学习者下载使用。同时还出版有与之配套的《Photoshop CS3 学习指导与实训》，供读者上机实训和考试参考。

本书由山东省教学研究室段欣担任主编，山东省商贸学校刘鹏程、潍坊商业学校郑金萍、鲁中中等专业学校范瑞霞参加了编写，张钧参与了编写提纲的讨论工作。山东师范大学传播学院孟祥增教授对本书进行了审阅，提出了很多宝贵的修改建议，在此表示衷心的感谢。

由于编者水平有限，书中不妥之处在所难免，恳请广大读者批评指正。编者联系邮箱:dx866@126.com。

编　者

2008年3月

目 录

第1章 Photoshop 基础知识

1.1 图形图像种类

计算机处理的图形图像有两种:矢量图和位图。通常把矢量图叫做图形,把位图叫做图像。

1. 矢量图

矢量图的基本元素是图元,也就是图形指令。它在形成图形时,是通过专门的软件将图形指令转换成可在屏幕上显示的各种几何图形和颜色。矢量图根据几何特性来绘制图形,所以,矢量图通常由绘图软件生成。矢量图的元素都是通过数学公式计算获得的,所以矢量图文件所占存储空间一般较小,而且在进行缩放或旋转时,不会发生失真现象。缺点是能够表现的色彩比较单调,不能像照片那样表达色彩丰富、细致逼真的画面。矢量图通常用来表现线条化明显、具有大面积色块的图案。

Adobe 公司的 Illustrator、Corel 公司的 CorelDRAW 是常用的矢量图设计软件,Flash 制作的动画也是矢量动画。常用的矢量图格式有 AI(Illustrator 源文件格式)、CDR(Core/DRAW 源文件格式)、DXF(AutoCAD 图形交换格式)、WMF(Windows 图元文件格式)、SWF(Flash 文件格式)等。

2. 位图

位图也叫点阵图,它的基本元素是像素。如果把位图放大到一定程度,就会发现整个画面是由排成行列的一个个小方格组成的,这些小方格就被称为像素。位图文件中记录的是每个像素的色度、亮度和位置等信息,因此对于一幅图像来说,单位面积内的像素点越多,图像就越清晰,同时占用的存储空间也越大。其优点是可以表达色彩丰富、细致逼真的画面;缺点是位图文件占用存储空间比较大,而且在放大输出时会发生失真现象。

常用的位图格式有 BMP、JPEG、PSD、GIF、TIFF 等。

1.2 图像属性

1. 分辨率

分辨率通常分为显示分辨率、图像分辨率和输出分辨率等。

(1) 显示分辨率

显示分辨率是指显示器屏幕上能够显示的像素个数,通常用显示器长和宽方向上能够显示的像素个数的乘积来表示。如显示器的分辨率为 1 024×768 像素,则表示该显示器在水平方向可以显示 1 024 个像素,在垂直方向可以显示 768 个像素,共可显示 786 432 个像素。显示器的显示分辨率越高,显示的图像越清晰。

(2) 图像分辨率

图像分辨率是指图像中存储的信息量。图像分辨率有多种衡量方法,通常用图像在长和宽方向上所能容纳的像素个数的乘积来表示,如 640×480 像素。在某些情况下,它也可用单位 ppi(pixels per inch,像素每英寸)来表示。图像分辨率既反映了图像的清晰程度,又表示了图像的大小。在显示分辨率一定的情况下,图像分辨率越高,图像越清晰,同时图像也越大。

(3) 输出分辨率

输出分辨率是指输出设备(主要指打印机)在每个单位长度内所能输出的点数,通常用单位 dpi(dots per inch,点每英寸)来表示。输出分辨率越高,则输出的图像质量就越好。目前一般激光打印机和喷墨打印机的分辨率都在 600 dpi 以上。若打印文本,600 dpi 已经达到相当出色的线条质量;若打印黑白照片,最好用分辨率在 1 200 dpi 以上的喷墨打印机;若打印彩色照片,则分辨率最好是 4 800 dpi 或更高。

2. 颜色深度

在图像中,各像素的颜色信息是用二进制位来描述的。颜色深度就是指存储每个像素所用的二进制位数。颜色深度确定彩色图像的每个像素可能有的颜色数,或者确定灰度图像的每个像素可能有的灰度级数。如果图像的颜色深度用 n 来表示,那么该图像能够支持的颜色数(或灰度级数)为 2^n。图像的颜色深度通常有 1 位、4 位、8 位、16 位、24 位之分。在 1 位图像中,每个像素的颜色只能是黑或白;若颜色位深度为 24 位,则支持的颜色数目达 1 677 万种,通常称为真彩色。

3. 颜色模式

颜色模式是指在显示器屏幕上和打印页面上重现图像色彩的模式。对于数字图像来说,颜色模式是个很重要的概念,它不但会影响图像中能够显示的颜色数目,还会影响图像的通道数和文件的大小。

下面介绍 Photoshop CS5 最常用的几种颜色模式。

(1) RGB 模式

RGB 模式是 Photoshop CS5 中最常用的颜色模式,也是 Photoshop CS5 图像的默认颜色模式。RGB 模式用红(R)、绿(G)、蓝(B)三原色来混合产生各种颜色,该模式的图像中每个像素 R、G、B 的颜色值均在 0 ~ 255 之间,各用 8 位二进制数来描述,因此每个像素的颜色信息是由 24 位颜色深度来描述的,即所谓的真彩色。就编辑图像而言,RGB 是最佳的颜色模式,但并不是最佳的打印模式,因为其定义的许多颜色超出了打印范围。采用 RGB 模式的图像有三个颜色通道,分别用于存放红、绿、蓝三种颜色数据。

(2) CMYK 模式

CMYK 模式是针对印刷而设计的颜色模式,是一种基于青(C)、洋红(M)、黄(Y)和黑(K)四色印刷的印刷模式。CMYK 模式是通过油墨反射光来产生色彩的,该模式定义的色彩数比 RGB 模式少得多，所以若图像由 RGB 模式直接转换为 CMYK 模式，必将损失一部分颜色。采用 CMYK 模式的图像有 4 个颜色通道，分别用于存放青色、洋红、黄色和黑色 4 种颜色数据。

（3）Lab 模式

Lab 模式是 Photoshop CS5 内部的颜色模式，是目前色彩范围最广的一种颜色模式。Lab 模式由三个通道组成，其中，L 通道是亮度通道，a 和 b 通道是颜色通道。Lab 模式弥补了 RGB 模式和 CMYK 模式的不足，在进行色彩模式转换时，Lab 模式转换为 CMYK 模式不会出现颜色丢失现象，因此，在 Photoshop CS5 中常利用 Lab 模式作为 RGB 模式转换为 CMYK 模式的中间过渡模式。

除上述三种最基本的颜色模式外，Photoshop CS5 还支持位图模式、灰度模式、双色调模式、索引颜色模式和多通道模式等。

4. 图像文件的格式

图形图像文件的存储格式有很多种，每种格式都有不同的特点和应用范围，可根据不同的需求将图形图像保存为不同的格式。下面列举的是目前常见的几种文件格式。

（1）BMP 格式

BMP 格式是 Windows 系统下的标准图像格式。这种格式不采用压缩技术，所以占用磁盘空间较大。

（2）JPEG 格式

JPEG 格式是采用 JPEG（Joint Photographic Experts Group，联合图像专家组）压缩标准进行压缩的图像文件格式，可以选用不同的压缩比，属于有损压缩。由于它的压缩比可以很大，文件较小，所以是 Internet 上最常用的图像文件格式之一。

（3）PSD 格式

PSD 格式是 Photoshop 的专用格式。这种格式可以将 Photoshop CS5 的图层、通道、参考线、蒙版和颜色模式等信息都保存起来，以便于图像的修改。它是一种支持所有图像颜色模式的文件格式。

（4）GIF 格式

GIF（Graphics Interchange Format，图形交换格式）是一种采用 LZW 压缩算法的 8 位图像文件格式。该格式的文件可以同时存储若干幅静止图像进而形成连续的动画，可指定透明区域，文件较小，适合网络传输。LZW 是一种无损压缩技术，该技术在压缩包含大面积单色区域的图像时最有效。

（5）TIFF 格式

TIFF（Tagged Image File Format，标记图像文件格式）被许多图形图像软件所支持，是一种灵活的位图图像格式。TIFF 格式支持具有 Alpha 通道的 CMYK、RGB、Lab 等多种颜色模式。Photoshop 在该格式中能存储图层信息，但在其他应用程序中打开该类文件只会看到拼合后的图像。TIFF 格式常用于在不同应用程序和不同操作系统之间交换文件。

（6）PNG 格式

PNG（Portable Network Graphics，可移植网络图形）是一种位图文件存储格式，它采用从 LZ77 派生的无损压缩算法。用 PNG 格式来存储灰度图像时，灰度图像的深度可多到 16 位；存储彩色图像时，彩色图像的深度可多到 48 位，并且还可存储多到 16 位的

α 通道数据。PNG 格式具有高保真性、透明性、文件较小等特性，被广泛应用于网页设计、平面设计中。

案例 1　草原美如画——图像浏览

案例要求

在 Photoshop CS5 中以不同的比例观察如图 1-1 所示的图像，既要欣赏整体画面，又要有不同位置的细致观察。

图 1-1　在 Photoshop 中打开的图像文件

案例分析

结合 Photoshop CS5 的特点分析该项目的要求，应做到以下几点：

① 学会启动 Photoshop CS5 程序并在该程序中打开文件。

② 熟悉 Photoshop CS5 的界面。

③ 学习使用“抓手工具”和“缩放工具”进行图像全局或指定部分的浏览与细部观察。

④ 学习使用标尺、参考线对图像进行精确定位。

⑤ 开始认识图层、了解 Photoshop CS5 的构图理念。

⑥ 学习在图像编辑窗口中对打开的多个图像文件进行切换，并以不同的窗口排列方式进行排列。

操作步骤

① 在桌面上双击 Photoshop CS5 的快捷图标，或选择“开始→所有程序→Adobe

Photoshop CS5”命令，启动 Photoshop CS5 程序，然后选择“文件→打开”命令，打开图像文件“草原美如画 1. psd”和“草原美如画 2. jpg”，并在图像编辑窗口中单击“草原美如画 1. psd”选项卡，将其切换为当前图像，如图 1-1 所示。

② 单击工具箱中的“缩放工具”🔍，在图像中单击，图像会放大到 200% 的显示比例，如图 1-2 所示。

③ 选择工具箱中的“抓手工具”✋，在图像中拖曳鼠标，可以移动图像，以便观察图像的其他部分，图 1-3 即是平移图像的一个窗口状态。

图 1-2　放大到 200% 的图像窗口

图 1-3　平移图像

④ 再次选择工具箱中的“缩放工具”，在图像窗口中拖曳出一个虚线状的矩形框，如图 1-4 所示，松开鼠标后，矩形框内的图像放大显示在窗口中，如图 1-5 所示。

图 1-4　拖曳出的矩形框

图 1-5　矩形框内图像放大显示状态

⑤ 按住 Alt 键，用“缩放工具”在图像窗口内单击，可将图像缩小显示，显示比例缩小到 100% 时的图像显示情况如图 1-1 所示。

⑥ 选择“视图→标尺”命令，窗口中即显示出水平标尺和垂直标尺，如图 1-6 所示。

图 1-6 标尺显示状态

图 1-7 两条参考线位置情况

⑦ 将鼠标指针分别放在水平标尺和垂直标尺上，拖曳出一条水平参考线和一条垂直参考线，放置位置如图 1-7 所示。

⑧ 选择“视图→锁定参考线”命令，锁定参考线的位置，并确保“视图”菜单中的“对齐”命令处于选中状态。

⑨ 在“图层”面板中，选中“鸽子 1”所在图层，如图 1-8 所示。

⑩ 选择工具箱中的“移动工具”，在图像中拖曳，即发现鸽子 1 在移动，我们将它放置在两条参考线的一个夹角上，如图 1-9 所示。

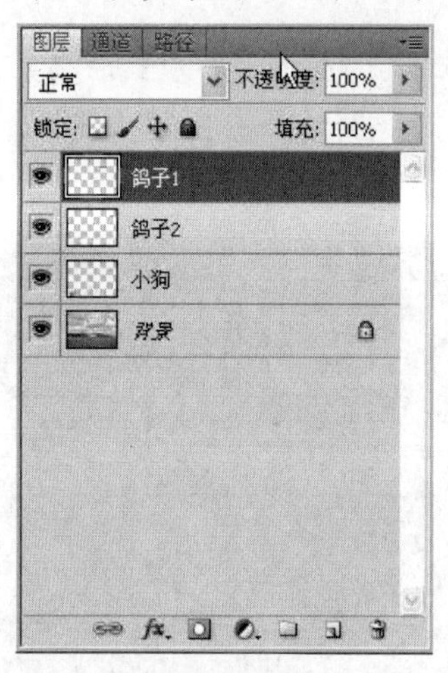

图 1-8 “图层”面板

图 1-9 利用参考线为“鸽子 1”定位

注意：“移动工具”拖曳的是当前图层中的对象。利用参考线可以对图像进行精确定位。

⑪ 选择“视图→清除参考线”命令，清除图像窗口中的参考线。选择“视图→标尺”命令，隐藏图像窗口中的标尺。

⑫ 在“图层”面板中分别单击各图层的“图层显示标记”，使各图层分别呈隐藏状态，此时“图层显示标记”为。例如，只有“鸽子 1”图层隐藏后的图像如图 1-10 所

示，“小狗”图层也隐藏后的图像如图 1-11 所示。

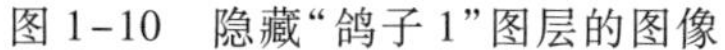

图 1-10　隐藏“鸽子 1”图层的图像

图 1-11　隐藏“鸽子 1”图层和“小狗”图层后的图像

注意：图像的整体效果是由各图层中的图像叠加而形成的，这正是 Photoshop CS5 的构图理念。

⑬ 在面板区单击“历史记录”面板图标，展开“历史记录”面板，如图 1-12 所示。

⑭ 从“历史记录”面板的历史记录列表中选择第一个操作“打开”，如图 1-13 所示，即可将图像恢复为刚打开时的状态。

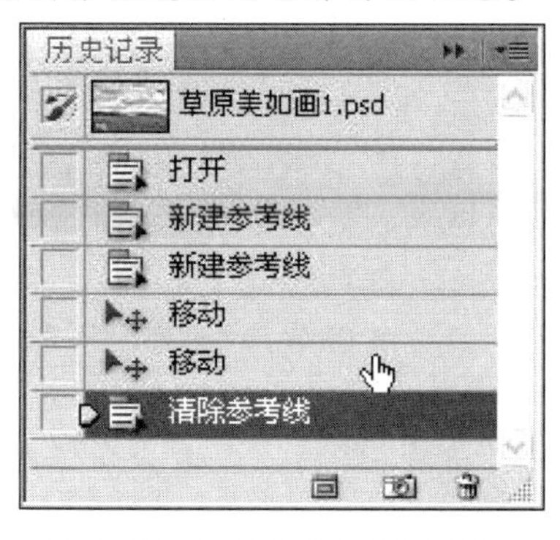

图 1-12　展开“历史记录”面板

图 1-13　选择“打开”操作

⑮ 在图像编辑窗口中单击“草原美如画 2.jpg”选项卡，将其切换为当前图像，如图 1-14 所示。

⑯ 选择“窗口→排列→在窗口中浮动”命令，可将当前图像放置于一个独立窗口中，如图 1-15 所示。选择“窗口→排列→使所有内容在窗口中浮动”命令，则当前打开的两幅图像均各自放置于一个独立窗口中，如图 1-16 所示。

图 1-14　将“草原美如画 2. jpg”切换为当前图像

图 1-15　当前图像置于一个独立窗口中

⑰ 选择“窗口→排列→平铺”命令，则两幅图像显示状态如图 1-17 所示。选择“窗口→排列→将所有内容合并到选项卡中”命令，则图像显示情况恢复到如图 1-1 所示的状态。

图 1-16　两幅图像各自放置于一个独立窗口中

图 1-17　两幅图像平铺

⑱ 分别选择两幅图像，利用“文件→存储为”命令，将两幅图像分别保存到另外的文件夹中；再选择“文件→关闭全部”命令，关闭两幅图像；最后选择“文件→退出”命令，退出 Photoshop CS5。

1.3　Photoshop CS5 的工作界面

启动 Photoshop CS5 程序，可以看到 Photoshop CS5 的工作界面主要由标题栏、菜单栏、工具选项栏、工具箱、面板、图像编辑窗口等组成，如图 1-18 所示。

Photoshop CS5 分为两个版本，分别是常规的标准版和支持 3D 功能的 Extended（扩展）版，本书以 Extended 版为例进行介绍。

1. 标题栏

Photoshop CS5 的标题栏位于整个窗口的顶部，其组成部分由左向右依次是窗口控

图 1-18　Photoshop CS5 工作界面

制菜单按钮 、相应功能的快速切换按钮(其中包括“查看额外内容”按钮 、“缩放级别”按钮 、“排列文档”按钮 、“屏幕模式”按钮 等)、快速选择工作区按钮 以及“最小化”按钮、“最大化”按钮或“还原”按钮、“关闭”按钮。

2. 菜单栏

Photoshop CS5 将所有的命令集合分类后,放置在 11 个菜单中,利用下拉菜单命令可以完成大部分图像编辑处理工作。

3. 工具选项栏

工具选项栏用于设置工具箱中当前工具的参数。不同工具所对应的选项栏的参数也有所不同。

图 1-19 是选择“画笔工具”后选项栏的显示情况。通过对选项栏中各项参数的设置可以定制当前工具的工作状态,以利用同一个工具设计出不同的图像效果。

图 1-19　“画笔工具”选项栏

4. 工具箱

工具箱的默认位置位于窗口的左侧,它包含用于图像绘制和编辑处理的各种工具,各工具的具体功能和用法将在第 2 章中介绍。

工具箱具有伸缩性,通过单击工具箱顶部的伸缩栏 ,可以在单栏和双栏之间任意切换,这样便于更好地灵活利用工作区中的空间进行图像处理。

Photoshop CS5 有 60 多种工具,由于窗口空间有限,它把功能相近的工具归为一组放在一个工具按钮中,因此有许多工具是隐藏的。若要了解某工具的名称,只需把鼠标指针指向对应的按钮,稍等片刻,即会出现该工具名称的提示。许多工具按钮右下角有一个黑色小三角形,这表明该按钮是一个工具组按钮,在该按钮上按下左键不放或右击该按钮时,隐藏的工具便会显示出来,移动鼠标指针从中选择一个工具,该工具便成为当前工具。

5. 面板

面板的默认位置位于窗口的右侧。Photoshop CS5 提供了 20 多种面板,每一种面板都有其特定的功能,如利用“图层”面板可以完成图层的创建、删除、复制、移动、显示、隐藏和链接等操作。面板是 Photoshop CS5 提供的一种很重要的功能。

在 Photoshop CS5 中,专门为不同的应用领域准备了相应的工作区环境。其中,主要包括基本功能、设计、绘画、摄影、3D、动感和 Photoshop CS5 新增功能等工作区。只要在标题栏中单击相应的工作区按钮或在“窗口→工作区”级联菜单中选择相应的命令,即可切换到对应的工作区。选择不同的工作区时,显示的面板也有所不同。

下面介绍面板的基本操作。

(1) 面板的展开与收缩

面板同工具箱一样也具备伸缩性,利用面板顶端的“展开面板”按钮可以将面板展开,如图 1-20 所示,也可以利用“折叠为图标”按钮将其全部收缩为图标,如图 1-21 所示。

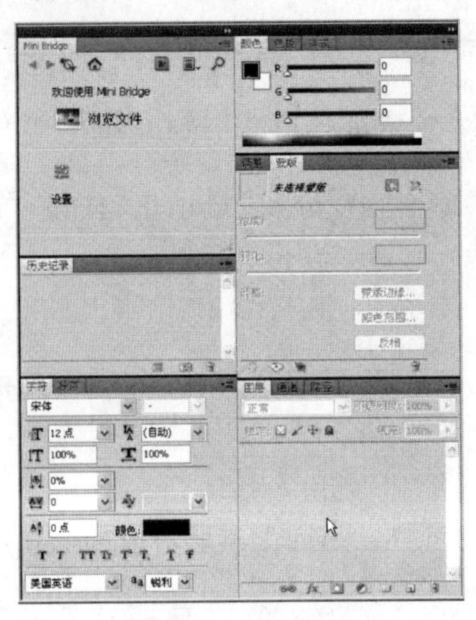

图 1-20　展开的面板

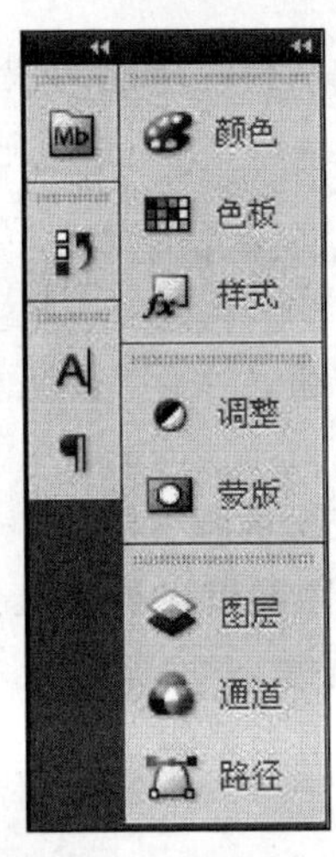

图 1-21　收缩的面板

如果要展开某个面板,可以直接单击其图标或面板标签名称;如果要隐藏某个已经显示出来的面板,则需再次单击其图标或双击其标签名称。

如果需要使用的面板的图标或标签名称没有显示在工作区中,从“窗口”菜单中选择对应的命令,即可将其显示出来。

(2) 拆分面板

将鼠标指针指向某个面板的图标或标签,并将其拖至工作区中的空白区域,即可将该面板拆分出来,图 1-22 即是拆分出来的一个独立的面板。

(3) 组合面板

如果每个面板都独立占用一个窗口,必将大大减少编辑图像所需的工作区域。为此 Photoshop CS5 提供了组合面板的功能,就是将多个面板组合在一起占用一个面板的位置,当需要使用某个面板时,单击其标签名称即可,图 1-23 所示即是多个面板组合在一起的状态。操作方法是:拖动一个独立面板的标签至目标面板上,直到目标面板呈蓝色突出显示时松开鼠标即可。

图 1-22　拆分面板

图 1-23　组合面板

（4）面板菜单

任何一个展开的面板，其右上角均有一个面板菜单按钮，单击它即可打开相应的面板菜单。

6. 图像编辑窗口

（1）图像编辑窗口的组成

图像编辑窗口由三部分组成：选项卡式标题栏、画布、状态栏，如图 1-24 所示。

① 选项卡式标题栏。在 Photoshop CS5 中，每打开一个图像文件，即在图像编辑窗口的标题栏内增加一个选项卡，若要显示已经打开的某幅图像，只要单击对应的选项卡即可。在标题栏的每一个选项卡中显示的内容有：图像文件名、图像显示比例、图像当前图层名称、图像颜色模式、颜色位深度等信息及文件关闭按钮。

② 画布。画布区域是用来显示、绘制、编辑图像的区域。

③ 状态栏。状态栏主要由三部分组成：最左边显示当前图像的显示比例，可在此输入一个值改变图像的显示比例；中间部分默认显示当前图像的“文档大小”（如 文档:699.6K/2.39M ▶，前面的数字代表将所有图层合并后的图像大小，后面的数字代表当前包含所有图层的图像大小），单击其右边的三角形按钮可打开状态栏选项菜单，如图 1-25 所示，选择其中的命令可改变状态栏中间部分的显示内容；状态栏最右边是水平滚动条。

图 1-24　图像编辑窗口

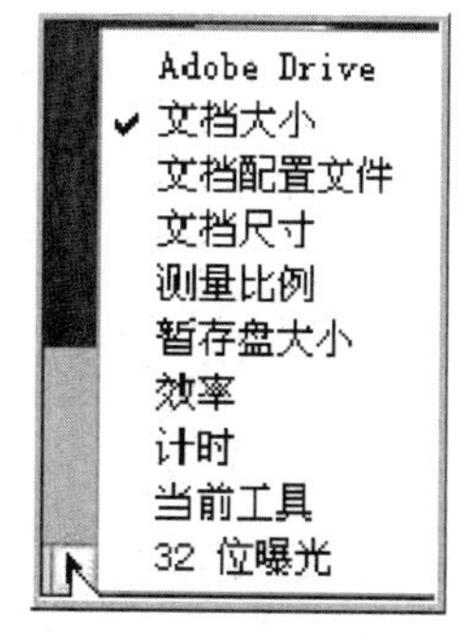

图 1-25　状态栏选项菜单

(2) 图像编辑窗口中图像的排列方式

在 Photoshop CS5 中,默认情况下,打开的图像均以选项卡的方式排列在图像编辑窗口中,用鼠标拖动某个选项卡,则对应的图像会置于一个浮动的独立窗口中。

在“窗口→排列”级联菜单中有一组调整图像排列方式的命令,如图 1-26 所示。

- “层叠”:使两个或两个以上的浮动窗口层叠排列。
- “平铺”:使两个或两个以上的图像水平或垂直平铺排列。
- “在窗口中浮动”:将当前图像置于独立的浮动窗口中。
- “使所有内容在窗口中浮动”:将当前打开的所有图像均置于一个个独立的浮动窗口中。
- “将所有内容合并到选项卡中”:将所有打开的图像均以选项卡的方式排列在图像编辑窗口中。

另外,在 Photoshop CS5 的标题栏上单击“排列文档”按钮,弹出的下拉菜单中有一组选项是用来调整已打开图像的排列方式的,如图 1-27 所示。

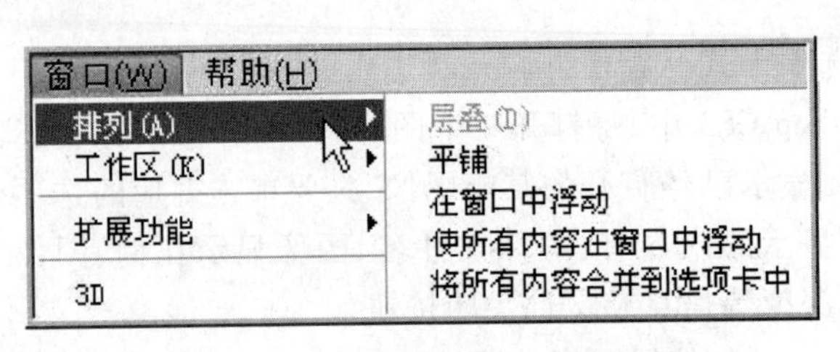

图 1-26　调整图像排列方式的命令

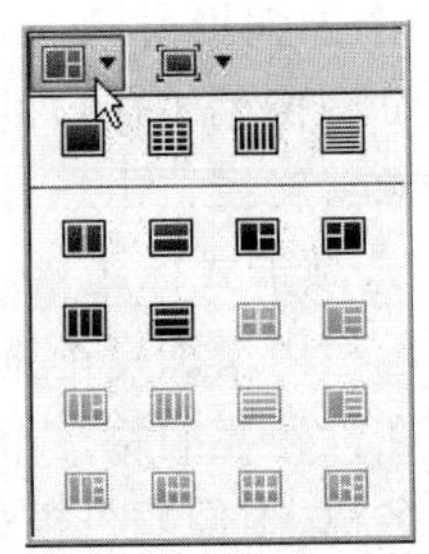

图 1-27　“排列文档”下拉菜单选项

1.4　图像的基本操作

1. 新建、存储与打开文件

(1) 新建文件

选择“文件→新建”命令,即可弹出“新建”对话框,如图 1-28 所示。

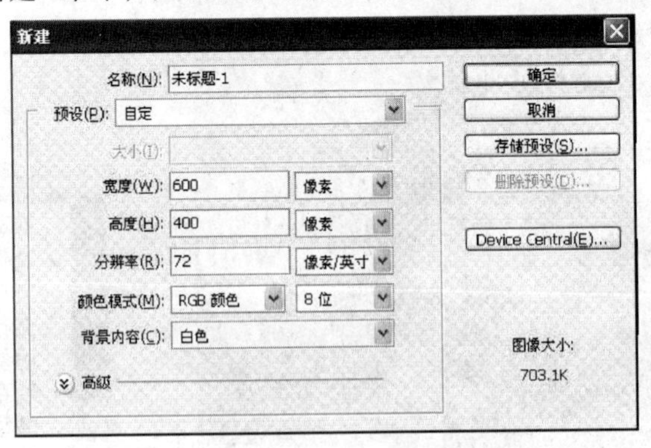

图 1-28　“新建”对话框

- “名称”文本框:用来输入新建文件的名称。

- “预设”下拉列表框：可以从中选择新建文件的尺寸。
- “宽度”和“高度”文本框：用来自定义文件的尺寸。
- “分辨率”文本框：用以设置图像的分辨率，在文件的高度和宽度不变的情况下，分辨率越高，图像越清晰。
- “颜色模式”下拉列表框：用以选择图像的颜色模式，其后的下拉列表框用来选择图像的颜色深度。
- “背景内容”下拉列表框：用以选择新建图像的背景色。

在该对话框中将各项参数设置完毕后，单击“确定”按钮，即可创建一个新文档。

（2）存储文件

选择“文件→存储为”命令，即可弹出“存储为”对话框，如图 1-29 所示。在该对话框中，可以设置文件的保存位置、文件名及文件保存格式等，设置完毕后，单击“保存”按钮，即可调出文件保存格式相应的对话框，利用该对话框可以设置与图像格式有关的一些选项，单击“确定”按钮，即可将图像保存为设定的格式。

（3）打开文件

选择“文件→打开”命令，可弹出“打开”对话框，如图 1-30 所示，在相应文件夹下选择要打开的文件格式及文件后，单击“打开”按钮即可。

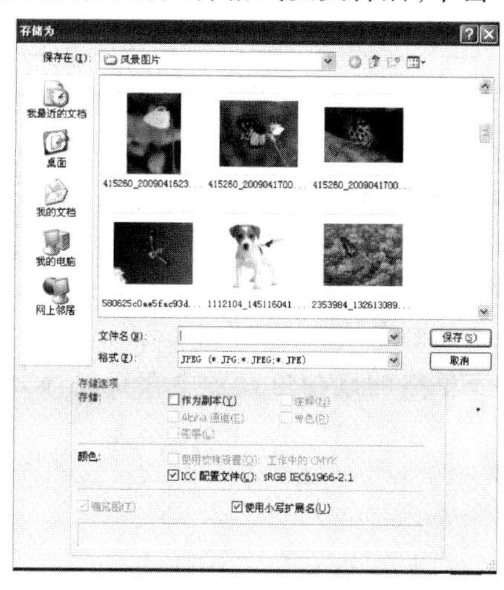

图 1-29 “存储为”对话框

图 1-30 “打开”对话框

若要同时打开多个文件，可以在按住 Ctrl 键的同时在该对话框中选定多个不连续的文件，或按住 Shift 键选定多个连续的文件，再单击“打开”按钮。

2. 图像大小和方向的调整

（1）调整图像大小

① 选择“图像→图像大小”命令，弹出“图像大小”对话框，如图 1-31 所示。在该对话框中，若勾选“约束比例”复选框，则在宽度或高度值改变时，另一方向也会随之改变，以保持图像长宽比例不变，反之则不然。若勾选“重定图像像素”复选框，在“文档大小”选项组中，当图像的尺寸（宽度和高度）或分辨率中的一项改变时，另一项保持不变，但会自动改变“像素大小”选项组中的宽度和高度值；若在“像素大小”选项组中改变图像的宽度、高度时，则会保持分辨率不变，但会自动改变图像的宽、高尺寸值。若取

消“重定图像像素”复选框的选择，则“像素大小”选项组中图像的像素大小不能改变，在“文档大小”选项组中，在图像的尺寸和分辨率中的一项改变时，另一项也会随之改变。

在该对话框中设置完毕后，单击“确定”按钮，图像大小即调整完成。在设置过程中，若对设置值不满意，则按住键盘上的 Alt 键，对话框中的“取消”按钮即切换为“复位”按钮，单击“复位”按钮，则对话框中的各项数据即恢复到刚打开时的状态。

② 选择“图像→画布大小”命令，弹出“画布大小”对话框，如图 1-32 所示。

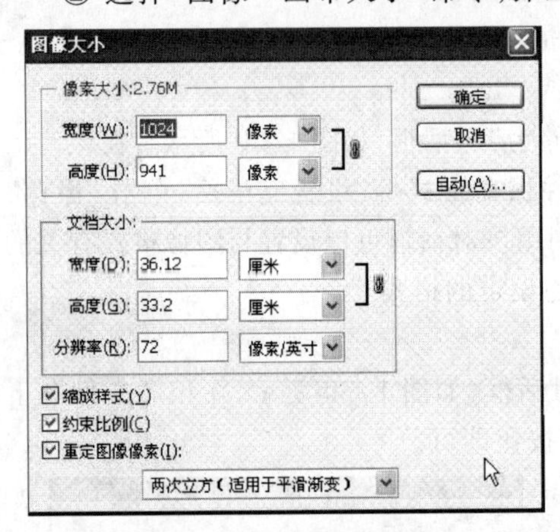

图 1-31 “图像大小”对话框

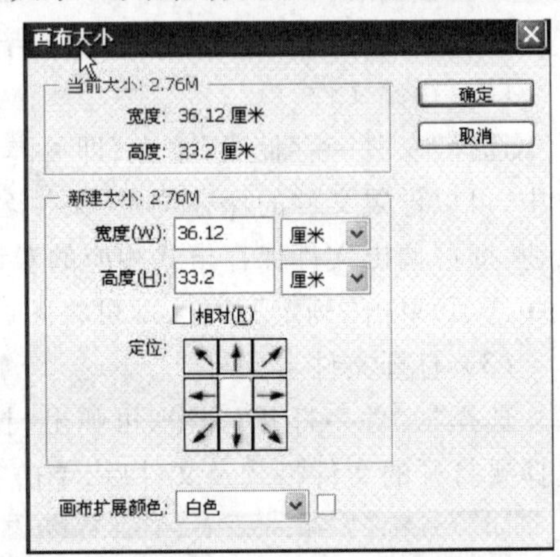

图 1-32 “画布大小”对话框

在该对话框中，若不选择“相对”复选框，则直接在“新建大小”选项组的“宽度”和“高度”文本框中输入一个值，即为调整后的画布大小；若勾选“相对”复选框，则“新建大小”选项组的“宽度”和“高度”值会自动归 0，在其中输入数值后，表示在当前画布大小的基础上添加或减去该数值，若输入一个正值将为画布添加一部分，若输入一个负值则将画布剪切一部分。“画布扩展颜色”下拉列表框中的选项可设置画布扩展部分的填充颜色。设置完毕后，单击“确定”按钮即可。

注意：若调整后的画布尺寸小于图像尺寸，则图像会被裁剪。

(2) 调整图像的方向

选择“图像→图像旋转”级联菜单中的命令，如图 1-33 所示，可使图像的方向进行相应的改变。

180 度(1)
90 度(顺时针)(9)
90 度(逆时针)(0)
任意角度(A)...
水平翻转画布(H)
垂直翻转画布(V)

图 1-33 图像旋转命令

3. 颜色模式的转换

选择“图像→模式”级联菜单中的命令，可以改变图像的颜色模式。

在将色域值较大的颜色模式转换为色域值较小的颜色模式时，通常会丢失一些颜色，导致图像色彩失真，所以在进行图像颜色模式转换前最好先备份原始文件。

- 若要将一幅彩色图像转换为位图模式或双色调模式，应先将其转换为灰度模式，再由灰度模式转换为位图模式或双色调模式。

注意：在将彩色图像转换为灰度模式时，所有的颜色信息均被删除，再将其转换为彩色图像时，颜色信息不会恢复。

- 可以转换为索引颜色模式的图像模式有 RGB 模式、灰度模式和双色调模式。

在将图像模式转换为索引颜色模式后,Photoshop CS5 的滤镜及部分命令将不能使用,因此在转换前一定要做好相应的准备工作。

- Lab 模式的色域包括 RGB 模式和 CMYK 模式的色域,为防止颜色信息的大量丢失,在将 RGB 模式转换为 CMYK 模式时,应以 Lab 模式作为中介。

4. 图像浏览的基本操作

在用 Photoshop CS5 编辑图像时,以适当的比例显示图像是很关键的操作。因为在编辑图像时有时需要从整体的角度来观察图像,有时还要对细微之处进行精细修改,所以学会在 Photoshop CS5 窗口中以不同的显示比例来浏览图像是很有必要的。

(1) 缩放工具

单击工具箱中的“缩放工具”,在图像中单击可将图像的显示比例放大;按住 Alt 键的同时再在图像中单击,可缩小图像的显示比例;若双击工具箱中的“缩放工具”,可使图像以 100% 的比例显示;若利用“缩放工具”在图像中拖动出一个矩形框,则矩形框中的图像部分会放大显示在图像编辑窗口中。

(2) 缩放命令

在“视图”菜单中有一组可改变图像显示比例的命令,如图 1-34 所示。

- “放大”:使图像的显示比例放大。
- “缩小”:使图像的显示比例缩小。
- “按屏幕大小缩放”:使图像尽可能大地显示在屏幕上。
- “实际像素”:使图像以 100% 的比例显示。
- “打印尺寸”:使图像以实际打印的尺寸显示。

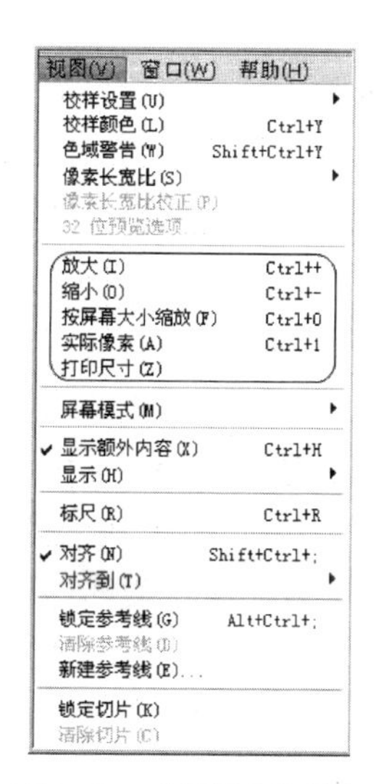

图 1-34 “视图”菜单中的缩放命令

(3) 标题栏中的“缩放级别”按钮

在 Photoshop CS5 的标题栏中单击“缩放级别”按钮 100%,在弹出的下拉菜单中选择一个命令,可使当前图像在 25%、50%、100%、200% 的显示比例之间快速切换。

(4) “抓手工具”

- 若图像本身的尺寸较大或图像放大后,超出了图像编辑窗口的显示范围,可选择工具箱中的“抓手工具”,在画布中拖动鼠标,以观察图像的不同区域。
- 若双击工具箱中的“抓手工具”,可使图像尽可能大地显示在图像编辑窗口中。
- 在选择了工具箱中的其他工具为当前工具时,按住空格键,可临时切换到“抓手工具”,利用“抓手工具”移动图像,松开空格键后,又可恢复到原来的工具状态。

(5) “导航器”面板

“导航器”可为图像的浏览起导航作用。打开一幅如图 1-35 所示的图像后,改变“导航器”面板文本框内的百分比或用鼠标拖动面板下方的活动滑块,就可以改变图像在图像编辑窗口中的显示比例。

图 1-35 “导航器”面板

当显示的图像大于图像编辑窗口时,可用鼠标拖动面板内红色的“显示框”,以改变图像在画布窗

口中的显示区域。面板中的“显示框”默认是红色的，利用面板菜单中的“面板选项”命令，可以改变“显示框”的颜色。

1.5 辅助工具的使用

1. 网格

选择菜单“视图→显示→网格”命令，在当前图像窗口中就会显示出网格；当再次选择该命令时，可将网格隐藏。

选择“视图→对齐到→网格”命令，可以使绘制的选区或图形对象自动对齐到网格线上；再次选择该命令时，可关闭对齐网格命令。

2. 标尺和参考线

标尺和参考线可协助进行图像的测量、精确定位等，但不会随图像一块打印输出。

- 选择“视图→标尺”命令，可将标尺显示在窗口中；再次选择该命令，可隐藏标尺。
- 在标尺上右击，利用弹出的标尺单位快捷菜单可改变标尺刻度的单位。
- 在标尺上向图像方向拖动鼠标，可产生水平或垂直的参考线，如图 1-36 所示。
- 单击“移动工具”并拖动参考线，可改变参考线的位置。
- 选择“视图→锁定参考线”命令可锁定参考线，锁定的参考线不能移动；再次选择该命令，可解除参考线的锁定。
- 选择“视图→清除参考线”命令，可清除所有参考线。

图 1-36　参考线

1.6 两个重要的面板

1. 图层的概念和“图层”面板

在 Photoshop CS5 中，图层是个很重要的概念，它是构成图像的重要单位。每个图层都可以看成是一张有独立图像信息的透明胶片，当多个有图像的图层上下叠加在一起时，透过上边图层的透明区域可以看到下边图层中的图像，这样便形成了图像的整体效果。这种构图理念既有利于对图像整体的把握，又易于对每个图层中的图像分别进行加工处理，从而可以灵活地制作出各种图像效果。

在 Photoshop CS5 中，图层的显示和操作都可以通过“图层”面板来进行。如果 Photoshop CS5 窗口中没有显示“图层”面板，选择“窗口→图层”命令可打开“图层”面板，如图 1-37 所示。

“图层”面板中各选项和按钮的作用如下。

- “图层混合模式”下拉列表框 正常 ：从其中选择相应选项，可以设置图层之间的混合模式。

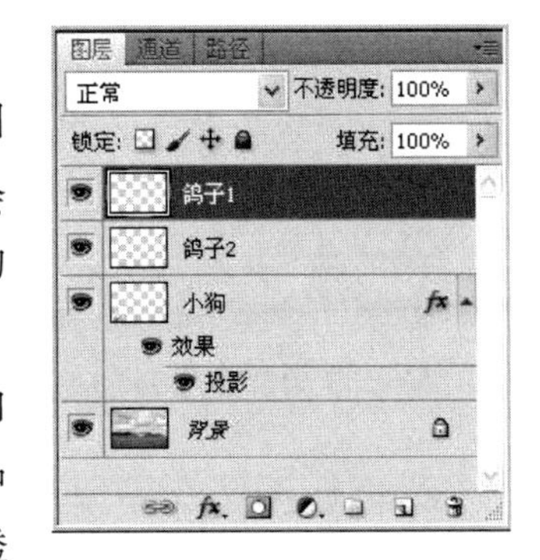

图 1-37 “图层”面板

• “不透明度”选项不透明度: 100%:用于设置图层的总体不透明度,改变“不透明度”框内的值,不但会影响当前图层中的图像透明度,还会影响该图层使用的样式透明度。

• “填充”选项填充: 100%:用于设置图层的内部不透明度,改变“填充”框内的值,只影响当前图层中的图像透明度,不影响该图层使用的“图层样式”的透明度。

• “锁定”选项按钮组锁定::该组中的 4 个按钮(从左至右)分别用于锁定图层的透明像素、图层的图像像素、图层中的图像位置和图层的所有属性。

• 图层缩略图和图层名称 小狗:图层缩略图随着图层图像的变化而随时更新。新创建或复制后的新图层会默认指定一个图层名称,若要为其重命名,可双击该名称,然后输入新的图层名称并按 Enter 键即可。

• “图层显示/隐藏”标记:该标记呈时,显示图层中的图像;呈时,隐藏图层中的图像。单击该标记,便可在两种状态间切换。

• “链接图层”按钮:在选定两个或两个以上的图层时,该按钮有效,单击该按钮,可建立选定图层之间的链接关系。

• “添加图层样式”按钮fx.:单击该按钮,可弹出其快捷菜单,从中选择一种图层样式,可以为选定的图层添加相应的样式。

• “添加图层蒙版”按钮:单击该按钮,可以为当前图层添加一个图层蒙版。

• “创建新的填充或调整图层”按钮:单击该按钮,可弹出其快捷菜单,从中选择一个命令,可弹出相应的对话框,利用该对话框可以创建相应的填充或调整图层。

• “创建新组”按钮:单击该按钮,可以在当前图层之上创建一个图层组。

• “创建新图层”按钮:单击该按钮,可以在当前图层之上创建一个新的图层。

• “删除图层”按钮:单击该按钮,可以将当前选中的图层删除;将要删除的图层拖动至该按钮上,松开鼠标后,也可删除该图层。

2. “历史记录”面板

利用“编辑”菜单中的“还原× ×”或“重做× ×”、“后退一步”或“前进一步”命令可以对最近的一次操作进行撤销或重做。

如果要一次撤销多步操作,那就要用到功能强大的“历史记录”面板。当前图像文件可以撤销或重做的步骤都显示在“历史记录”面板中。如果 Photoshop 窗口中没有显示“历史记录”面板,可以选择“窗口→历史记录”命令将其打开,如图 1-38 所示。

下面简要介绍“历史记录”面板的用法。

• 单击历史记录列表中的某一栏,即可将图像的编辑状态返回至该栏操作完成后的状态。

• 单击“从当前状态创建新文档”按钮,可将当前历史记录状态下的图像编辑状态保存为一个新的图像文件。

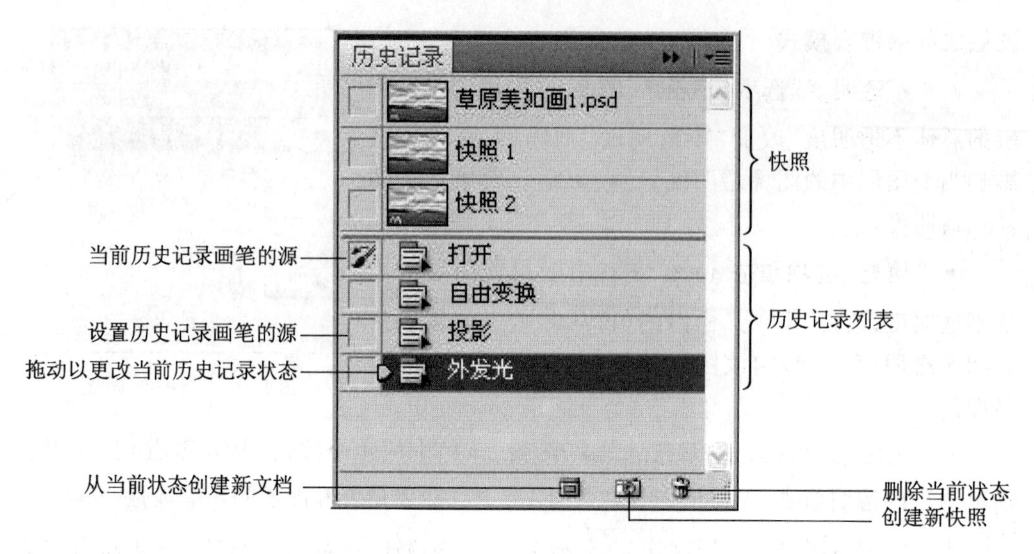

图 1-38 “历史记录”面板

- 单击“创建新快照”按钮，可为当前历史记录状态下的图像保存一个临时副本，即快照，新快照将添加到“历史记录”面板顶部的快照列表中，若希望退回到某个快照的图像状态时，单击选定该快照即可。

- 在历史记录列表中选定一个历史记录后，单击“删除当前状态”按钮，可删除当前历史记录及其下面所有的历史记录，返回到选定历史记录的上一个操作状态中。

- 选择“历史记录”面板菜单中的“清除历史记录”命令，可把除当前选定历史记录以外的所有历史记录全部删除（若“当前历史记录画笔的源”在历史记录列表中选择，则该源也不会被删除），图像呈当前选定历史记录的编辑状态。

注意：清除历史记录后，立即执行“编辑→还原清除历史记录”命令，可恢复被删除的历史记录，否则将不能恢复。

- 配合“历史记录画笔”的功能，可使图像的某些局部区域退回至“当前历史记录画笔的源”的状态。

练习与实训

一、填空题

1．计算机处理的图形图像有两种，分别是________和________，其中，放大时不会发生失真现象的是________，占用存储空间比较大的是________。

2．分辨率通常分为________、图像分辨率和输出分辨率。图像分辨率可以用 ppi 来表示，它的含义是________，输出分辨率通常用 dpi 来表示，它的含义是________。

3．某彩色图像的颜色位深度为 8，则该图像能支持的颜色数为________种。

4．Photoshop CS5 默认的颜色模式是________，专为印刷而设计的颜色模式是________，为防止颜色丢失现象的发生，在 Photoshop 中将 RGB 颜色模式转换为 CMYK 模式时，应利用________作为中间过渡模式。

5．Photoshop CS5 专用的图像文件格式是________，支持透明设置的图像文件格式有________格式和________格式。

6. Photoshop CS5 的工作界面主要由________、菜单栏、工具选项栏、面板和________等组成。

7. 若要将 RGB 模式的图像转换为位图模式的图像,正确的做法是先将图像转换为________模式,再转换为位图模式。

8. 双击工具箱中的“缩放工具”,可使当前图像以________的比例显示,双击工具箱中的________工具,可使当前图像尽可能大的显示在图像编辑窗口中。

9. 在当前图像的当前图层中添加了投影样式,若想只改变当前图层中图像的透明度,不改变该图层投影样式的透明度,则在“图层”面板中应设置的选项是________。

10. “历史记录”面板下方三个按钮的名称从左向右依次是________、________和删除当前状态。

二、上机实训

1. 启动 Photoshop CS5。

2. 说出 Photoshop CS5 窗口中各部分的名称,对工具箱进行伸缩变换,对面板进行展开与收缩、拆分与组合操作。

3. 打开图像文件“山水美如画.jpg”,如图 1-39 所示。

图 1-39　图像“山水美如画”

4. 打开“图层”面板,利用“图层显示/隐藏”标记对各图层进行显示与隐藏的切换,以此了解各图层的图像组成及图像的整体效果是如何形成的。

5. 利用标尺、参考线对文字所在图层中的文字进行精确位置调整。

6. 用五种以上的方法改变图像的显示比例。

7. 利用“抓手工具”和“导航器”面板改变图像在窗口中的显示位置。

8. 在不改变图像像素大小的前提下,设置该图像的分辨率为 120 ppi。

9. 利用“历史记录”面板将图像恢复为刚打开时的状态。

10. 再同时打开另外的两幅或更多幅图像,用不同的方式对各图像进行各种排列方式的设置。

11. 关闭所有图像,退出 Photoshop CS5。

第2章

常用工具的使用

案例2　圆锥体效果——选区的创建和填充

案例要求

制作如图2-1所示的圆锥体效果。

图2-1　圆锥体效果

案例分析

该案例共包括两个对象：一个圆锥体和其对应的阴影，每个对象要单独占有一个图层。

① 利用“图层”面板中的“创建新图层”按钮创建两个新图层，并分别修改图层名称为“圆锥体”和“阴影”。

② 圆锥体的制作：在“圆锥体”图层，首先选择“矩形选框工具”绘制矩形选区，利用“渐变填充工具”对选区进行渐变填充；然后将矩形透视变换成三角形，最后利用选区创建工具和相关命令为不应属于圆锥体的像素部分创建选区并进行删除。

③ 阴影的制作：为圆锥体创建选区后，为选区设置一定的羽化半径，对选区的大

小、方向和位置进行适当调整，选择阴影所在图层，选择“渐变填充工具”进行渐变填充。

④ 利用“移动工具”调整阴影的位置后进行保存。

操作步骤

① 选择“文件→新建”命令，“新建”对话框中各参数设置如图 2-2 所示。单击“确定”按钮，即创建了一个新文档。

② 单击两次“图层”面板中的“创建新图层”按钮，新建两个图层，并分别命名为“阴影”和“圆锥体”，选中“圆锥体”图层为当前图层，如图 2-3 所示。

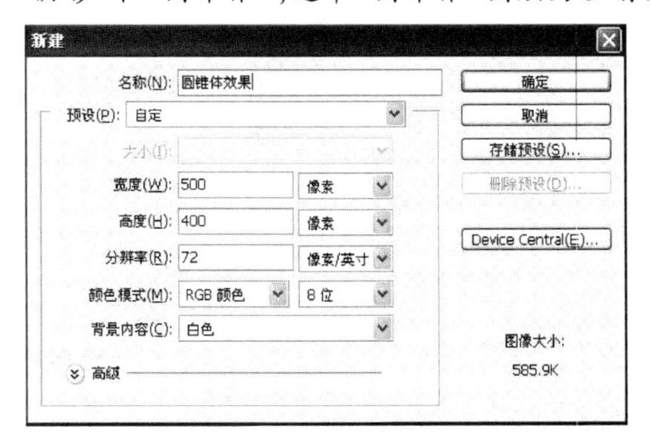

图 2-2 “新建”对话框

图 2-3 “图层”面板

③ 单击工具箱中的“矩形选框工具”，在图像编辑窗口中拖动鼠标创建一个矩形选区，如图 2-4 所示。

④ 选择工具箱中的“渐变工具”，在工具选项栏中单击“点按可编辑渐变”按钮，打开“渐变编辑器”对话框，在渐变设计条中设置三个色标（从左向右三个“色标”的颜色编码分别是#e3e3e3、#fefefd、#848181），如图 2-5 所示，单击“确定”按钮关闭该对话框。

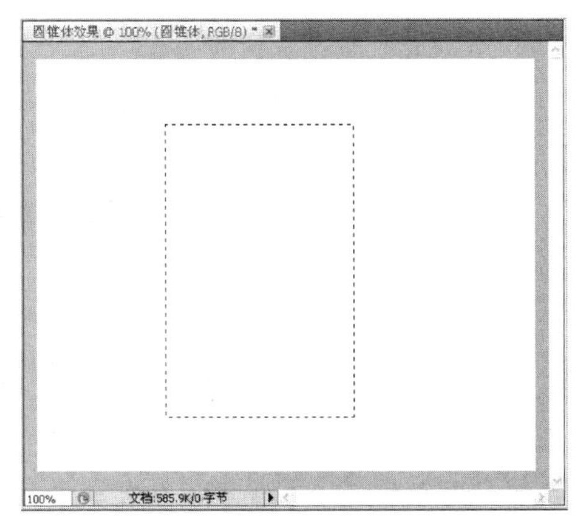

图 2-4 矩形选区

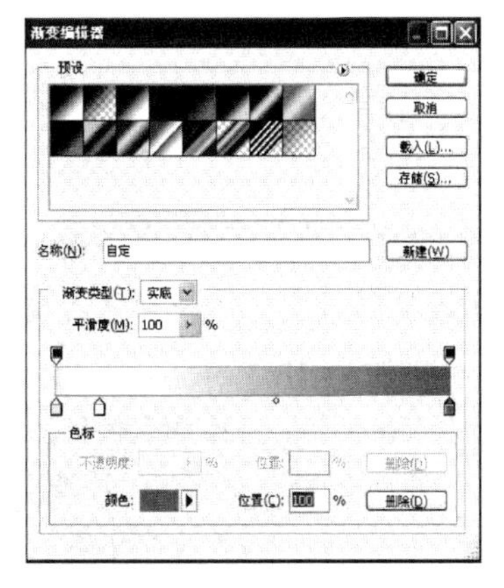

图 2-5 渐变编辑器

⑤ 在工具选项栏中选择“线性渐变”按钮，在选区中从左向右拖动鼠标进行线性渐变填充，效果如图 2-6 所示。

⑥ 选择“编辑→变换→透视”命令，矩形周围即出现有 8 个控点的变换控制框，如图 2-7 所示；用鼠标拖动最右上角的控点向左移动，至三个控点合一后，松开鼠标，按 Enter 键，即将矩形变换为三角形，按快捷键 Ctrl+D 取消选区，效果如图 2-8 所示。

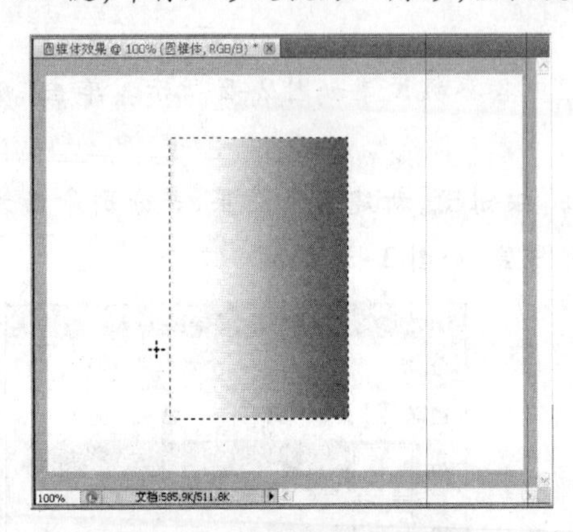

图 2-6 矩形渐变填充效果

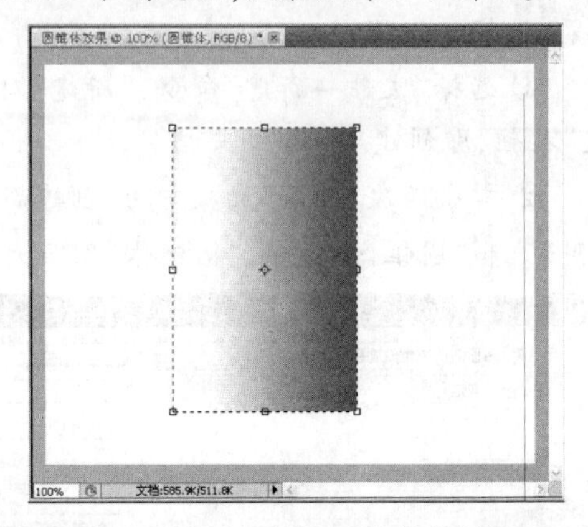

图 2-7 选区周围出现变换控制框

⑦ 单击工具箱中的“椭圆选框工具”，在三角形的下部拖动鼠标绘制一椭圆选区，如图 2-9 所示。若椭圆选区的大小、位置不合适，可利用“选择→变换选区”命令进行调整。

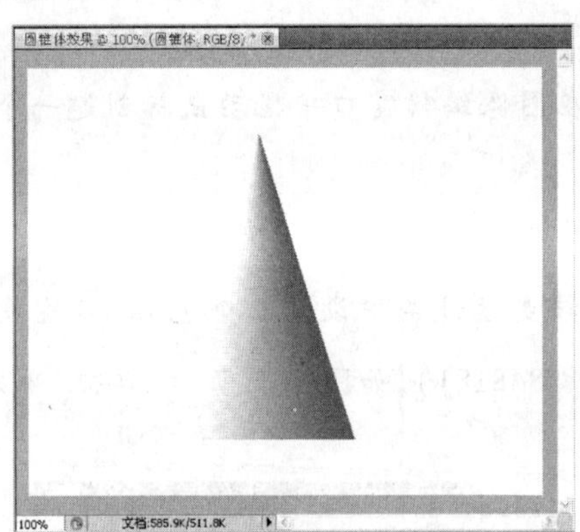

图 2-8 矩形变换为三角形

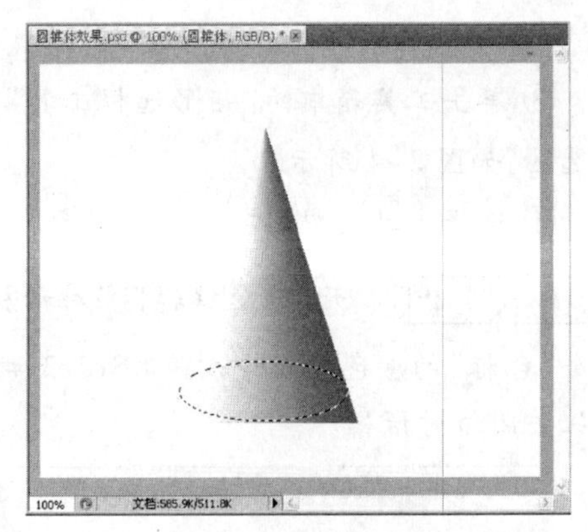

图 2-9 创建椭圆选区

⑧ 单击工具箱中的“矩形选框工具”，单击工具选项栏中的“添加到选区”按钮，在图像编辑窗口中拖动鼠标绘制一个矩形选区，与原有的椭圆选区合并为一个选区，效果如图 2-10 所示。

⑨ 选择“选择→反向”命令，按 Delete 键，删除选区内的像素，按快捷键 Ctrl+D 取消选区，圆锥体即创建完毕，效果如图 2-11 所示。

⑩ 按住 Ctrl 键，单击“图层”面板中“圆锥体”图层的图层缩略图，为圆锥体创建选区；选择“选择→修改→羽化”命令，打开“羽化半径”对话框，设置羽化半径为 5 像素，单击“确定”按钮。

⑪ 选择“选择→变换选区”命令，则选区周围出现有 8 个控点的变换控制框，调整选区的大小、位置和方向如图 2-12 所示，按 Enter 键。

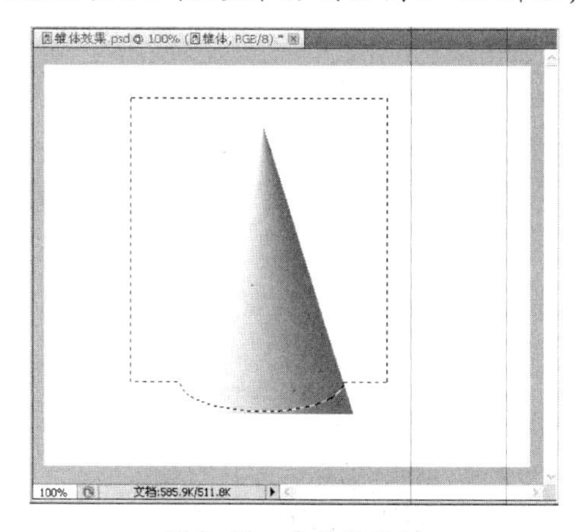

图 2-10　合并的选区

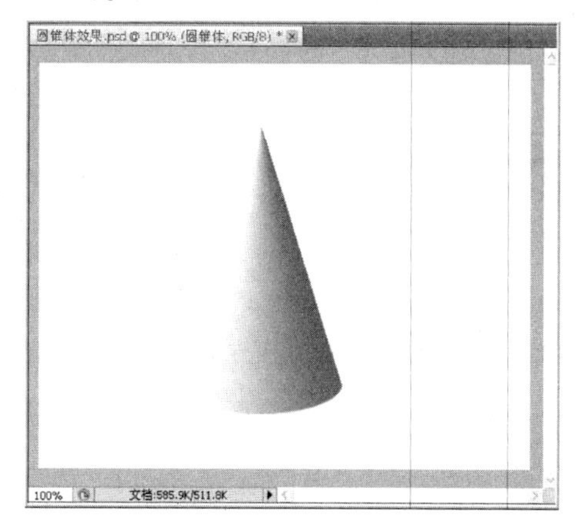

图 2-11　圆锥体

⑫ 在“图层”面板中选择“阴影”图层，单击工具箱中的“渐变工具”，单击工具选项栏中的“点按可编辑渐变”按钮，打开“渐变编辑器”，在“渐变设计条”上，设置左右两个色标，左边色标的颜色编码为#edebeb，右边色标的颜色编码为#848181，单击“确定”按钮；单击工具选项栏中的“线性渐变”按钮，在选区中从圆锥顶部向底部拖动鼠标进行渐变填充，按快捷键 Ctrl+D 取消选区，效果如图 2-13 所示。

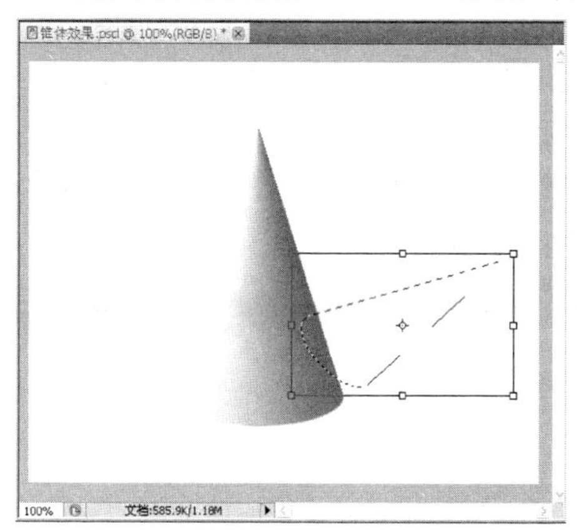

图 2-12　变换选区

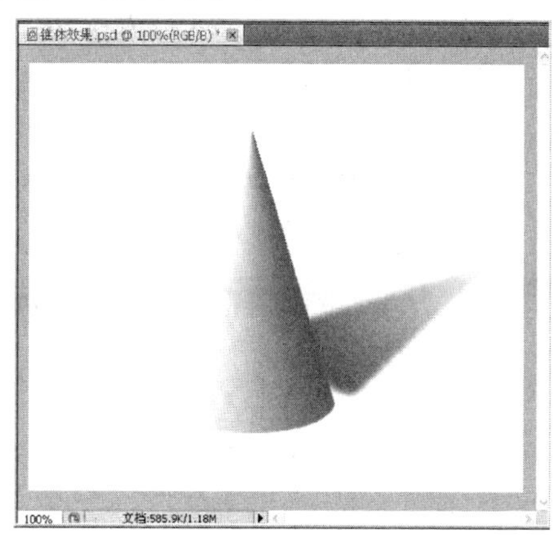

图 2-13　填充选区

⑬ 单击工具箱中的“移动工具”，拖动阴影，调整其位置如图 2-1 所示。

⑭ 选择“文件→存储为”命令，在“存储为”对话框中，设置好保存位置，选择保存格式为 PSD 格式，单击“保存”按钮。

2.1　选区的创建与编辑

在 Photoshop CS5 中，选区有着非常重要的作用，很多操作都是基于选区进行的，例如更改图像某一部分的大小、形状、方向、色彩等，都要在有选区的状态下进行。选区是一条流动的虚线围成的区域，使用选区的优点在于能够限制绘制图像和编辑图像的区域，达到对图像进行精确处理的目的。

选区的创建工具包括规则选框工具组、套索工具组和魔棒工具组。

1. 规则形状选区的创建

创建规则形状选区需要使用规则选框工具组中的工具，规则选框工具组包括 4 个工具："矩形选框工具"、"椭圆选框工具"、"单行选框工具"和"单列选框工具"，如图2-14 所示。

(1) "矩形选框工具"

从工具箱中选择"矩形选框工具"后，鼠标指针变为"十"字状，在图像窗口中拖动鼠标，便可创建一个矩形选区，如图 2-15 所示。

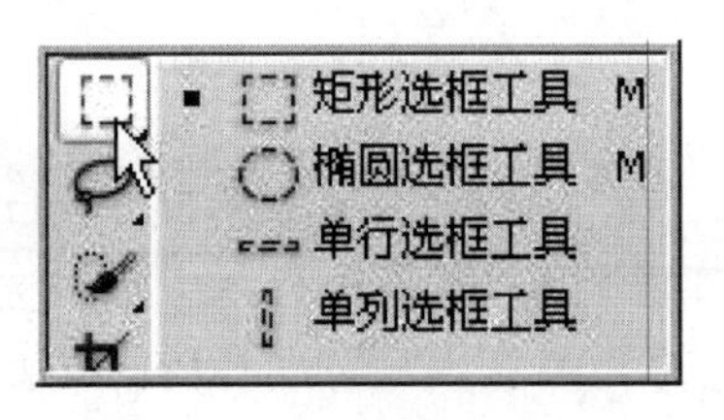

图 2-14 规则选框工具组

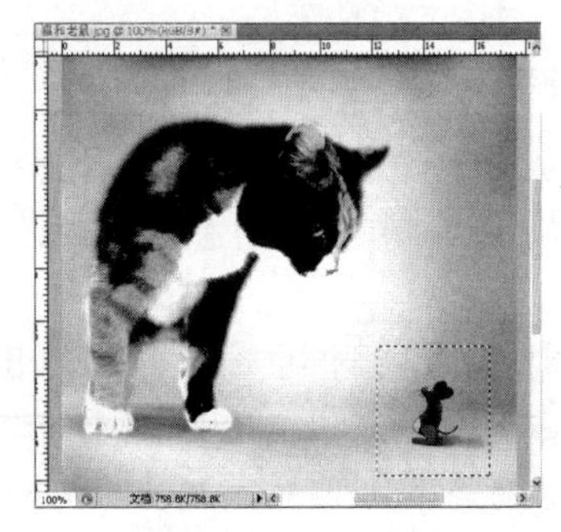

图 2-15 矩形选区

选择"矩形选框工具"后，按住 Shift 键的同时拖动鼠标，可创建正方形选区；按住 Alt 键的同时拖动鼠标，可创建一个以鼠标单击点为中心的矩形选区；按住 Shift+Alt 键的同时拖动鼠标，可创建一个以鼠标单击点为中心的正方形选区。

为了使选区更加精确或多样化，通常还要对工具选项栏内的参数进行设置，矩形选框工具的选项栏如图 2-16 所示。该选项栏内各参数的作用如下。

图 2-16 矩形选框工具的选项栏

1) 四种选区创建方式

- 单击"新选区"按钮，在图像中创建选区时，新创建的选区将取代原有的选区。
- 单击"添加到选区"按钮，在图像中创建选区时，新创建的选区与原有的选区将合并为一个新的选区，如图 2-17 所示。

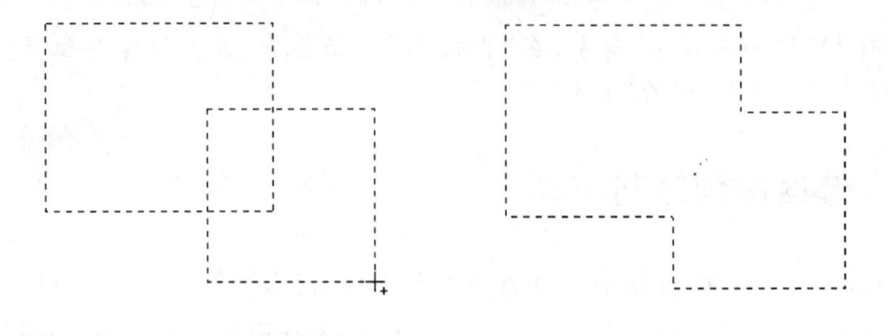

图 2-17 添加到选区

• 单击“从选区减去”按钮，在图像中创建选区时，将在原有选区的基础上减去新创建的选区部分，得到一个新的选区，如图 2-18 所示；若新创建的选区与原选区无重叠区域，则原有选区不变。

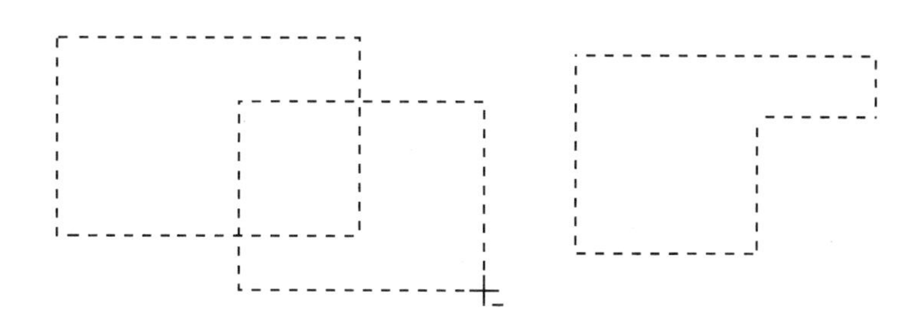

图 2-18　从选区减去

• 单击“与选区相交”按钮，在图像中创建选区时，将只保留原有选区与新创建的选区相重叠的部分，形成一个新的选区，如图 2-19 所示。

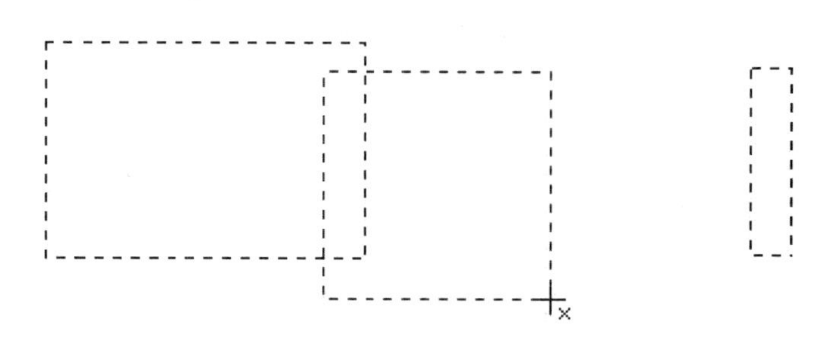

图 2-19　与选区相交

2)“羽化”文本框

“羽化”文本框内的数值可决定选区边缘的柔化程度。对被羽化的选区填充颜色或图案后，选区内外的颜色或图案将柔和过渡，数值越大，柔和效果越明显。

3) 选区创建的样式

在“样式”下拉列表框中有 3 个选项，如图 2-20 所示。

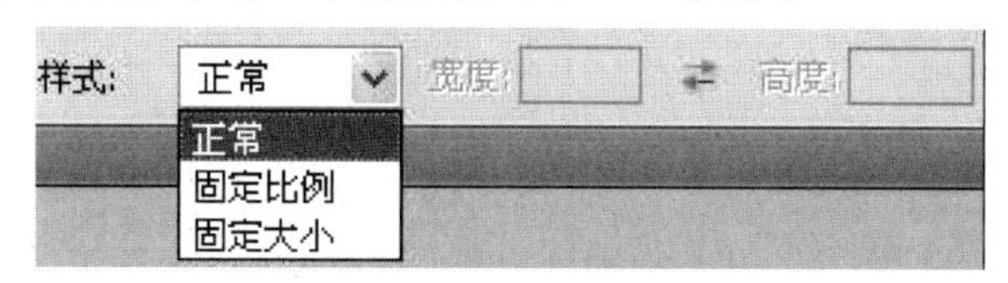

图 2-20　“样式”下拉列表

• 选择“正常”，可创建任意大小的矩形选区。

• 选择“固定比例”，其右侧的“宽度”和“高度”文本框将被激活，在其中输入数值，可设置矩形选区的长宽比，以绘制出大小不同但长宽比一定的矩形选区。

• 选择“固定大小”，其右侧的“宽度”和“高度”文本框也被激活，在其中输入数值后，在图像窗口中单击，即可创建大小一定的矩形选区。

(2)“椭圆选框工具”

“椭圆选框工具”的选项栏如图 2-21 所示。

图 2-21 “椭圆选框工具”的选项栏

“椭圆选框工具”的使用方法与“矩形选框工具”相同，工具选项栏也基本相似，不同的是选择“椭圆选框工具”后，选项栏中的“消除锯齿”选项 ☑消除锯齿 被激活，选中该复选框后，可使选区边缘变得平滑。

(3)“单行选框工具”与“单列选框工具”

“单行选框工具”与“单列选框工具”的选项栏完全相同，如图 2-22 所示。

图 2-22 “单行选框工具”与“单列选框工具”的选项栏

选择“单行选框工具”或“单列选框工具”后，在图像窗口中单击即可得到相应的选区，如图 2-23 所示。

图 2-23 单行选区和单列选区

2. 任意形状选区的创建

选区最重要的作用是选择图像的局部区域，在实际工作中，除了创建规则形状的选区外，应用更多的还是创建任意形状的选区。创建任意形状选区的工具有：套索工具组和魔棒工具组。这两个工具组包含的工具如图2-24 所示。

(a) 套索工具组

(b) 魔棒工具组

图 2-24 任意形状选区创建工具

(1)“套索工具”

选择该工具后，按住鼠标左键沿着要选定的图像边缘拖动鼠标，当回到起点时，松开鼠标，即创建一个不规则的选区，如图 2-25 所示。使用“套索工具”创建选区的特点是比较随意但不够精确，对选区边缘要求不高时可使用此工具。

(2)“多边形套索工具”

选择该工具后，在图像中单击确定起点，然后沿着要选择的图像边缘移动鼠标，每到一个要改变方向的位置都要单击，回到起点后，鼠标指针右下角出现一个小圆圈，再单击鼠标左键，即创建了一个多边形选区，如图 2-26 所示。使用“多边形套索工具”最适合选择不规则直边对象。

(3) "磁性套索工具"

"磁性套索工具"是一个智能的选取工具，它可以根据鼠标经过位置上的色彩对比度来自动调整选区形状。选择该工具后，在要选择图像边缘的任意位置单击确定起点，然后沿着要选择的图像边缘移动鼠标，鼠标经过的地方会自动产生很多定位节点，若选择的位置出现偏差，可随时按 Delete 键删除上一个节点，在色彩对比度不大的位置也可通过连续单击的办法来勾选边界，鼠标指针回到起点时，其右下角会出现一个小圆圈，这时，单击鼠标左键，即创建一个最贴近选取对象的选区，如图 2-27 所示。该工具主要适用于选择颜色边界分明的图像。"磁性套索工具"的选项栏如图 2-28 所示。

图 2-25 "套索工具"选区　　图 2-26 "多边形套索工具"选区　　图 2-27 "磁性套索工具"选区

图 2-28 "磁性套索工具"选项栏

• "宽度"文本框：用于设置"磁性套索工具"自动探测图像边界的宽度范围。该数值越大，探测的图像边界范围就越广。

• "对比度"文本框：用于设置"磁性套索工具"探测图像边界的敏感度。较高的数值将只检测与其周边对比鲜明的边缘，较低的数值将检测低对比度边缘。

• "频率"文本框：用于设置"磁性套索工具"在创建选区时自动插入节点的速率。该数值越大，自动插入的节点数就越多，创建的选区就越精确。

(4) "快速选择工具"

选择该工具后，在图像窗口中拖动鼠标即可将鼠标经过的区域创建为选区。"快速选择工具"的选项栏如图 2-29 所示。

图 2-29 "快速选择工具"的选项栏

• 选区创建模式："快速选择工具"设定了三种选区创建模式，即"新选区"、"添加到选区"和"从选区减去"。

• "对所有图层取样"复选框：勾选该复选框后，创建选区时会将所有可见图层都考虑在内；否则，只在当前图层中进行选择。

• “自动增强”复选框：选中该复选框后，会减少选区边缘的粗糙度和块效应。

(5)“魔棒工具”

使用“魔棒工具”可以为图像中颜色相同或相近的像素创建选区。选择“魔棒工具”后，在图像中某个颜色像素上单击，则与鼠标光标落点处颜色相近的区域将一次被选中。若一次选择的区域不理想，可在按住 Shift 键的同时在不同位置多次单击扩大选区；或在按住 Alt 键的同时在不同位置单击减小选区。“魔棒工具”的选项栏如图 2-30 所示。

图 2-30 “魔棒工具”选项栏

• “容差”文本框：用于设置取样时的颜色范围，其取值范围为 0 ~ 255。数值越大，一次所选取的相近颜色范围越广。图 2-31 和图 2-32 所示的选区是在未勾选“连续”复选框的前提下，“容差”分别为 20 和 200 时，用“魔棒工具”单击相同的位置得到的选区。

图 2-31 “容差”为 20 时创建的选区

图 2-32 “容差”为 200 时创建的选区

• “连续”复选框：勾选该复选框后，选取范围只能是颜色相近的连续区域，即一次只创建一个选区；若不勾选该复选框，选取范围则是整幅图像中所有颜色相近的区域，即一次可创建多个选区。图 2-33 和图 2-34 所示的选区是在“容差”为 5 时，勾选“连续”复选框前后分别用“魔棒工具”单击相同的位置得到的选区。

图 2-33 未勾选“连续”复选框

图 2-34 勾选“连续”复选框

3. 选区的基本操作

选区创建后,可以选择“选择→取消选择”命令(快捷键为 Ctrl+D)取消对当前选区的选择,或选择“选择→反向”命令(快捷键为 Shift+Ctrl+I)选中当前选区以外的所有像素。另外,为了增加图像的多样化,Photoshop CS5 在“选择”菜单中还提供了其他一些命令,分别用于调整选区的位置、大小、形状及边缘特性等。

“选择”菜单及其“修改”子菜单如图 2-35 所示。

(1) 调整选区的大小、形状、方向及位置

① “扩大选取”:选择该命令后,图像上与当前选区位置相连且颜色相近的区域将被扩充到选区中。

② “选取相似”:选择该命令后,图像上与当前选区颜色相近、位置相连或不相连的区域都将被扩充到选区中。

③ “变换选区”:利用该命令可对当前选区在大小、方向、位置及形状上进行任意调整。选择该命令后,选区周围会出现有 8 个控点的变换控制框,如图 2-36 所示。

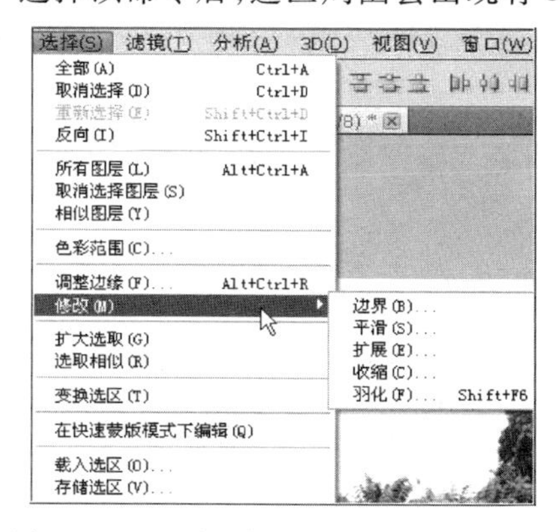

图 2-35 “选择”菜单及其“修改”子菜单

图 2-36 选区周围出现变换控制框

• 调整选区大小及形状:将鼠标指针放在变换控制框的任一控点上,鼠标指针变为双箭头时,拖动鼠标即可改变选区的大小及形状。

• 调整选区位置:将鼠标指针放在变换控制框内,拖动鼠标即可改变选区的位置。另外,创建选区后在不存在变换控制框的情况下,利用键盘上的 4 个光标移动键也可对选区的位置进行上、下、左、右的微调。

• 调整选区的方向:将鼠标指针放在变换控制框外,鼠标指针变为弧形双箭头时,拖动鼠标即可改变选区的方向。

注意:该命令只改变当前选区,对选区内的图像并无影响。

(2) 调整选区的边缘特性

① “调整边缘”:选择该命令后,会弹出如图 2-37 所示的对话框,对话框中各参数作用如下。

• “视图模式”选项组:用来设置调整选区时图像的预览模式,共有 7 种预览模式:闪烁虚线、叠加、黑底、白底、黑白、背景图层、显示图层。勾选“显示半径”复选框后,显示按照半径定义的调整区域。勾选“显示原稿”复选框后,则显示图像的原始选区。

• “边缘检测”选项组:用来设置对选区边缘的精细查找。若勾选“智能半径”复选框,则检测范围会自动适应图像边缘。“半径”选项用来设置边缘区域的大小。

• “调整边缘”选项组:用来调整选区的边缘特性。“平滑”选项用于控制选区边缘的平滑程度,数值越大,边缘越平滑。“羽化”选项用于控制选区边缘的柔化程度。“对比度”选项用于调整选区边缘的对比度。“移动边缘”选项可使选区扩大或收缩,数值变大则选区变大,数值变小则选区变小。

• “输出”选项组:设置调整后选区或选区内图像的输出方式。在“输出到”下拉列表框中包含6种输出方式,即选区、图层蒙版、新建图层、新建带有图层蒙版的图层、新建文档、新建带有图层蒙版的文档。勾选“净化颜色”复选框后,在输出选区内的图像时会删除选区边缘的颜色,此时“数量”选项用于控制删除边缘颜色区域的大小。

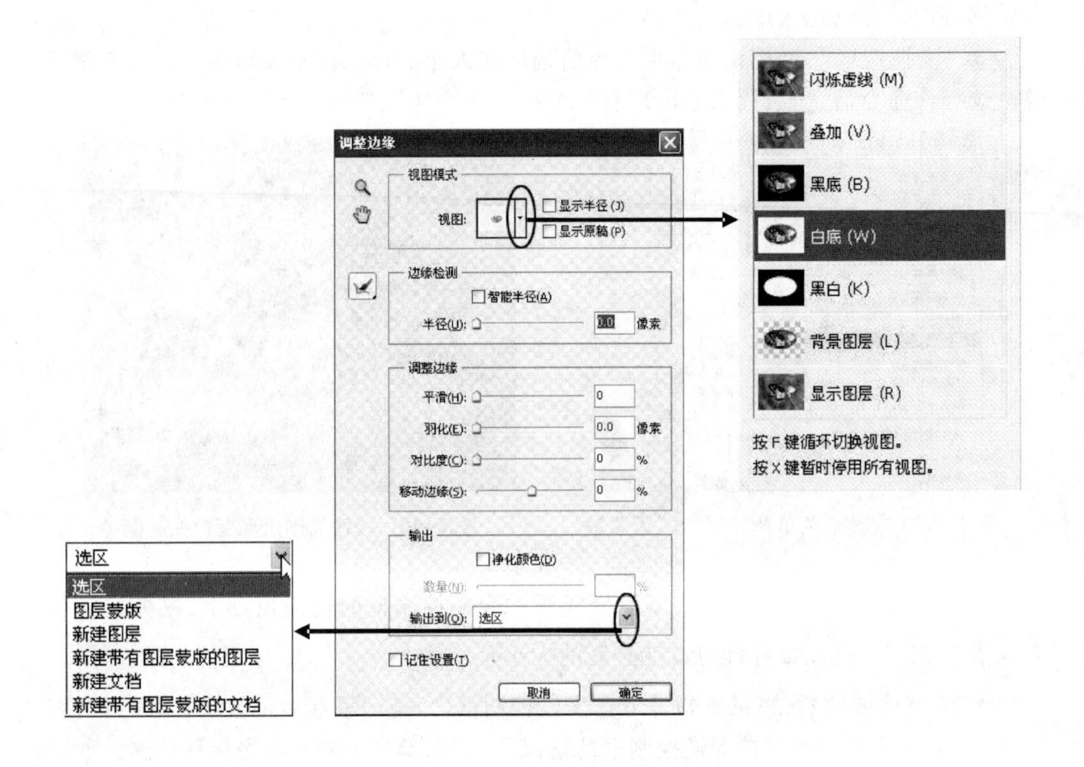

图 2-37 “调整边缘”对话框

② “修改”:选择该命令后,会弹出一个子菜单,如图2-35所示,利用这些菜单命令可以对选区的大小和边缘特性进行精确调整。

• “边界”:选择该命令,弹出“边界选区”对话框,在“宽度”文本框中输入适当的数值,可创建一个相应宽度的边框化的选区。

• “平滑”:选择该命令,弹出“平滑选区”对话框,在“取样半径”文本框中输入适当的数值,可使当前选区中小于“取样半径”的凸出或凹陷部位产生平滑效果。

• “扩展”:选择该命令,弹出“扩展选区”对话框,在“扩展量”文本框中输入适当的数值,可将选区向外扩展相应的像素数。

● “收缩”:选择该命令,弹出“收缩选区”对话框,在“收缩量”文本框中输入适当的数值,可将选区向内收缩相应的像素数。

● “羽化”:选择该命令,弹出“羽化选区”对话框,在“羽化半径”文本框中输入适当的数值,可使选区边缘在“羽化半径”范围内产生羽化效果。

(3) 选区的存储与载入

① “存储选区”:选择该命令后,可将当前选区存储在“通道”中,需要时载入使用。

② “载入选区”:选择该命令,可将保存在“通道”中的选区载入使用。

(4) 选区的描边

选择“编辑→描边”命令可为当前选区进行描边。选择该命令后,弹出如图2-38所示的对话框,可对描边的宽度、颜色、位置、混合模式等分别进行设置。

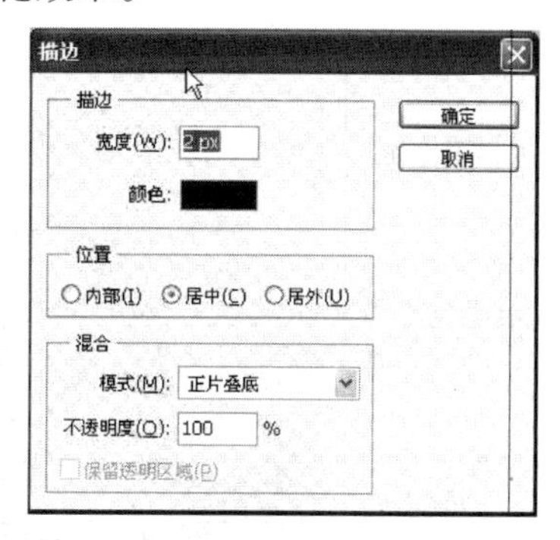

图2-38 “描边”对话框

2.2 前景色与背景色设置

在 Photoshop CS5 中创建和编辑图像时颜色的使用是必不可少的,所以准确设置前景色和背景色就显得尤为重要。通常使用前景色来绘画、填充或描边,使用背景色来设置画布的背景颜色。工具箱中用于设置前景色与背景色的图标如图2-39所示。

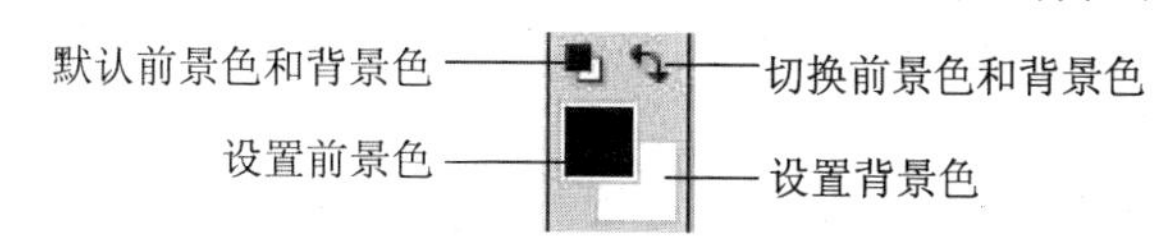

图2-39 工具箱中设置前景色和背景色的图标

根据实际工作需要,可分别选用“拾色器”、“色板”面板、“颜色”面板或“吸管工具”来设置前景色或背景色。下面简要介绍它们的设置方法(以选择“基本功能”工作区为例来介绍)。

1. 拾色器

在工具箱中单击“设置前景色”或“设置背景色”图标,可弹出“拾色器”对话框,如图2-40所示。

● 粗略选择颜色:在对颜色精确度要求不高的情况下,可首先在“颜色取样条”内某颜色上单击,则该颜色由浅至深的变化即体现在“色域”中,将鼠标移动到“色域”中,鼠标指针会变为小圆圈状,在目标颜色上单击即可。

● 精确设定颜色:若要求精确的颜色设置,则需要在使用的颜色模式中输入各通道的数值或在“颜色代码”文本框中输入所需颜色的十六进制编码。

● 若新选择的颜色超出可打印的颜色范围,则会出现“打印溢色图标”,单击其下面的“最接近的可打印色图标”,即可将其设置为“新选择颜色”。

● 若新选择的颜色超出网页可显示的颜色范围,则会出现“网页溢色图标”,单击其下面的“最接近的网页可使用色图标”,即可将其设置为“新选择颜色”。

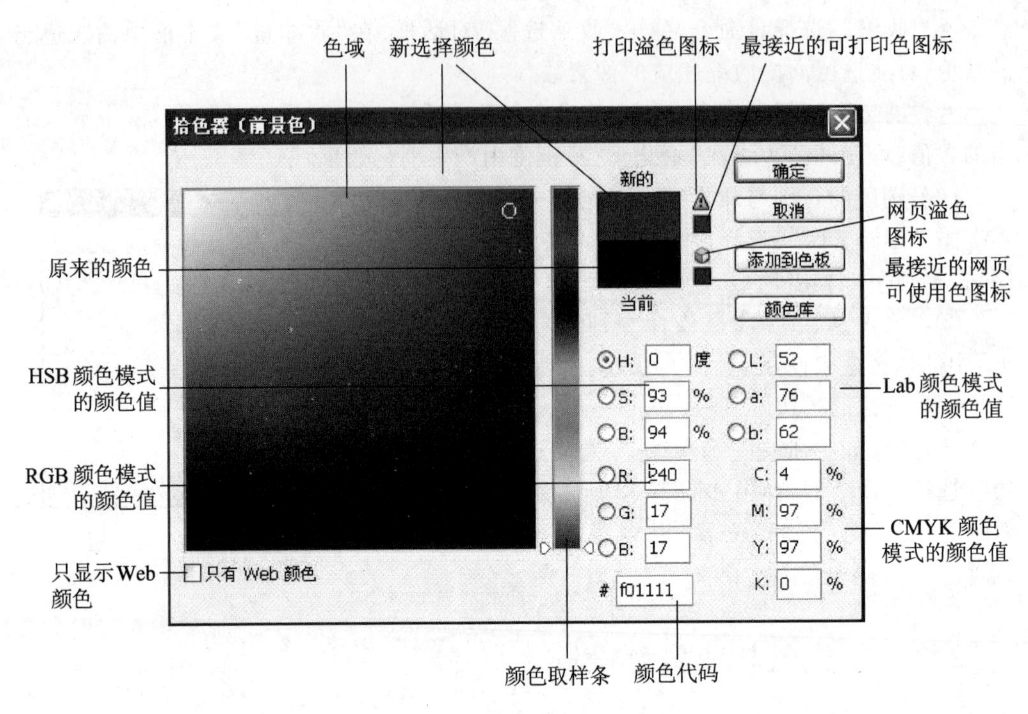

图 2-40 “拾色器”对话框

- 若希望“色域”中只显示网页可使用色，则勾选“只有 Web 颜色”复选框。
- 单击“添加到色板”按钮，即可将“新选择颜色”添加到“色板”面板中。

2. “色板” 面板

在面板区域，单击“色板”面板标签可展开“色板”面板，如图 2-41 所示。在“色板”面板中，单击某个色板即可将其设置为前景色；若按住 Ctrl 键的同时再单击某个色板则会将其设置为背景色。

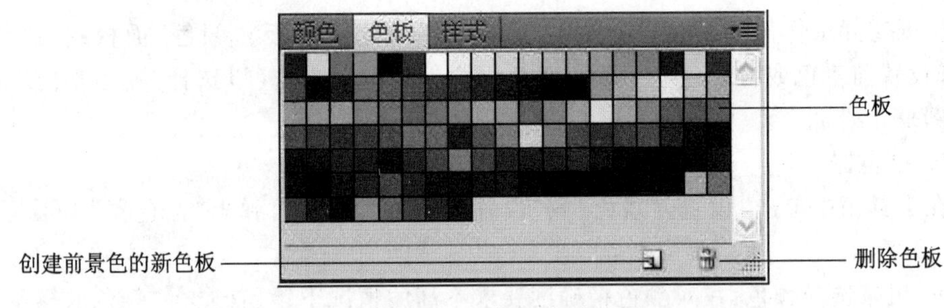

图 2-41 “色板”面板

3. “颜色” 面板

在面板区域，单击“颜色”面板标签可展开“颜色”面板，如图 2-42 所示。

- 单击“设置前景色”或“设置背景色”图标，在对颜色精确度要求不高的情况下，可在“颜色取样条”内目标颜色上单击，将其设置为前景色或背景色；若要求精确的颜色设置，则需要在“颜色值控制区”精确设定各通道的数值。
- 单击“颜色”面板菜单按钮，可打开“颜色”面板菜单，如图 2-43 所示。在“颜色

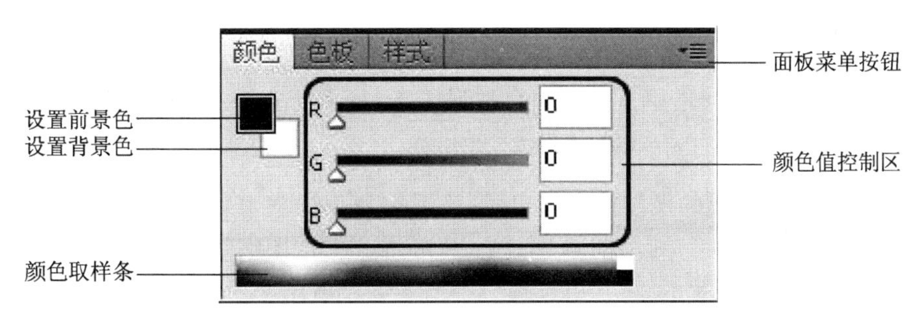

图 2-42 “颜色”面板

模式控制区”选择一种颜色模式,可以指定“颜色值控制区”的颜色模式。在“颜色色谱控制区”选择一种色谱,可以设置“颜色取样条”中的颜色显示方式。若选择“当前颜色”命令,“颜色取样条”中显示从前景色至背景色的过渡颜色。

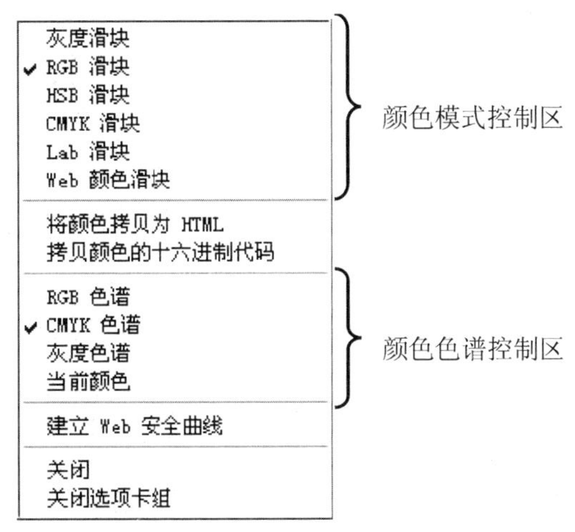

图 2-43 “颜色”面板菜单

4. “吸管工具”

打开要取样颜色的图像,选择“吸管工具”,在目标颜色上单击,可将其设置为前景色;按住 Alt 键的同时再次单击,则将其设置为背景色。

2.3 填充图像

为选区或图层进行填充时,可以使用填充工具组中的工具,也可以使用菜单命令或快捷键。

填充工具组包括两种工具:“油漆桶工具”和“渐变工具”,如图 2-44 所示。

图 2-44 填充工具组

1. “油漆桶工具”

使用“油漆桶工具”可以为选区或当前图层中颜色相近的区域填充前景色或图案。

该工具常用于快速对图像进行前景色或图案填充。其使用方法非常简单,设置好填充区域的源(前景色或图案)后,在目标位置单击,则选区内或当前图层中与单击处在容差范围内的颜色区域即被填充了前景色或图案。

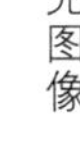

选择“油漆桶工具”后，对应的工具选项栏如图 2-45 所示。

图 2-45 “油漆桶工具”选项栏

- “设置填充区域的源”下拉列表框：该下拉列表框中有两个选项，即“前景”和“图案”。若选择“前景”，则用前景色进行填充；若选择“图案”，则其右边的“图案列表”下拉列表框即被激活，可在其中选择一种图案进行填充。
- “模式”选项：用于设置填充色与图像原有底色的混合方式。在填充色和填充区域一定的情况下，选择不同的混合模式填充得到的图像效果也不一致。
- “不透明度”选项：可设置填充色的不透明度，数值越大，新填充的颜色或图案越不透明。

2. “渐变工具”

使用“渐变工具”可以为选区或当前图层填充基于两种或两种以上颜色之间相互过渡的渐变色，从而使图像产生一种色彩渐变的效果。

选择“渐变工具”后，对应的工具选项栏如图 2-46 所示。

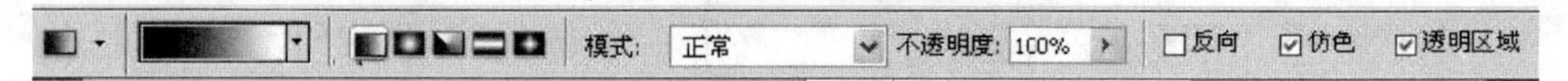

图 2-46 “渐变工具”选项栏

(1) 选择渐变样式

Photoshop CS5 自带的渐变样式保存在“渐变拾色器”中。单击“点按可打开渐变拾色器”按钮，可打开“渐变拾色器”，如图 2-47 所示，从中可以选择所需要的渐变样式。“渐变拾色器”中显示的渐变样式会随着当前前景色与背景色的不同而有所不同。

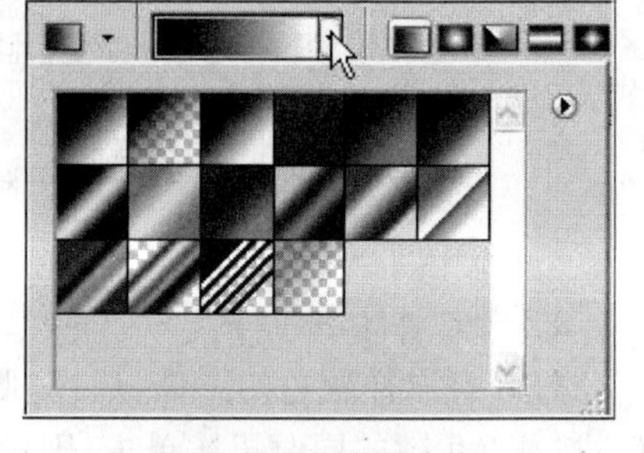

图 2-47 渐变拾色器

(2) 渐变填充方式

Photoshop CS5 提供了 5 种渐变填充方式，从左向右依次是线性渐变、径向渐变、角度渐变、对称渐变和菱形渐变。选择一种渐变填充方式后，在选区内用鼠标拖动出一条直线，松开鼠标后，即可获得对应的渐变填充效果。若图像中没有选区，则渐变会应用于当前图层。拖动鼠标时的起点、终点位置不同，得到的渐变填充效果也不同。

(3) “反向”复选框

勾选该复选框，可以将填充的渐变色顺序反转。

(4) “仿色”复选框

勾选该复选框，可以使填充的渐变色色彩过渡更加柔和平滑，以防出现色带。

(5) “透明区域”复选框

勾选该复选框后，在填充有透明设置的渐变样式时，会呈现透明效果，否则，该类渐变样式中的透明设置将不起作用。图 2-48 所示分别为选中该复选框前后应用有透明设置的渐变样式的效果。

图 2-48 “透明区域”复选框选中前后的渐变填充效果

(6) 自定义渐变样式

虽然 Photoshop CS5 自带的渐变样式足够丰富，但在很多情况下，仍需要自定义新的渐变样式，以配合图像设计的独创性和多样化需要。

单击工具选项栏中的“点按可编辑渐变”按钮 ，即可弹出“渐变编辑器”对话框，如图 2-49 所示。

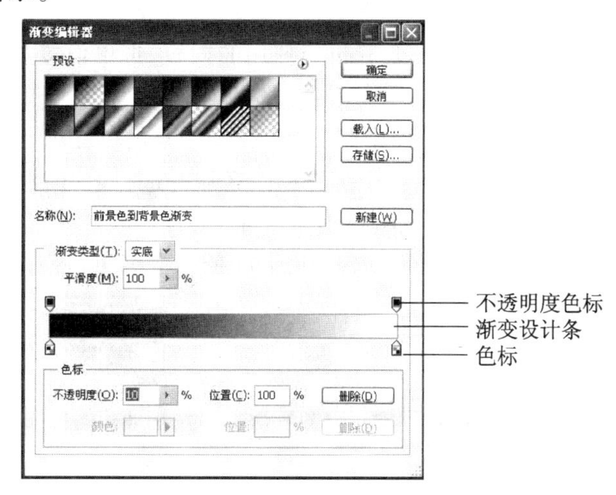

图 2-49 渐变编辑器

- “预设”选项组：列出了 Photoshop CS5 自带的基于当前前景色与背景色的渐变样式，从中选择一种样式后，可直接单击“确定”按钮以应用该样式，也可在“渐变设计条”中编辑后再应用。
- “渐变设计条”：用来编辑和定义渐变样式，其下方的色标用于设置相应位置的颜色，其上方的色标用于设置相应位置的不透明度，故称为“不透明度色标”。在任意两个色标（或不透明度色标）之间单击，会添加一个新色标；若要删除某个色标（或不透明度色标），可单击选中该色标后再单击“删除”按钮。

新渐变样式定义完成后，可直接单击“确定”按钮，应用该渐变样式，一旦再次选定了其他的渐变样式，该样式即消失。若想在以后继续应用该样式，则需要将其保存起来。方法是：在“名称”文本框中输入名称，单击“新建”按钮，将其添加到本机的渐变样式列表中；若想将该渐变样式携带到其他计算机上应用，则应单击“存储”按钮，将含有该渐变样式的渐变样式列表保存到扩展名为 .grd 的文件中。

若想应用保存为.grd 的渐变样式文件，可单击“载入”按钮，将已保存的文件载入使用。

3. 菜单命令

选择“编辑→填充”命令，也可对选区或当前图层进行填充，选择该命令后，可弹出“填充”对话框，如图 2-50 所示。

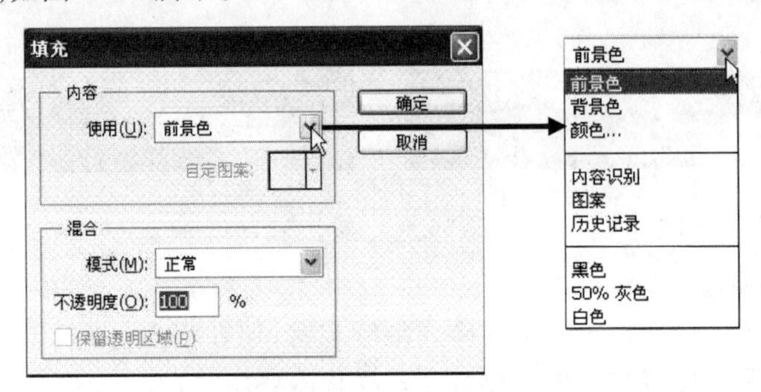

图 2-50 “填充”对话框

在“混合”选项组中，可设置填充内容的混合模式及其不透明度。

在“内容”选项组中，可设置填充使用的内容，选项设置如图 2-51 所示。相对于以前的版本，Photoshop CS5 在填充内容中增加了一种智能填充方式——“内容识别”。所谓“内容识别”，就是当对图像的某一区域进行覆盖填充时，由软件自动分析周围图像的特点，将图像进行拼接组合后填充在该区域并进行融合，从而达到快速无缝的拼接效果。下面就举一个实例来说明其操作步骤。

将图 2-51 所示的图像制作成图 2-52 所示的效果，操作步骤如下。

图 2-51 原图

图 2-52 效果图

① 打开如图 2-51 所示的图像，从工具箱中选择“套索工具”，拖动鼠标为需要覆盖的人物和马区域创建选区，如图 2-53 所示。

注意：选区大小要适当，过大或过小都可能导致填充效果不理想。

② 选择“编辑→填充”命令，在出现的“填充”对话框中，在“内容”选项组的“使用”下拉列表框中选择“内容识别”，单击“确定”即可得到图 2-52 所示的图像效果。

图 2-53 使用套索工具创建选区

4. 快捷键

按快捷键 Alt+Delete 可为选区或当前图层填充前景色,按快捷键 Ctrl+Delete 可为选区或当前图层填充背景色。

2.4 图像的移动与变换

在 Photoshop CS5 中对图像进行移动或变换既可使用移动工具,也可使用菜单命令或快捷键。

1. “移动工具”

利用“移动工具”可对选区内的对象或当前图层中的对象进行移动、复制、变换等操作。

在同一幅图像中,选择“移动工具”后直接拖动对象到目标位置,可实现对该对象的移动;按住 Alt 键的同时拖动对象,则实现对该对象的复制。若直接拖动对象到另一幅图像中,则是将该对象复制到另一幅图像中的新图层中。

选择“移动工具”后,其工具选项栏如图 2-54 所示。

图 2-54 “移动工具”选项栏

(1)“自动选择”复选框

若不勾选该复选框,则无论鼠标指针位置如何,在移动图像时,只能移动当前图层中的内容。若勾选“自动选择”复选框,而且其后的列表框中选择“图层” ☑自动选择: 图层 ,则在图像中单击鼠标时,会自动选择鼠标指针落点处第一个有可见像素的图层,并对此图层中的对象进行操作;若在列表框中选择“组” ☑自动选择: 组 ,则在图像中单击鼠标时,通过自动选择图层组中某一个图层中的像素来自动选择图层组,并对整个图层组中的对象进行操作。

(2)“显示变换控件”复选框

勾选该复选框后,选区内的对象或当前图层中的对象(整个背景层除外)周围就会出现一个有 8 个控点的变换控制框,如图 2-55 所示,此时可利用以下方法对图像进行自由变换。

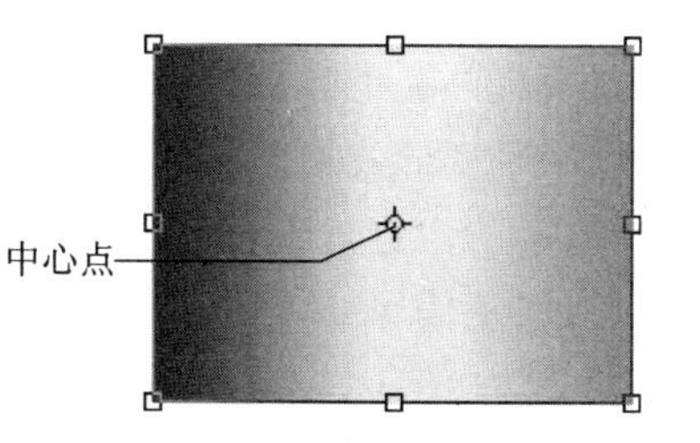

图 2-55 变换控制框

1)移动中心点位置

中心点是变形的基准。直接拖动中心点,即可改变其位置。

2)旋转

将鼠标指针移动到变换控制框外侧,指针变形为弧形双箭头时,拖动鼠标可使图像围绕中心点进行旋转。

3)缩放

- 将鼠标指针移动到变换控制框的某个控点或某条边线上,指针变形为双箭头时，拖动鼠标可对其进行任意缩放。

- 按住 Shift 键，拖动某个角上的控点，可对图像进行等比例缩放。
- 按住 Alt 键，拖动某个控点，将以中心点为基准进行对称缩放。

4）扭曲

按住 Ctrl 键，拖动某个控点，向任意方向移动，可使图像发生扭曲变形，如图 2-56 所示。

5）斜切

按住 Ctrl+Shift 键，拖动某个控点在水平或垂直方向上移动，可使图像发生斜切变形，如图 2-57 所示。

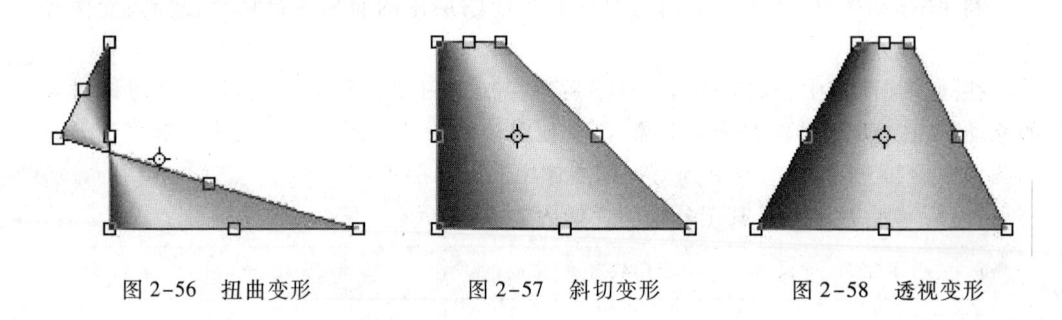

图 2-56　扭曲变形　　图 2-57　斜切变形　　图 2-58　透视变形

6）透视

按住 Ctrl+Shift+Alt 键，拖动某个控点，可使图像发生透视变形，如图 2-58 所示。

2. 菜单命令

（1）“自由变换”命令

选择“编辑→自由变换”命令（快捷键是 Ctrl+T）后，选区内的对象或当前图层（整个背景层除外）中的对象周围也会出现如图 2-55 所示的变换控制框，此时，各种变换的操作方法与“移动工具”相同。

（2）“变换”命令

从“编辑→变换”命令的子菜单中，选择一个需要的命令，可对图像进行指定的变换。该子菜单中的命令如图 2-59 所示。例如，选择“变形”命令后，图像状态如图 2-60 所示，在此状态下，可对图像进行任意拉伸，从而产生各种变形效果，图 2-61 就是其中一种变形效果。

（3）“内容识别比例”命令

选择“编辑→内容识别比例”命令对图像进行缩放变换时，软件会自动识别出图像中的主体内容（如人物、动物、建筑物等），在对其大小、形状基本不变的情况下，对图像中的陪衬区域（如大面积的地面、水面、天空等）智能地进行缩放。图 2-63 和图 2-64 所示的图像分别是利用“编辑→内容识别比例”命令和“编辑→变换→缩放”命令对图 2-62 所示的图像在水平方向缩小的结果。

（4）“操控变形”命令

选择“编辑→操控变形”命令后，会在选区或当前图层（整个背景层除外）中的对象上添加变形网格，根据需要，在变形网格的不同位置添加若干个控制图钉，拖动其中一个图钉对图像进行变形，此时，其他图钉可控制其所在位置的图像不参与变形。若要删

再次(A)　　Shift+Ctrl+T
缩放(S)
旋转(R)
斜切(K)
扭曲(D)
透视(P)
变形(W)
旋转 180 度(1)
旋转 90 度(顺时针)(9)
旋转 90 度(逆时针)(0)
水平翻转(H)
垂直翻转(V)

图 2-59　“编辑→变换”命令子菜单

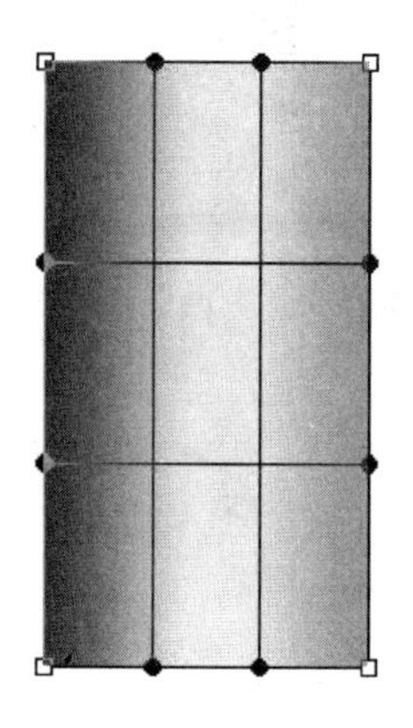

图 2-60　选择“变形”命令

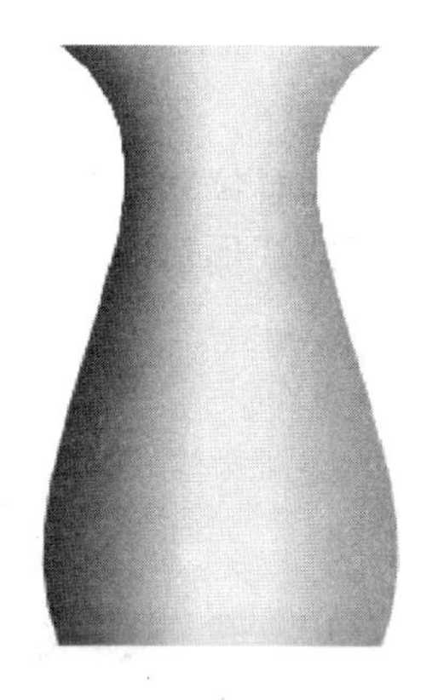

图 2-61　一种变形效果

图 2-62　原图

图 2-63　“内容识别比例”缩放

图 2-64　普通缩放

除已经添加的图钉,可在按住 Alt 键的同时单击要删除的图钉。下面就一个实例简要介绍操控变形操作步骤。

将如图 2-65 所示的图像制作成图 2-66 所示的图像效果。

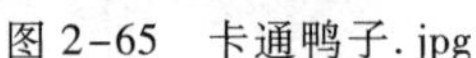

图 2-65　卡通鸭子.jpg

图 2-66　效果图

① 打开如图 2-65 所示的“卡通鸭子.jpg”，使用“快速选择工具”为卡通鸭子周围的白色区域创建选区，选择“选择→反向”命令，为卡通鸭子创建选区。

② 选择“图层→新建→通过剪切的图层”命令，则选区中的图像被移动到一个新建的图层“图层 1”中。在“图层”面板中选中背景层，设置背景色为白色，按快捷键 Ctrl+Delete 为背景层填充白色；再在“图层”面板中选中“图层 1”为当前图层，选择“编辑→操控变形”命令，则卡通鸭子上出现了变形网格，如图 2-67 所示。

③ 在卡通鸭子的多个不同位置分别单击添加多个图钉，图钉位置如图 2-68 所示。

④ 分别拖动编号为 a、b、c、d 的四个图钉对图像进行变形，变形后各图钉的位置如图 2-69 所示，按 Enter 键，即出现如图 2-66 所示的图像效果。

图 2-67　出现变形网格

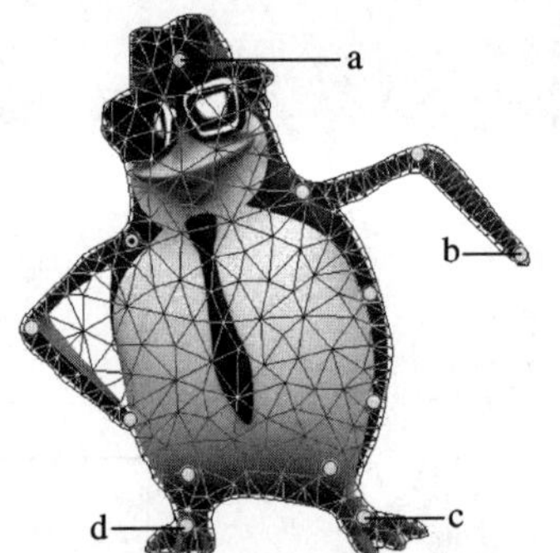

图 2-68　添加图钉

图 2-69　拖动图钉进行变形

案例 3　山水碧连天——图像修饰

案例要求

在图 2-70 所示图像的基础上制作如图 2-71 所示的图像效果。

图 2-70　山水碧连天.jpg

图 2-71　最终效果

案例分析

① 使用“裁剪工具”对图像进行裁剪。

② 使用“污点修复画笔工具”设置不同的选项分别消除石头和树。

③ 使用“修补工具”消除枯树枝。

④ 使用“仿制图章工具”复制鸟，并消除多余的树叶。

操作步骤

① 打开如图 2-70 所示的“山水碧连天.jpg”，从工具箱中选择“裁剪工具”，设置选项栏状态如图 2-72 所示；在图像中绘制一个矩形框，松开鼠标后，图像中出现一个裁剪控制框，如图 2-73 所示；在裁剪控制框内双击鼠标，则裁剪控制框外的图像即被裁去，效果如图 2-74 所示。

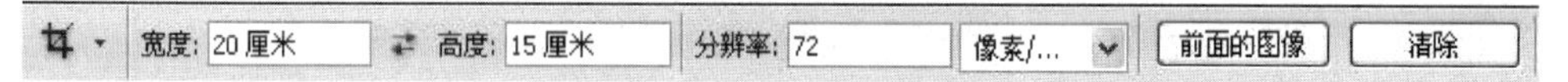

图 2-72　“裁剪工具”选项栏

图 2-73　出现裁剪控制框

图 2-74　裁剪后的效果

② 选择“污点修复画笔工具”，其选项栏设置如图 2-75 所示，在图像右边大树的下端单击鼠标，再按住 Shift 键在大树的顶端单击鼠标，则大树即被清除，效果如

图2-76 所示。

图 2-75 “污点修复画笔工具”选项栏

③ 在“污点修复画笔工具”选项栏中，设置画笔主直径为 25 像素，其他设置不变，在图像中的石头上和大树清除后剩余的小树枝上分别单击一下，将其清除，效果如图2-77 所示。

图 2-76 大树被清除

图 2-77 清除石头和大树剩余的树枝

④ 选择“修补工具”，在选项栏的“修补”选项组中选中“源”单选按钮，在图像中枯树枝区域拖动鼠标，绘制一个选区，如图 2-78 所示；然后将鼠标指针放在选区内，拖动选区到附近的区域，松开鼠标后枯树枝即被清除；按快捷键 Ctrl+D 取消选区，效果如图 2-79 所示。

图 2-78 为枯树枝创建选区

图 2-79 清除枯树枝

⑤ 选择“仿制图章工具”，其选项栏设置如图 2-80 所示；在图像中鸟的翅膀的左上角按住 Alt 键单击，确定初始取样点，如图 2-81 所示；然后在该鸟的右下方位置拖动鼠标复制一只鸟，效果如图 2-82 所示。

图 2-80 “仿制图章工具”选项栏

图 2-81 “仿制图章工具”取样位置

图 2-82 复制一只鸟

⑥ 在“仿制图章工具”的选项栏中，设置其主直径为 30 像素，取消勾选“对齐”复选框，在图像中如图 2-83 所示的位置按住 Alt 键单击，确定初始取样点，在图像下方的枝叶处多次拖动鼠标清除树叶（在拖动鼠标清除枝叶的过程中，一旦取样位置不合适，即松开鼠标后，再重新拖动鼠标从初始取样点开始取样清除树叶），同样的方法消除图像左上方的树叶，最终效果如图2-71 所示。

图 2-83 “仿制图章工具”取样位置

2.5 裁剪工具组

裁剪工具组包含三个工具，分别是“裁剪工具”、“切片工具”、“切片选择工具”，如图 2-84 所示。

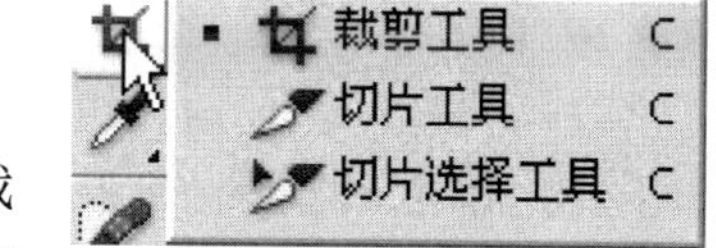

图 2-84 裁剪工具组

1. “裁剪工具”

利用“裁剪工具”可以将图像中不需要的部分裁去，在裁剪的同时还可以对图像进行旋转、变形、改变图像分辨率等。选择“裁剪工具”后，其选项栏如图2-85 所示。

图 2-85 “裁剪工具”选项栏

- 若要裁剪固定尺寸的图像，则在“宽度”和“高度”文本框中输入所需的尺寸，则无论设置的裁剪区域的尺寸是否等于设置的数值，裁剪后均会得到设置尺寸的图像大小。
- 若想在裁剪的同时改变图像的分辨率，则裁剪前在“分辨率”文本框输入所需的分辨率数值即可。

“裁剪工具”的使用方法如下：

选择“裁剪工具”后，在图像中拖动出一个矩形区域，松开鼠标后即出现一个有 8

个控点的裁剪控制框,如图 2-86 所示,在控制框内双击鼠标即可将控制框外的部分裁去,如图 2-87 所示。

图 2-86　处于裁剪状态的图像

图 2-87　裁剪后的图像

在裁剪控制框存在的情况下,可对该控制框进行以下调整:

- 按 Esc 键取消裁剪控制框。
- 拖动控制框的某个控点,可对其进行缩放。
- 将鼠标指针放在控制框内拖动鼠标,可改变其位置。
- 将鼠标指针放在控制框外呈弧状双剪头时拖动鼠标,可改变其方向。

2. "切片工具" 和 "切片选择工具"

"切片工具"和"切片选择工具"是用来处理网络图像的。利用"切片工具"可以将一幅大的图像划分成若干个小图像(切片),以提高网络浏览速度;另外,每一个切片就是一个功能热区,可以创建与相关 Web 页的超链接。在存储图像和 HTML 文件时,每个切片都会作为独立的文件存储,并具有自己的设置。

(1) 创建切片

选择"切片工具"后,可用两种方法创建切片。

① 使用"切片工具"在图像中拖动鼠标,即可创建切片,如图 2-88 所示。用这种方法创建的切片有两种类型:用户切片和自动切片。用户切片是用户拖动鼠标创建的,由实线定义,图标呈高亮蓝色显示,图 2-88 中的 01 号切片即是用户切片;自动切片是

图 2-88　创建切片

在用户切片以外的区域由系统自动创建的，由虚线定义，图标呈灰色显示；图 2-88 中的02、03 号切片即是自动切片。右击一个自动切片，从快捷菜单中选择“提升到用户切片”命令，可将其转换为用户切片。

② 在图像窗口中右击鼠标，从快捷菜单中选择“划分切片”命令，弹出“划分切片”对话框，如图 2-89 所示。在该对话框中可在勾选“水平划分为”和“垂直划分为”复选框的前提下，分别设置图像在纵向和横向方向上切片的个数。这样创建的切片均为用户切片。

（2）编辑切片

选择“切片选择工具”，在图 2-88 所示的图像的 01 号切片上双击，可打开“切片选项”对话框，在 URL 文本框中输入百度首页的网址“http://www.baidu.com”，其余各项参数设置如图 2-90 所示，设置完毕，单击“确定”按钮即可完成编辑。该对话框中各选项的含义如下。

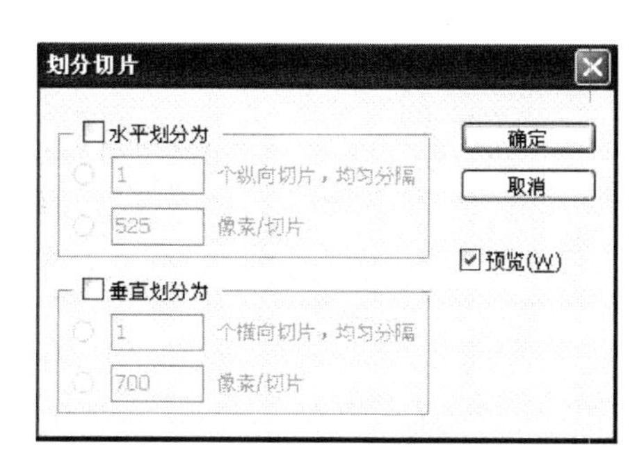

图 2-89 “划分切片”对话框

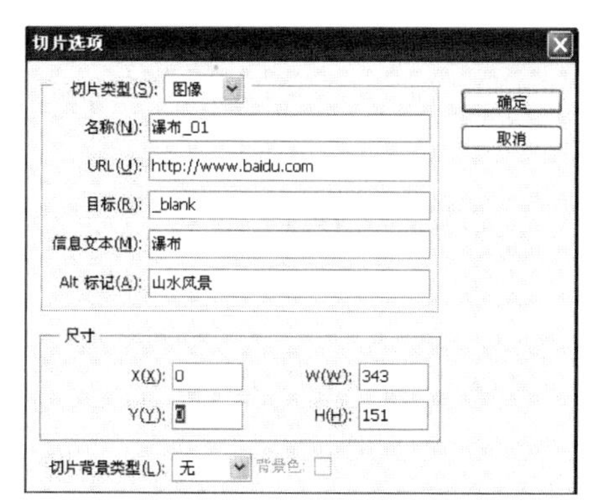

图 2-90 切片选项

• “切片类型”下拉列表框：从中选择“图像”选项时，这个切片输出时会生成图像，反之输出时是空的。

• “名称”文本框：为切片定义一个名称。

• URL 文本框：指定在浏览器中单击该切片时，切片所链接到的 URL 地址。

• “目标”文本框：指定切片在哪个窗口中打开。

• “信息文本”文本框：为选定的切片更改浏览器状态栏中的默认消息。

• “Alt 标记”文本框：指定浏览器的替换文本。Alt 标记文本会取代非图形浏览器中的切片图像。Alt 标记文本还在图像下载过程中取代图像，并在一些浏览器中作为工具提示出现。

• “切片背景类型”下拉列表框：可从中选择一种背景色来填充透明区域。该背景色在 Photoshop 中不会显示，在浏览器中预览图像时才能查看所选背景色的效果。

（3）链接到网页

将图像中的各切片都设置完成后，选择“文件→存储为 Web 和设备所用格式”命令，打开“存储为 Web 和设备所用格式”对话框，如图 2-91 所示。在该对话框中，选择“切片选择工具”，选择不同的切片，分别在右侧的“预设”选项组对选择的切片进行优化，如在本例中，将所有切片都设置为 JPEG 格式，设置完毕，单击“存储”按钮，在出现的“将优化结果存储为”对话框中，设置好保存位置和文件名后，“格式”选择“HTML 和图像”,单击“保存”按钮,就会在保存一个 HTML 文档的同时,还将所有的切片保存在相同位置的 images 文件夹中。

图 2-91 “存储为 Web 和设备所用格式”对话框

双击保存的 HTML 文档,在浏览器窗口中打开该文档,鼠标指针指向 01 号切片位置时单击,即会跳转到百度的首页。

2.6 图章工具组

图章工具组主要用来复制图像,其中包含两个工具,如图 2-92 所示。

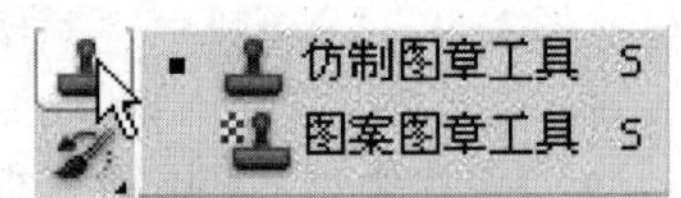

图 2-92 图章工具组

1. “仿制图章工具”

“仿制图章工具”以初始取样点确定的图像为复制对象。从工具箱中选择“仿制图章工具”后,其选项栏如图 2-93 所示。

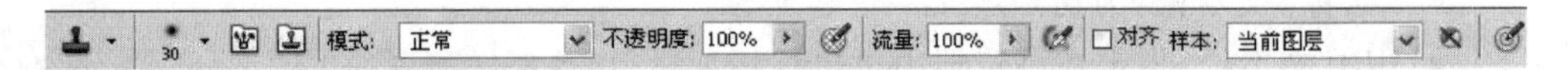

图 2-93 “仿制图章工具”选项栏

- “切换仿制源面板”按钮:单击该按钮,可打开“仿制源”面板,如图 2-94 所示。在“仿制源”面板中,最多可同时设置 5 个仿制源的初始取样点,并可分别设置其复制后的图像的方向、缩放比例等。
- “对齐”复选框:若勾选该复选框,则采样区域仅应用一次,即使在复制的中途由于某种原因中止了操作,当再继续前面的复制操作时,仍可从中止的位置继续复制,直到再次采样。否则,每次中止操作后再继续复制时,又从初始采样点开始复制,即一次采样可复制多次。
- “样本”下拉列表框:在该下拉列表框中有 3 个选项:“当前图层”、“当前图层和下方图层”、“所有图层”。其中,“当前图层”表示以初始取样点确定的当前图层中的图像为复制源;“当前图层和下方图层”表示以初始取样点确定的当前图层及其下方可见图层的图像为复制源;“所有图层” 表示以初始取样点确定的所有可见图层的图像为复

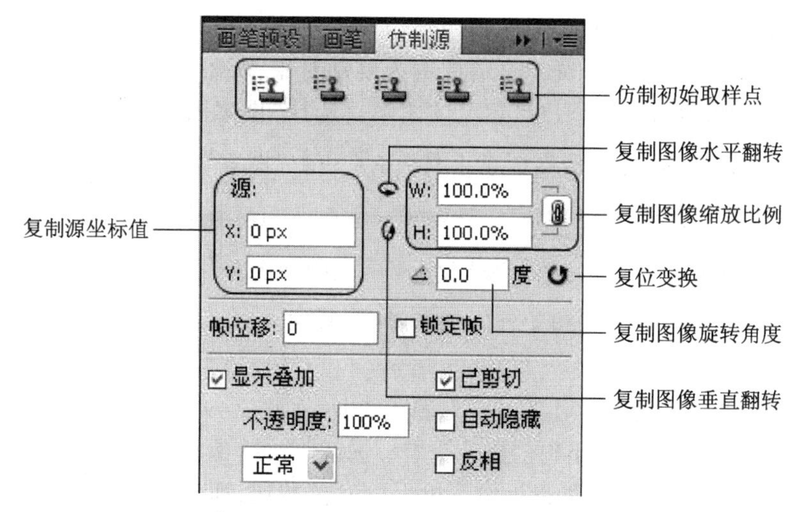

图 2-94 “仿制源”面板

制源。

下面以一个实例来简要说明该工具的使用方法。

① 打开如图 2-95 所示的“一只米老鼠.jpg”图像文件，选择“仿制图章工具”，在其工具选项栏中，选中“对齐”复选框，将鼠标指针定位在米老鼠右手的一个手指上，按住 Alt 键的同时单击鼠标，则该位置成为复制的初始取样点，如图 2-96 所示。

图 2-95 一只米老鼠

图 2-96 确定初始取样点

② 在工具选项栏中单击“切换仿制源面板”按钮，在展开的“仿制源”面板中，设置复制后的图像其长、宽均为复制源的 70%，并选中“水平翻转”按钮，然后在图像的左边拖动鼠标复制出一只水平方向相反的小米老鼠，如图 2-97 所示。

图 2-97 复制一只小米老鼠

2. “图案图章工具”

“图案图章工具”是以预先定义的图案为复制对象，所需要的源图案可以是 Photoshop 预设的图案，也可以是用户自定义的图案。选择“图案图章工具”后，其选项栏如图 2-98 所示，该选项栏比“仿制图章工具”多了一个“图案”下拉列表框，在此下拉列表框中可选择源图案。

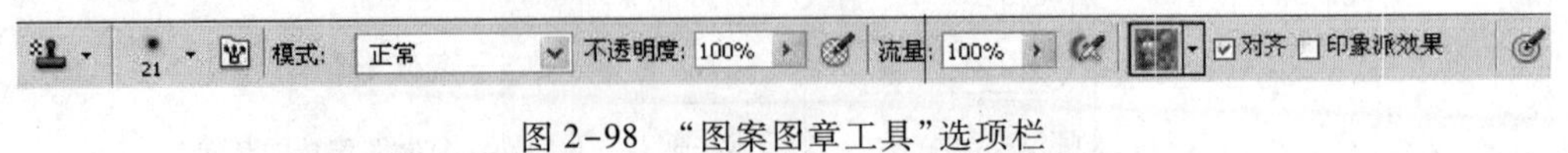

图 2-98 “图案图章工具”选项栏

① 自定义图案。打开“小狗. png”图像文件，如图 2-99 所示，选择“矩形选框工具”，确保“羽化”值为 0，为小狗创建一个矩形选区，选择“编辑→定义图案”命令，在弹出的“图案名称”对话框中输入“小狗”，单击“确定”按钮，即自定义了一个名为“小狗”的图案。

② 复制图案。打开“春天. jpg”图像文件，如图 2-100 所示，从工具箱中选择“图案图章工具”，在“图案”下拉列表框中选择“小狗”图案，不勾选“对齐”和“印象派效果”复选框，在图像中两个不同的位置分别拖动鼠标，复制出两只小狗，如图 2-101 所示。

图 2-99 小狗

图 2-100 春天

图 2-101 复制出两只小狗

2.7 修复工具组

修复工具组主要用于修复图像，其中包含 4 个工具，分别是污点修复画笔工具、修复画笔工具、修补工具和红眼工具，如图 2－102 所示。

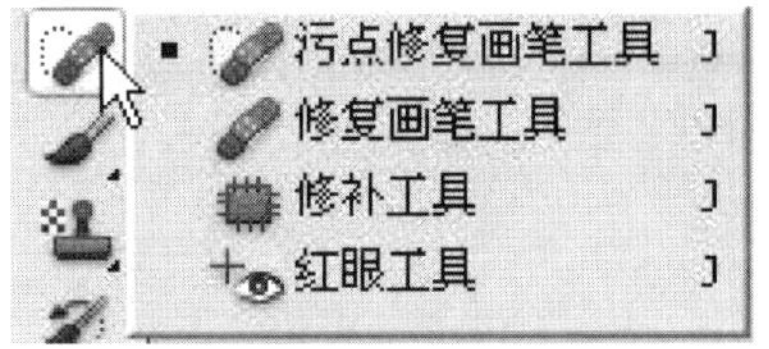

图 2－102 修复工具组

1. “污点修复画笔工具”

利用“污点修复画笔工具”可以采用单击或涂抹的方式修复图像中不理想的部分。从工具箱中选择“污点修复画笔工具”后，其选项栏如图 2-103 所示。

图 2-103 “污点修复画笔工具”选项栏

- “模式”下拉列表框：用来设置修复图像时的混合模式。若选择“替换”选项，则在使用柔边画笔时，可以保留画笔描边边缘外的杂色、胶片颗粒和纹理效果。
- “近似匹配”单选按钮：利用选区边缘周围的像素来取样，对选区内的图像进行修复。
- “创建纹理”单选按钮：利用选区内的像素创建一个用于修复该区域的纹理。
- “内容识别”单选按钮：该选项为智能修复功能，使用该工具在图像中单击或涂抹时，软件会自动利用画笔周围的像素将鼠标经过的位置不留痕迹地填充修复。利用该选项，可非常方便地修复图像中小面积的瑕疵或线性区域的瑕疵。例如，要将图2-104 所示的图像修复成图 2-105 所示的图像效果，按以下步骤操作可轻松完成。

图 2-104 原图

① 选择“污点修复画笔工具”，选项栏设置如图 2-103 所示，在图像右下角的文字区域进行涂抹，松开鼠标后，文字即被清除，效果如图 2-106 所示。

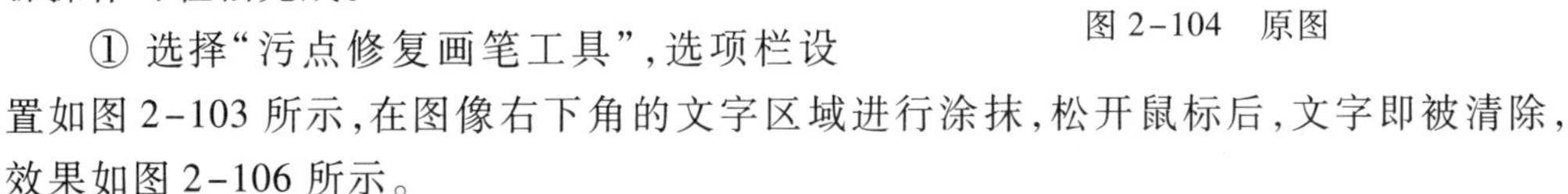

图 2-105 最终效果

图 2-106 将文字清除

② 在选项栏中设置画笔直径为 15 像素，其他设置不变，在图像中缆绳的左端单击

鼠标,然后按住 Shift 键,同时在缆绳的右端单击,则两次单击点的连线区域在几秒钟之后即被修复,效果如图 2-105 所示。

2. “修复画笔工具”

“修复画笔工具”可以利用图像中由初始取样点确定的图像或预定义的图案来修复图像中的缺陷。选择“修复画笔工具”后,其选项栏如图 2-107 所示。

图 2-107 “修复画笔工具”选项栏

“源”选项组:若选择“取样”单选按钮,则用初始取样点确定的图像来修复缺陷区域,使用方法与“仿制图章工具”相同;若选择“图案”单选按钮,则可用预定义的图案来修复图像,使用方法与“图案图章工具”相同。与“仿制图章工具”和“图案图章工具”不同的是,“修复画笔工具”并非原样复制图像或图案,而是将样本像素的纹理、光照和阴影与源像素进行匹配,从而使修复后的像素不留痕迹地融入到图像的其余部分中。

图 2-108 所示是使用“修复画笔工具”通过“取样”来修复图像的过程和效果。

(a) 原图

(b) 确定初始取样点

(c) 拖动鼠标修复图像的效果

图 2-108 取样修复图像的过程和效果

3. “修补工具”

“修补工具”的修复效果与“修复画笔工具”类似,也会将样本像素的纹理、光照和阴影与源像素进行匹配,不同的是“修补工具”是通过创建选区的方式来修复图像。该工具把图像中需要修复的选区内的图像定义为“源”,把用来修复源的选区内的图像定义为“目标”。

选择“修补工具”后,其选项栏如图 2-109 所示。

图 2-109 “修补工具”选项栏

“修补”选项组:用来设置修补的方式。若选中“源”单选按钮,则创建的选区为需要修复的区域;若选中“目标”,则创建的选区为用来修复“源”的区域。

下面以选中“源”单选按钮的修补方式为例来介绍“修补工具”的使用方法。

① 从工具箱中选择“修补工具”,在选项栏中选中“源”单选按钮,在图像上拖动鼠标为需要修复的图像区域创建一个选区,如图 2-110 所示。

② 将鼠标指针放在选区内，拖动选区内的图像到目标区域，如图 2-111 所示。

③ 松开鼠标后，有缺陷的图像区域即被修复，按快捷键 Ctrl+D 取消选区，效果如图 2-112 所示。

图 2-110　为源创建选区　　图 2-111　拖动源到目标区域　　图 2-112　修复后的图像

4. “红眼工具”

使用“红眼工具”可以将使用数码相机照相过程中产生的红眼效果轻松去除。该工具的使用方法非常简单，只需在红眼上单击鼠标即可将红眼去除，如图 2-113 所示。

(a) 在红眼上单击鼠标

(b) 红眼去除后的效果

图 2-113　使用“红眼工具”去除红眼

选择“红眼工具”后，其选项栏如图 2-114 所示。

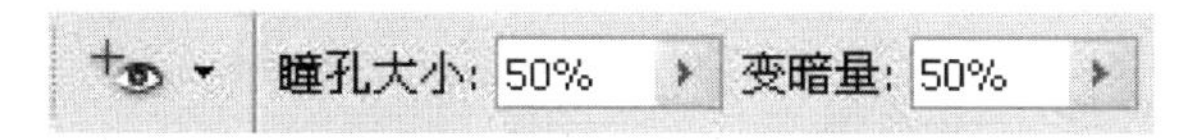

图 2-114　“红眼工具”选项栏

- “瞳孔大小”选项：可增大或减小瞳孔受“红眼工具”影响的区域。
- “变暗量”选项：用于设置瞳孔校正的暗度。

案例4　让青春更美好——图像修饰

案例要求

在图2-115所示图像的基础上制作如图2-116所示的图像效果。

图2-115　原图

图2-116　最终效果

案例分析

① 用“污点修复画笔工具”消除面部比较清晰的青春痘和斑点。

② 用“模糊工具”在面部及颈部拖动鼠标，使之稍稍平滑。

③ 将“高斯模糊”命令与“历史记录画笔工具”结合使用，使人物面部及颈部更加柔和。

④ 用“减淡工具”在右侧面部及左肩部色调比较暗的区域拖动鼠标，使之稍明亮些。

⑤ 使用“图像→调整→曝光度”命令，改变“曝光度”的值，使人物整体更明亮些。

操作步骤

① 打开如图2-115所示的图像文件“青春.jpg”，从工具箱中选择“缩放工具”，在图像窗口单击，使显示比例放大到200%。

② 从工具箱中选择“污点修复画笔工具”，在其工具选项栏中设置主直径为6像素，在“类型”选项组中选择“近似匹配”单选按钮，然后在人物面部比较清晰的青春痘和斑点上单击，使之消除，修复效果如图2-117所示。

③ 从工具箱中选择“模糊工具”，在其工具选项栏中设置主直径为12像素，“强度”设置为20%，然后在面部及颈部感觉不是很平滑的部位拖动鼠标，使之稍稍平滑，效果如图2-118所示。

图 2-117　用“污点画笔工具”修复效果

图 2-118　用“模糊工具”修复后的效果

④ 选择“滤镜→模糊→高斯模糊”命令，在出现的“高斯模糊”对话框中，设置“半径”为 1，单击“确定”按钮关闭该对话框。

⑤ 在“历史记录”面板中，单击“高斯模糊”前面的方框，使之成为“历史记录画笔的源”，再选择其前面的一条历史记录“模糊工具”为当前操作的起点，此时“历史记录”面板的状态如图 2-119 所示。

⑥ 从工具箱中选择“历史记录画笔工具”，在面部、下颌部、额部、颈部及嘴唇等感觉不是很柔和的部位拖动鼠标，使之恢复到“高斯模糊”的柔和状态。但应注意，只是在面部、下颌部、额部、颈部及嘴唇等无发的部位拖动鼠标，不要在其他部位拖动，恢复效果如图 2-120 所示。

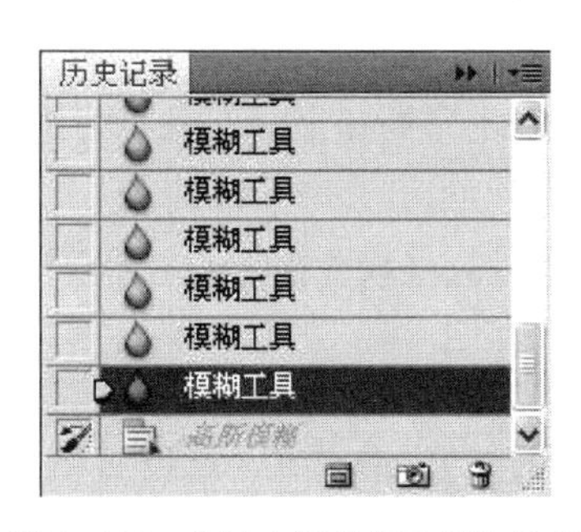

图 2-119　“历史记录”面板的状态

图 2-120　用“历史记录画笔工具”恢复的效果

⑦ 从工具箱中选择“减淡工具”，在其工具选项栏设置主直径为 20 像素，“范围”选择“中间调”，“曝光度”为 15%，勾选“保护色调”复选框，然后在人物右侧面部及左肩部色调较暗的区域拖动鼠标，使之变得稍明亮些，效果如图 2-121 所示。

⑧ 现在图像总体色调还有点暗，选择“图像→调整→曝光度”命令，在出现的“曝光度”对话框中，设置参数如图 2-122 所示，图像的最终效果如图 2-116 所示。

图 2-121　用“减淡工具”修复的效果

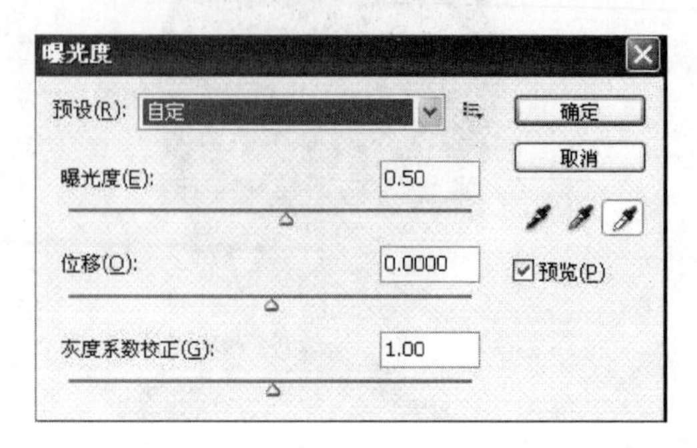

图 2-122　“曝光度”对话框参数设置

2.8　减淡、加深和海绵工具

1．“减淡工具”

使用“减淡工具”在图像中拖动鼠标，鼠标经过的区域图像会加亮。“减淡工具”的选项栏如图 2-123 所示。

图 2-123　“减淡工具”选项栏

• “范围”下拉列表框：该下拉列表框中有 3 个选项，其中选择“阴影”时，加亮的范围只局限于图像的暗部；选择“中间调”时，加亮的范围只局限于图像的中间调区域；选择“高光”时，加亮的范围只局限于图像的亮部。

• “曝光度”数值框：该数值框内的数值决定一次操作对图像的亮化程度。数值越大，加亮效果越明显。

• “保护色调”复选框：选中该复选框后，对图像进行减淡操作时，可以对图像中的颜色进行保护。

2．“加深工具”

“加深工具”的作用与“减淡工具”相反，使用该工具在图像中拖动鼠标时，鼠标经过的区域图像的亮度会变暗。其选项栏设置与“减淡工具”相同。

3．“海绵工具”

选择“海绵工具”，在图像中拖动鼠标，鼠标经过的区域图像的色相饱和度会增加或降低。“海绵工具”的选项栏如图 2-124 所示。

图 2-124　“海绵工具”选项栏

• “模式”下拉列表框：该下拉列表框中包含“降低饱和度”和“饱和”两个选项。

若选择“降低饱和度”,则“海绵工具”将减小图像的色饱和度,使图像变灰;若选择“饱和”,则“海绵工具”将增加图像的色饱和度,使图像变得更加鲜艳。

- “自然饱和度”复选框:选中该选项后,降低饱和度时对饱和度高的部位降低得明显,对饱和度低的部位则影响较小;增加饱和度时对饱和度高的部位影响较小,对饱和度低的部位增加得明显。

2.9 模糊工具组

模糊工具组中有 3 个工具,如图 2-125 所示。

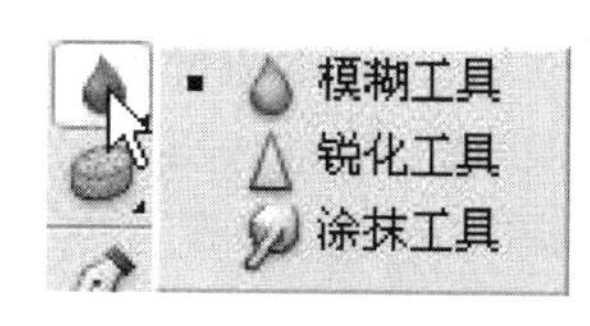

图 2-125　模糊工具组

1. “模糊工具”

选择“模糊工具”,在图像上拖动鼠标,可降低像素之间的反差,使图像变得柔化模糊,降低图像的对比度。“模糊工具”的选项栏如图 2-126 所示。

图 2-126　“模糊工具”选项栏

对图 2-127 所示图像中的花朵进行模糊处理后,效果如图 2-128 所示。

2. “锐化工具”

选择“锐化工具”,在图像上拖动鼠标,可增加像素之间的反差,对图像进行锐化,增加图像的对比度。对图 2-127 所示图像中的花朵进行锐化处理后,效果如图 2-129 所示。“锐化工具”的选项栏如图 2-130 所示。

图 2-127　原图

图 2-128　对花朵进行模糊处理

图 2-129　对花朵进行锐化处理

图 2-130　“锐化工具”选项栏

3. “涂抹工具”

选择“涂抹工具”,在图像上拖动鼠标,可将鼠标落点处的颜色沿鼠标拖动的方向抹开。

“涂抹工具”的选项栏如图 2-131 所示。

图 2-131　“涂抹工具”选项栏

"手指绘画"复选框:选中该复选框后,"涂抹工具"可使用前景色与图像的颜色混合涂抹,否则,"涂抹工具"是使用鼠标落点处的颜色进行涂抹。

2.10 历史记录画笔工具组

历史记录画笔工具组中有两个工具,如图 2-132 所示。

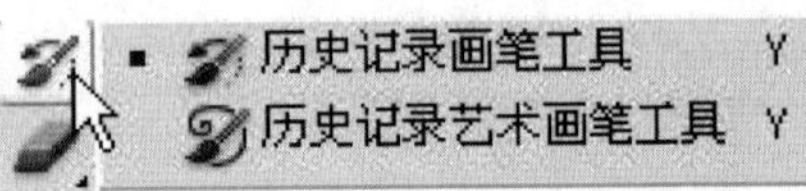

图 2-132 历史记录画笔工具组

1. "历史记录画笔工具"

"历史记录画笔工具"与"历史记录"面板结合使用,可以将图像部分或完全地恢复到"历史记录"面板中某一历史记录的状态。从工具箱中选择"历史记录画笔工具"后,其选项栏如图 2-133 所示。

图 2-133 "历史记录画笔工具"选项栏

下面通过一个实例来说明"历史记录画笔工具"的使用方法。

① 打开如图 2-134 所示的图像文件"草原牧羊.jpg"。

② 选择"图像→调整→色彩平衡"命令,在出现的"色彩平衡"对话框中,设置各参数如图 2-135 所示,单击"确定"按钮,关闭该对话框。

图 2-134 草原牧羊

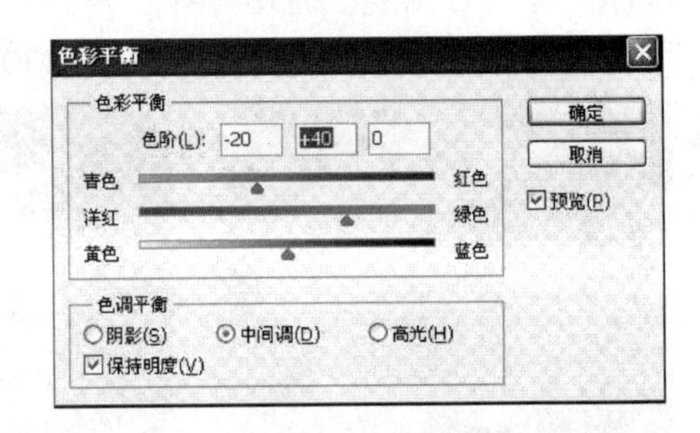

图 2-135 "色彩平衡"对话框

③ 选择"滤镜→模糊→高斯模糊"命令,在出现的"高斯模糊"对话框中,设置"半径"为 2 像素,单击"确定"按钮。

④ 在"历史记录"面板中,单击"色彩平衡"前面的方框,将其设置为"历史记录画笔的源",如图 2-136 所示。

⑤ 选择"历史记录画笔工具",设置画笔直径为 40 像素,在图像中的草地上拖动鼠标,使草地部分恢复到高斯模糊前的状态,而远山仍为模糊状态,形成一种景深效果,如图 2-137 所示。

2. "历史记录艺术画笔工具"

"历史记录艺术画笔工具"的使用方法与"历史记录画笔工具"基本相同,只是在用"历史记录艺术画笔工具"将图像的某一区域恢复到历史记录画笔源的状态时,会附加特殊的艺术处理效果。它的选项栏如图 2-138 所示。

图 2-136 设置“历史记录画笔的源”

图 2-137 将牧羊的草地恢复到模糊前的状态

图 2-138 “历史记录艺术画笔工具”选项栏

- “样式”下拉列表框:用来产生不同的艺术处理效果。
- “区域”选项:用来控制产生艺术效果的范围。
- “容差”选项:用来控制图像的色彩保留程度。

案例 5 雨后踏青——绘图工具的使用

案例要求

在图 2-139 的基础上制作如图 2-140 所示的图像效果。

图 2-139 原图

图 2-140 最终效果图

案例分析

完成该项目需要执行以下操作:

① 绘制彩虹。打开“风景.jpg”后,首先创建一个新图层,然后选择“椭圆选框工具”绘制一个羽化的正圆选区,再选择“渐变填充工具”,编辑好“色谱”对应的渐变色后,在正圆选区中进行径向渐变填充;用“魔棒工具”选中中心的红色区域,羽化后删

除；用“矩形选框工具”选中下端的半圆彩虹后删除；对保留的半圆彩虹进行自由变形，改变其形状和倾斜角度；最后设置总体不透明度，并用“模糊工具”对彩虹进行模糊处理。

② 图像合成。打开“女孩.jpg”图像，用“魔棒工具”选中女孩以外的区域，反向选择后选中女孩，利用“移动工具”将女孩复制到“风景.jpg”图像中，形成一个新的图层，调整好女孩的位置。

③ 绘制花环。新建一个图层，在该图层上用“画笔工具”绘制一个花环，并对其进行自由变换，用“橡皮擦工具”擦除应位于孩子背后的部分。

操作步骤

① 打开图2-139所示的图像文件“风景.jpg”，在“图层”面板上单击“创建新图层”按钮，创建一个新图层；双击该图层名称，将其重命名为“彩虹”，选中该图层。

② 选择“视图→标尺”命令，在图像编辑窗口中显示出标尺。从工具箱中选择“移动工具”，在图像编辑窗口中分别从水平标尺和垂直标尺上向图像方向拖动出两条相互垂直的参考线。从工具箱中选择“椭圆选框工具”，设置“羽化”值为6像素，将鼠标指针定位在两条参考线的交点上，按住Shift+Alt键并拖动鼠标，创建一个正圆选区，效果如图2-141所示。

③ 从工具箱中选择“渐变工具”，在工具选项栏中单击“点按可编辑渐变”按钮，打开“渐变编辑器”，从“预设”列表中单击选择“色谱”渐变样式后，将“渐变设计条”下方的色标从右向左依次都移动到右边，各色标的位置如图2-142所示，单击“确定”按钮。

图2-141　创建正圆选区

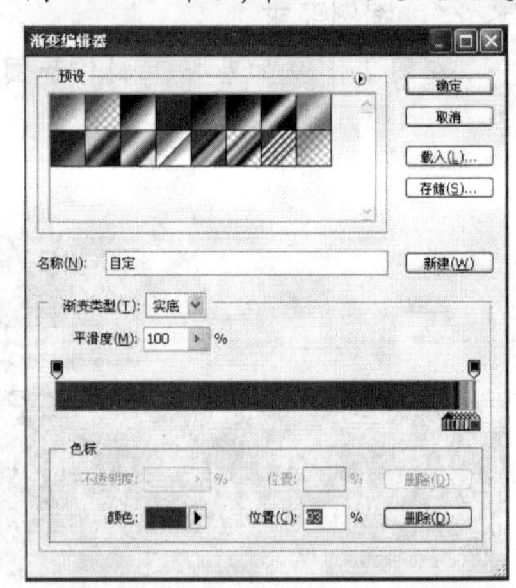

图2-142　“渐变编辑器”的状态

④ 设置“渐变工具”选项栏状态如图2-143所示，在图像编辑窗口中将鼠标从参考线的交点开始拖动到选区的边缘进行径向渐变填充，效果如图2-144所示。按快捷键Ctrl+D取消选区。

图2-143　“渐变工具”选项栏设置

⑤ 从工具箱中选择“魔棒工具”，在工具选项栏中勾选“连续”复选框，在图像中心的红色区域单击创建一个圆形选区，选择“选择→修改→羽化”命令，设置“羽化”值为6像素，按Delete键删除选区内的像素，按快捷键Ctrl+D取消选区，效果如图2-145所示。

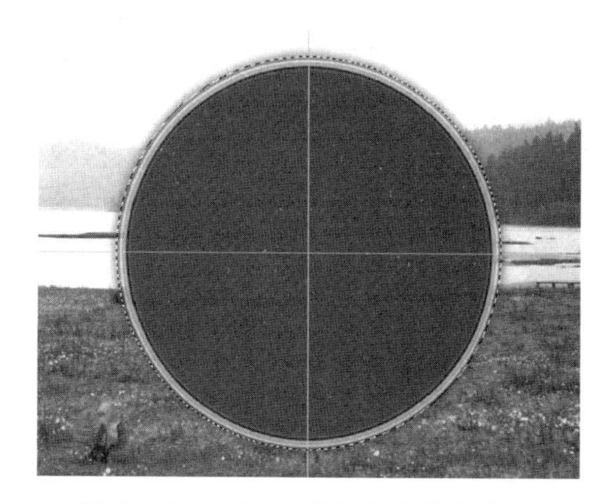

图2-144 对选区进行径向渐变填充

图2-145 删除圆内部的红色像素

⑥ 从工具箱中选择“矩形选框工具”，在图像窗口中拖动鼠标创建一个矩形选区，位置如图2-146所示。按Delete键删除选区内的像素，按快捷键Ctrl+D取消选区，选择“视图→清除参考线”命令，效果如图2-147所示。

图2-146 创建矩形选区

图2-147 删除选区内的像素

⑦ 按快捷键Ctrl+T对“彩虹”图层中的半圆图像进行自由变换，将其形状、位置和方向调整到如图2-148所示的状态后，单击“进行变换”按钮。在“图层”面板中设置“彩虹”图层的“不透明度”为30%，再用“模糊工具”在彩虹上拖动鼠标进行模糊处理，效果如图2-149所示。

⑧ 选择“文件→打开”命令，打开图2-150所示的“女孩.jpg”文件，拖动该图像的选项卡标签，将该图像变成浮动的图像窗口。从工具箱中选择“魔棒工具”，在选项栏中设置“容差”为10像素，勾选“连续”复选框，在图像中人物以外的白色区域单击，选择“选择→反向”命令，为女孩创建选区；选择“移动工具”，拖动选区内的女孩图像到“风景.jpg”图像中(关闭“女孩.jpg”图像窗口)，则女孩被复制到该图像中，并形成一个新图层，将该图层重命名为“女孩”，利用“移动工具”调整女孩的位置如图2-151所示。

图 2-148　变换后的彩虹状态

图 2-149　模糊后的彩虹

图 2-150　女孩.jpg

图 2-151　女孩的位置

⑨ 在“图层”面板中，单击“创建新图层”按钮，创建一个新图层，将该图层重命名为“花环”，此时，“图层”面板的状态如图 2-152 所示。

⑩ 从工具箱中选择“画笔工具”，设置前景色为红色，背景色为黄色；在“画笔”面板中，将画笔笔尖形状设置为“杜鹃花串”，其他各选项设置如图 2-153 所示。在图像窗口中拖动鼠标绘制一个花环，效果如图 2-154 所示。

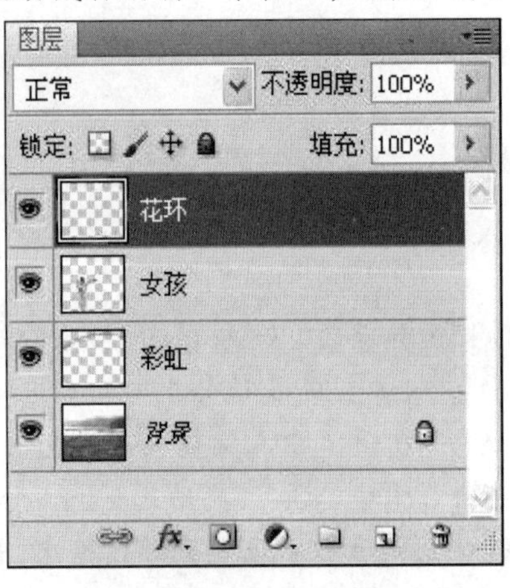

图 2-152　“图层”面板

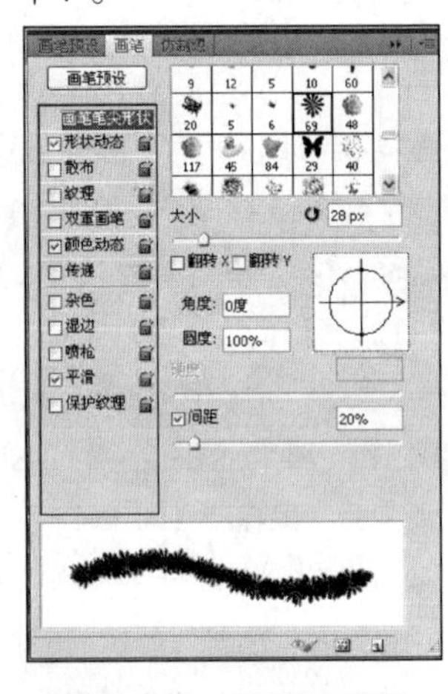

图 2-153　“画笔”面板

⑪ 按快捷键 Ctrl+T 对花环进行自由变换，效果如图 2-155 所示。在“图层”面板中，按住 Ctrl 键并单击“女孩”图层的图层缩览图，为女孩创建选区；选中“花环”图层为当前图层，选择“橡皮擦工具”，设置其主直径为 20 像素，在选区内拖动鼠标擦除花环上应位于女孩后面的部分；按快捷键 Ctrl+D 取消选区，最终效果如图 2-140 所示。

图 2-154　绘制花环

图 2-155　自由变换后的花环

⑫ 选择“文件→存储为”命令，在出现的“存储为”对话框中，设置文件名为“雨后踏青”，文件格式为 PSD，单击“保存”按钮。

2.11　画笔工具组

画笔工具组包含 4 种工具，分别是“画笔工具”、“铅笔工具”、“颜色替换工具”和“混合器画笔工具”，如图 2-156 所示。

图 2-156　画笔工具组

1. “画笔工具”

使用“画笔工具”可利用前景色来绘制预设的画笔笔尖图案或不太精确的线条。选择该工具后，在工具选项栏中设置好各选项，在图像窗口中单击或拖动鼠标，即可绘制相应的图案或线条；若要绘制水平或垂直的线条，可按住 Shift 键再拖动鼠标。“画笔工具”的选项栏如图 2-157 所示。

图 2-157　“画笔工具”选项栏

- “画笔预设”选取器按钮：单击该按钮，可打开如图 2-158 所示的“画笔预设”选取器，在其中可设置画笔笔尖的形状、主直径大小及硬度等。单击其右上角的三角按钮可打开画笔选项菜单，利用其中最下方的一组命令可选择画笔笔尖的形状类别。
- “切换画笔面板”按钮：单击该按钮，可打开“画笔”面板，如图 2-159 所示。在该面板中可设置画笔笔尖的形状、主直径大小、角度、圆度、硬度、间距及各种动态效果等。

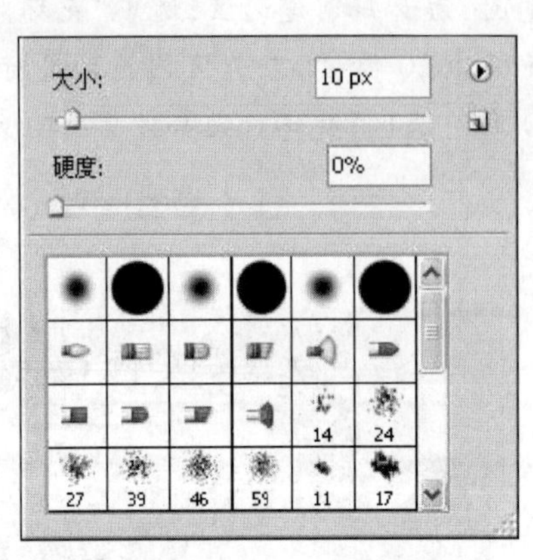

图 2-158 “画笔预设”选取器

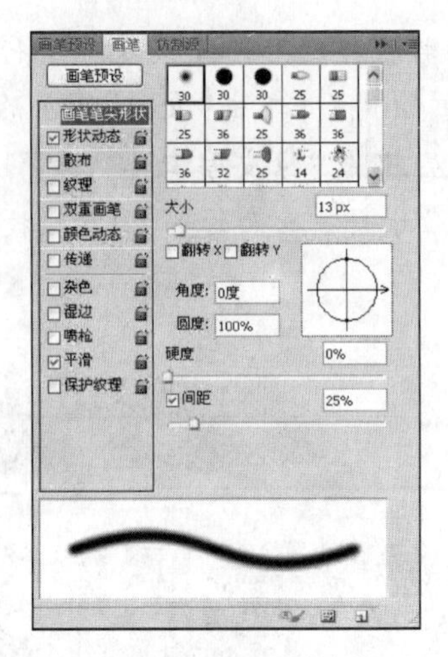

图 2-159 “画笔”面板

2. “铅笔工具”

“铅笔工具”的使用方法与“画笔工具”基本相同,只是“铅笔工具”绘制的图像边缘比较僵硬且有棱角。“铅笔工具”的选项栏如图 2-160 所示。

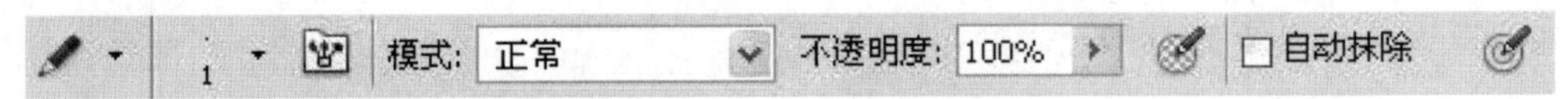

图 2-160 “铅笔工具”选项栏

- “自动抹除”复选框:若选中该复选框,当笔尖起点的颜色与当前的前景色一致时,用背景色来绘画,否则,用前景色来绘画。

3. “颜色替换工具”

使用“颜色替换工具”在图像中拖动鼠标,可以用前景色取代鼠标经过位置的目标颜色。“颜色替换工具”只能在“RGB 颜色”、“CMYK 颜色”或“Lab 颜色”模式的图像中使用。其选项栏如图 2-161 所示。

图 2-161 “颜色替换工具”选项栏

- “模式”下拉列表框:用于设置替换颜色时的混合模式,该下拉列表框中有 4 个选项:“色相”、“饱和度”、“颜色”和“明度”。
- 取样模式:取样模式有 3 种,即“连续”、“一次”、“背景色板”。若选择“连续”,则鼠标经过位置的颜色均被取样为目标颜色并被替换;若选择“一次”,则只将鼠标落点处的颜色取样为目标颜色,与该颜色在容差范围内的颜色才能被替换;若选择“背景色板”,则在鼠标拖动的过程中只替换与当前背景色在容差范围内的颜色。

4. “混合器画笔工具”

选择“混合器画笔工具”后,可以利用选定的画笔笔尖形状,配合设定的混合画笔组合方式,在图像中拖动鼠标进行描绘,产生具有实际绘画的艺术效果。“混合器画笔工具”选项栏如图 2-162 所示。

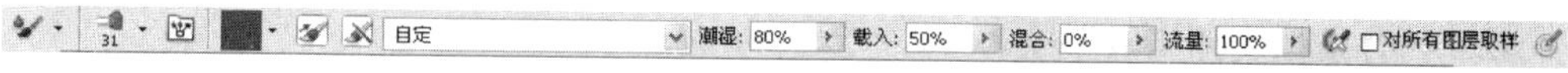

图 2-162 “混合器画笔工具”选项栏

• “当前画笔载入”下拉列表框 :用来设置使用时载入画笔与清除画笔。该下拉列表框中有 3 个选项,即“载入画笔”、“清除画笔”、“只载入纯色”。

• “每次描边后载入画笔”选项 :若选择该项,则每次绘制完成松开鼠标后,系统会自动载入画笔。

• “每次描边后清理画笔”选项 :若选择该项,则每次绘制完成松开鼠标后,系统会自动清除之前的画笔。

• “有用的混合画笔组合”下拉列表框 自定 :用来设置不同的混合画笔组合效果,可从其下拉列表框中选择一种预设的混合效果,也可利用其后的“潮湿”、“载入”、“混合”等选项自定义混合效果。

2.12 橡皮擦工具组

橡皮擦工具组主要用于擦除图像中不需要的像素,其中包含 3 个工具:“橡皮擦工具”、“背景橡皮擦工具”和“魔术橡皮擦工具”,如图 2-163 所示。

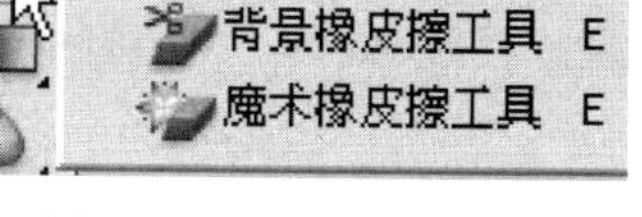

图 2-163 橡皮擦工具组

1. “橡皮擦工具”

选择“橡皮擦工具”,在目标位置拖动鼠标可擦除当前图层上不需要的像素。若图像内有选区,则只能擦除当前图层上选区内的图像;若擦除的是背景层中的图像,则擦除位置用背景色来填充;若擦除的是普通图层中的图像,则擦除位置显示为透明效果。该工具的选项栏如图 2-164 所示。

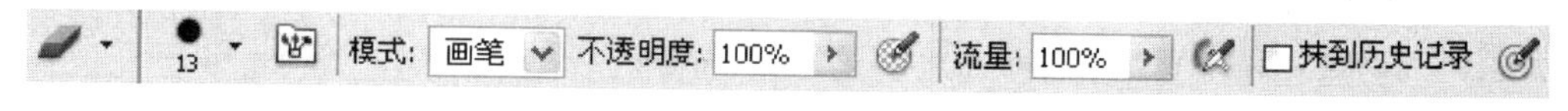

图 2-164 “橡皮擦工具”选项栏

• “模式”下拉列表框:该下拉列表框中有三个选项,即“画笔”、“铅笔”和“块”。当选择“画笔”和“铅笔”模式时,“橡皮擦工具”会像“画笔工具”和“铅笔工具”一样工作,只是它在背景层上是用背景色来绘画,在普通图层上则绘制透明效果。当选择“块”模式时,“橡皮擦工具”在图像窗口中是具有硬边缘和固定大小的方块形状,利用这一特点,可将图像放大到一定倍数,再对图像中的细微处进行修改。

• “不透明度”选项:该数值框内的数值决定了橡皮擦的不透明程度。数值越大,橡皮擦越不透明,但一次擦除的图像越彻底,擦除部位的透明程度越好。

• “抹到历史记录”复选框:选中该复选框后,在擦除图像时,可将擦除部位恢复到“历史记录画笔的源”的状态。该功能的使用方法与“历史记录画笔工具”相同。

2. “背景橡皮擦工具”

选择“背景橡皮擦工具”，在图像中拖动鼠标擦除图像时，擦除区域显示为透明效果，擦除图像后的背景层会自动转换为普通图层。在擦除过程中，背景橡皮擦工具会根据选项设置以不同的方式采集画笔中心的色样，将其设置为背景色，并擦除与此背景色在容差范围内的颜色。其工具选项栏如图 2-165 所示。

图 2-165 “背景橡皮擦工具”选项栏

- 取样模式 ：“背景橡皮擦工具”在擦除图像时，其背景色的取样模式与“颜色替换工具”相同。
- “保护前景色”复选框：若选中该复选框，则在擦除过程中会保护图像内有前景色的区域不被擦除。

3. “魔术橡皮擦工具”

“魔术橡皮擦工具”是用鼠标单击的方式来擦除图像中与鼠标光标落点处的颜色在容差范围内的像素，擦除部位转换为透明效果，擦除像素后的背景层会自动转换为普通图层。它的使用方法与“魔棒工具” 相似，只是“魔棒工具”用来选择图像中颜色相近的像素，而“魔术橡皮擦工具”是用来擦除图像中颜色相近的像素。其工具选项栏如图 2-166 所示。

图 2-166 “魔术橡皮擦工具”选项栏

练习与实训

一、填空题

1. “快速选择工具”有三种选区创建方式，分别是________、________和________。除“快速选择工具”外，其他选区创建工具均有________种选区创建方式。

2. “磁性套索工具”是根据鼠标经过位置上的________自动调整选区形状。

3. 选择“魔棒工具”，在工具选项栏中勾选________复选框后，在图像中单击一次只能创建一个选区。选区创建后，使用“魔棒工具”按住________键在图像中单击可扩大选区，按住________键在图像中单击可缩小选区。

4. 选区创建后，若要调整选区的大小、位置和方向，则应选择的命令是________，该命令对选区内的图像没有影响。

5. 利用“色板”面板设置背景色时，需按住________键再单击目标色板；利用“吸管工具”设置背景色时，需按住________键再单击图像中的目标颜色。

6. 使用“油漆桶工具”可以为选区或当前图层中颜色相近的区域填充________或________。

7. 使用“渐变工具”对图像进行渐变填充时，可直接在________中选择系统自带的渐变样式,若要对渐变样式进行编辑,则需打开________对话框。

8. 使用“渐变工具”选择系统预设的“从前景色到透明”渐变样式,在图像中已有的选区内拖动鼠标进行渐变填充后,选区内全部填充了前景色,看不到透明区域,其原因是________。

9. 按________组合键可为选区或当前图层填充前景色,按________组合键可为选区或当前图层填充背景色。

10. 对图像进行自由变换的快捷键是________。在自由变换状态中,若要对图像进行透视变形,需按住的组合键是________。

11. 使用“移动工具”对多个图层中的对象进行编辑操作时,最好在选项栏中勾选________复选框,以方便对不同图层的选择,加快编辑速度。

12. 对于网络用图像,可利用________工具将一幅大的图像划分成若干个小图像,以提高网络浏览速度。

13. 选择“仿制图章工具”后,在选项栏中单击按钮,可打开________面板,在该面板中,最多可同时设置________个________的初始取样点,并可分别设置其复制后的图像的方向、缩放比例等。

14. 使用“污点修复画笔”修复图像时,其修复类型有三种,分别是________、________和________。

15. 使用“修复画笔工具”修复图像时,若选择“取样”单选按钮,则需按住________键在图像中目标位置单击确定初始取样点。

16. “修补工具”的修复方式有两种,分别是________和________。若选择“源”单选按钮,则首先需为________创建选区。

17. “减淡工具”和“加深工具”可改变图像的________,“海绵工具”可改变图像的________。

18. 使用“涂抹工具”对图像进行涂抹时,若希望使用当前的前景色与图像的颜色混合涂抹,则应在选项栏中勾选________复选框。

19. 使用“橡皮擦工具”对图像进行擦除时,若希望一个像素一个像素地进行擦除,则应选择的“模式”为________。在其工具选项栏中勾选________复选框后,该工具的使用方法及作用与“历史记录画笔”相似。

20. 使用“背景橡皮擦工具”擦除图像时,若希望图像中有前景色的区域不被擦除,则应在其工具选项栏中勾选________复选框。使用该工具擦除背景层时,擦除部位显示________,同时背景层转换为________。

二、上机实训

1. 制作如图 2-167 所示的圆柱体效果。

提示:利用“矩形选框工具”绘制矩形选区进行线性渐变填充后,再利用“椭圆选框工具”在矩形的上端绘制一个椭圆选区(使矩形的上边框正好是椭圆选区的最大直径处)并进行反向渐变填充,从而形成了圆柱的上底面;将该椭圆选区平移到矩形的下端(注意别超出矩形的下边框),以“添加到选区”的方式再绘制一个矩形选区,两选区相加形成的选区将圆柱体应有的部分全部包含在内,再利用反向选择将应删除的部分包含在选区内,最后删除选区内的内容即可。

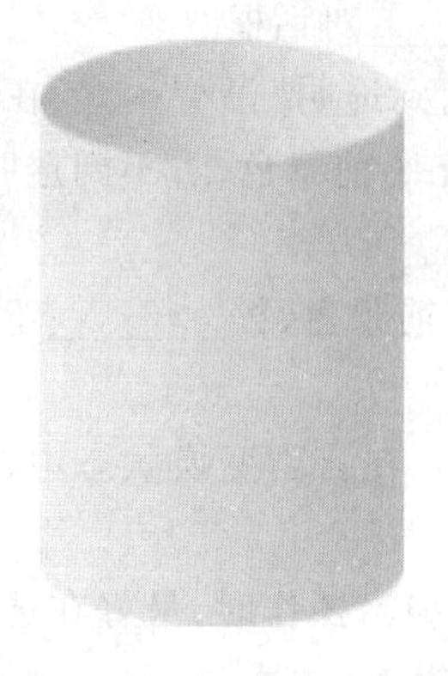

图 2-167　圆柱体效果

图 2-168　水杯效果

2. 制作图 2-168 所示的水杯效果。

提示：制作水杯效果时，在圆柱体的基础上，利用“画笔工具”绘制杜鹃花（“不透明度”为 50%），利用“自定形状工具”（形状为“红心形边框”）绘制杯把。

3. 由图 2-169 所示的图像制作如图 2-170 所示的图像效果。

图 2-169　紫薇花

图 2-170　紫薇花修复效果

4. 由图 2-171 所示的图像制作如图 2-172 所示的图像效果。

图 2-171　山

图 2-172　山与彩虹

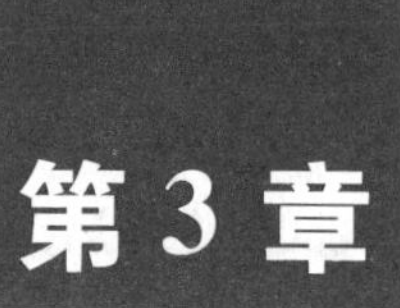

第 3 章 路径和文字

案例 6　绘制扑克牌中的黑桃 A——形状工具的初步体验

案例要求

利用工具箱中的形状工具绘制如图 3-1 所示的扑克牌黑桃 A 效果。

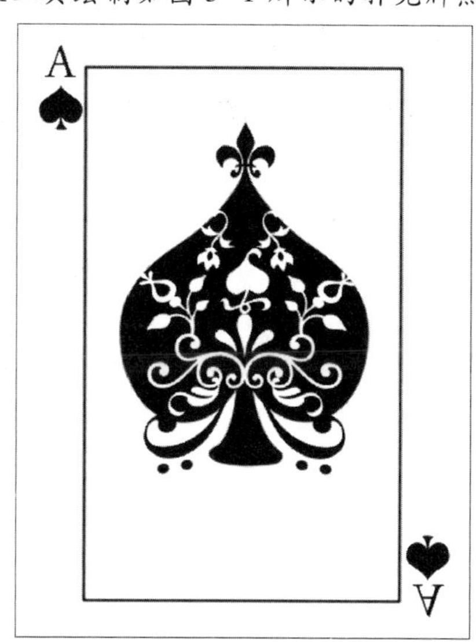

图 3-1　扑克牌黑桃 A 的效果图

案例分析

① 本案例主要利用形状工具栏中的“圆角矩形工具”、“直线工具”来绘制扑克牌的边框效果。

② 利用形状工具栏中的“自定形状工具”、“文字工具”来绘制扑克牌中的其他图像元素。

操作步骤

① 新建宽度为360像素、高度为500像素、模式为RGB颜色、背景为透明的画布。

② 将前景色设置为白色，单击“圆角矩形工具”，“圆角矩形工具”选项栏设置如图3-2所示。在画布上绘制一个圆角矩形。

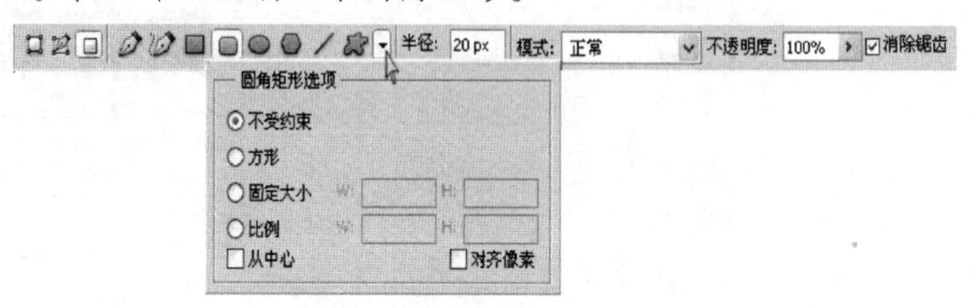

图3-2 “圆角矩形工具”选项栏

③ 将前景色设置为黑色，单击“直线工具”，在“直线工具”的选项栏中选择“填充像素”按钮，并且把粗细设置为2像素，其他选项取默认值。在图像上绘制如图3-3所示的矩形框。

④ 将前景色设置为黑色，单击“自定形状工具”，在其选项栏中选择“填充像素”按钮，从形状的下拉框中选择黑桃形状，在图像上绘制三个黑色的黑桃，效果如图3-4所示。

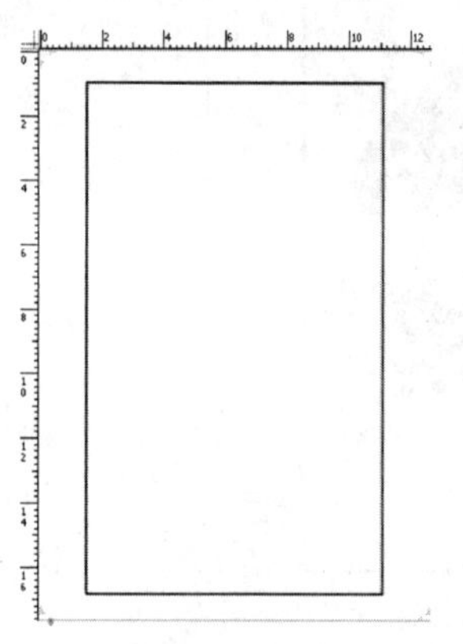

图3-3 “直线工具”绘制的矩形框

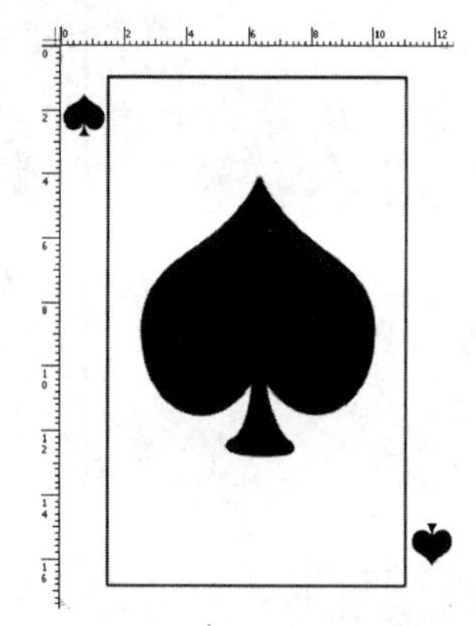

图3-4 黑桃的绘制效果

⑤ 将前景色设置为白色，“自定形状工具”选项栏中的“形状”更改为，在图像上绘制两个此花形装饰；再将“形状”更改为，在图像上绘制两个此花形装饰；再将“形状”更改为，在图像上绘制一个此装饰图案；再将形状更改为，在图像上绘制一个此花形装饰；然后将“形状”更改为，在图像上绘制两个此叶形装饰图案，效果如图3-5所示。

⑥ 将前景色设置为黑色,“自定形状工具”选项栏中的“形状”更改为 ,在图像上绘制两个此图案,然后将“形状”更改为 ,在图像上绘制一个此装饰图案。效果如图 3-6 所示。

图 3-5　白色装饰图案的绘制效果

图 3-6　黑色装饰图案的绘制效果

⑦ 将前景色设置为黑色,单击“文字工具” ,在图像上输入文字“A”,最终完成图 3-1 所示的扑克牌黑桃 A 的效果。

3.1　形状工具

形状工具包括“矩形工具” 、“圆角矩形工具” 、“椭圆工具” 、“多边形工具” 、“直线工具” 和“自定形状工具” ,这几个工具位于工具箱中的同一按钮组中,使用它们可以在图像中绘制矩形、圆角矩形、椭圆、多边形、直线和创建自定形状库。

1. “矩形工具”

“矩形工具”选项栏如图 3-7 所示。

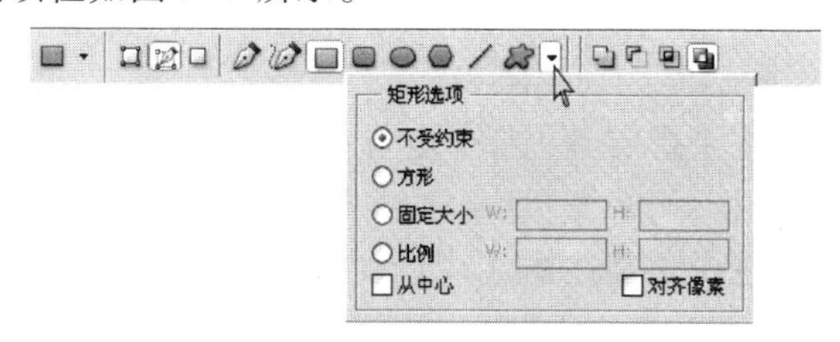

图 3-7　“矩形工具”选项栏

① “形状图层”按钮:绘制图形时将创建新图层,此时所绘制的形状将被放置在形状层蒙版中。

② “路径”按钮:绘制图形时将创建工作路径,此时所绘制的路径与钢笔绘制的路径相同。

③“填充像素”按钮:绘制图形时将创建位图,并可设置位图模式和透明度。

④“矩形选项”属性面板各选项的含义如下。

- “不受约束”选项:根据鼠标的拖动轨迹决定矩形的大小,该选项是默认选项。
- “方形”选项:选中该选项,可以用来绘制正方形。
- “固定大小”选项:可以设置矩形的长宽尺寸,从而绘制指定大小的矩形。
- “比例”选项:用于设置绘制出的矩形的长宽比例。
- “从中心”选项:绘制矩形时可以从中心点发散绘制。
- “对齐像素”复选框:用来控制绘制的矩形边缘是否与像素边界对齐。

⑤“添加到路径区域”按钮:表示新建的路径区域将与原来的路径区域合并。

⑥“从路径区域减去”按钮:表示将新建路径区域从原来的路径区域中减去,从而得到新的路径区域。

⑦“交叉路径区域”按钮:表示得到的路径区域是新建路径区域与原有路径区域重叠的部分。

⑧“重叠路径区域除外”按钮:表示从合并路径区域中排除重叠区域。

2. “圆角矩形工具”

“圆角矩形工具”选项栏如前面图 3-2 所示,“圆角矩形工具”的选项栏中的选项与“矩形工具”基本相同,只是多了一个“半径”选项,用于设置圆角矩形的圆角半径。

3. “椭圆工具”

“椭圆工具”的选项栏中其各参数功能与“矩形工具”相似。

4. “多边形工具”

“多边形工具”选项栏如图 3-8 所示。“多边形选项”属性面板各选项的含义如下。

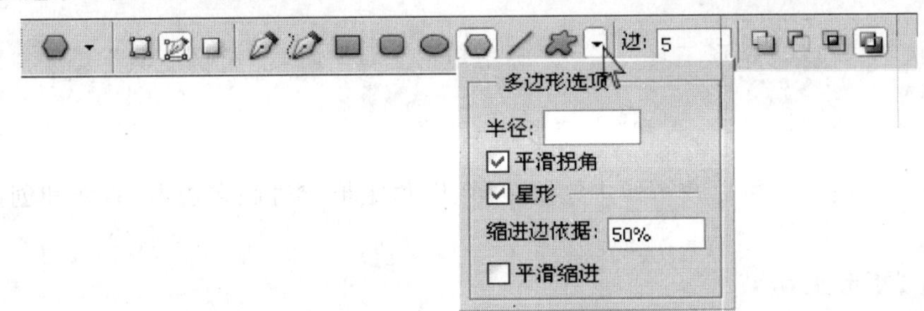

图 3-8 “多边形工具”选项栏

- “半径”文本框:用于指定多边形中心与各顶点之间的距离。
- “平滑拐角”复选框:用来控制绘制的多边形的顶点是否平滑。
- “星形”复选框:选中该复选框,借助“缩进边依据”选项,可以设置星形多边形各边向内的凹陷程度。
- “平滑缩进”复选框:用来控制星形多边形的各边是否平滑凹陷。

5. “直线工具”

“直线工具”选项栏如图 3-9 所示。

“箭头”属性面板各选项的含义如下。

- “起点”复选框:用于设置绘制出的直线的起点是否为箭头形状。
- “终点”复选框:用于设置绘制出的直线的终点是否为箭头形状。当同时选中

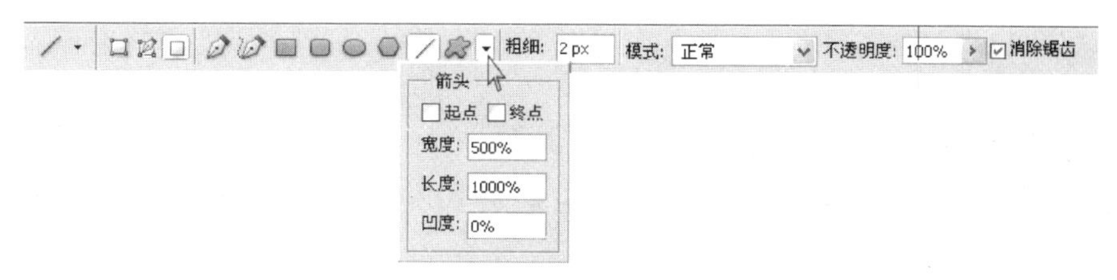

图 3-9 “直线工具”选项栏

“起点”和“终点”时,将绘制出带双向箭头的直线。

- “宽度”文本框:设置箭头的宽度。
- “长度”文本框:设置箭头的长度。
- “凹度”文本框:改变箭头的凹凸程度。

6. “自定形状工具”

“自定形状工具”选项栏中的选项与“矩形工具”基本相同,只是多了一个“形状”选项,用于设置具体的形状。

案例 7 绘制一对黑白兔子——路径工具的灵活使用

案例要求

利用“钢笔工具”、“形状工具”、“路径的编辑工具”绘制完成如图 3-10 所示的黑白兔子效果。

图 3-10 黑白兔子的绘制效果

案例分析

本案例主要利用“钢笔工具”绘制兔子的耳朵及身体轮廓,再利用“直接选择工具”调整路径,达到最佳的绘制效果,最后借助“油漆桶工具”为绘制好的兔子填充颜色。

操作步骤

① 新建宽度为800像素、高度为800像素、模式为RGB颜色、分辨率为72像素/英寸、背景为白色的画布。

② 单击工具箱中的“钢笔工具” ，然后单击其选项栏中的“路径”按钮 ，首先绘制兔子的耳朵和头部轮廓。在图像编辑窗口中合适的位置单击添加第一个锚点，绘制第二个锚点时按下鼠标左键不要松手，向左下方拖动出两条调节柄，调整好路径的方向后，松开鼠标左键。用同样的方法绘制第三个锚点（如果绘制的路径弧度过大，可以用“直接选择工具”调整弧度的大小及方向）及第四个锚点。效果如图3-11所示。

③ 用同样的方法绘制兔子的头部（如图3-12所示）和它的右耳朵（如图3-13所示），形成一个闭合路径，将前景色设置为黑色（R:0,G:0,B:0），单击工具箱中的“油漆桶工具” ，给刚才绘制的路径填充黑色。

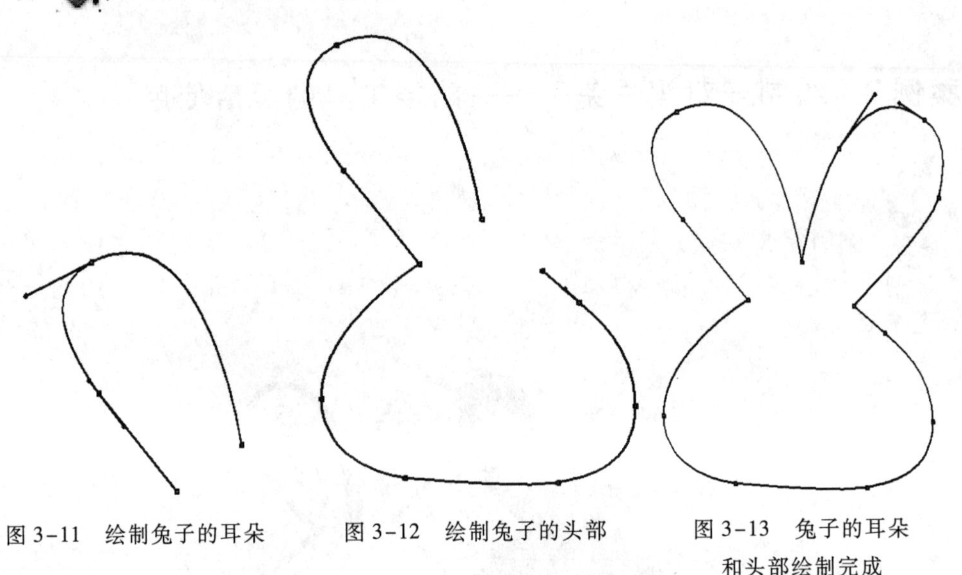

图3-11　绘制兔子的耳朵　　图3-12　绘制兔子的头部　　图3-13　兔子的耳朵和头部绘制完成

④ 用与步骤②、③类似的方法绘制出兔子的胳膊和身体，绘制的路径如图3-14所示，用“油漆桶工具”填充黑色之后，至此黑色兔子的轮廓已经完成。效果如图3-15所示。

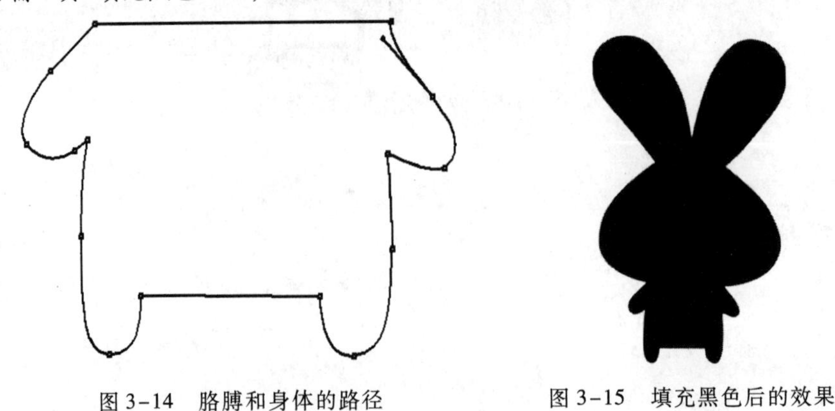

图3-14　胳膊和身体的路径　　图3-15　填充黑色后的效果

⑤ 继续用“钢笔工具”绘制路径，用“直接选择工具”调整路径，绘制完成兔子的内耳的路径，如图 3-16 所示。将前景色设置为粉色（R:235，G:127，B:177），单击“油漆桶工具”，将内耳填充成粉色。效果如图 3-17 所示。

图 3-16　兔子内耳的路径

图 3-17　填充粉色后的效果

⑥ 绘制兔子的眼睛。单击工具箱中的“椭圆工具”，然后单击其选项栏中的“路径”按钮，在兔子头部左边的位置绘制一个椭圆路径，将前景色设置为白色，单击“画笔工具”，画笔的大小设置为 2 像素，硬度设置为 100%。打开“路径”面板，选中刚才绘制的椭圆路径，单击面板下方的用“画笔描边路径”按钮，为椭圆路径描上白边。用同样的方法制作右眼，效果如图 3-18 所示。

图 3-18　绘制眼睛后的效果

图 3-19　添加腮红后的效果

⑦ 绘制兔子的腮红。将前景色设置为粉色（R:235，G:127，B:177），单击工具箱中的“椭圆工具”，然后单击其选项栏中的“填充像素”按钮，在兔子的头部左右两边分别绘制两个粉色的椭圆，效果如图 3-19 所示。

⑧ 用同样的方法绘制出白色的兔子，最终得到图 3-10 所示的效果。单击“图层”面板菜单中的“拼合图像”命令，完成制作。

3.2　路径的创建和编辑

路径工具主要包括绘制路径的工具和编辑调整路径的工具。绘制路径的工具主要

有“钢笔工具”、“自由钢笔工具”；编辑路径的工具主要有“添加锚点工具”、“删除锚点工具”、“转换点工具”、“路径选择工具”和“直接选择工具”。

1. “钢笔工具”

“钢笔工具”画出来的矢量图形称为路径。路径最大的特点就是便于编辑。路径可以是开放的。如果把起点与终点重合，就可以得到封闭的路径。通过单击或拖动“钢笔工具”可以创建直线和平滑流畅的曲线，组合使用“钢笔工具”和“形状工具”可以创建复杂的形状。

“钢笔工具”的使用方法如下。

- 直线路径的绘制：单击“钢笔工具”，将光标移动到图像编辑窗口中，连续单击鼠标左键，可以创建由直线段构成的路径，如图 3-20 所示。
- 曲线路径的绘制：在起点按下鼠标之后不要松手，向上或向下拖动出一条方向线后放手，然后在第二个锚点拖动出一条向上或向下的方向线，如图 3-21 所示。
- 封闭路径的绘制：把“钢笔工具”移动到起始点，当看到“钢笔工具”旁边出现一个小圆圈时单击，路径就封闭了，如图 3-22 所示。

如果在未闭合路径前按住 Ctrl 键，同时单击线段以外的任意位置，将创建不闭合的路径。借助于 Shift 键可以创建 45°角倍数的路径。

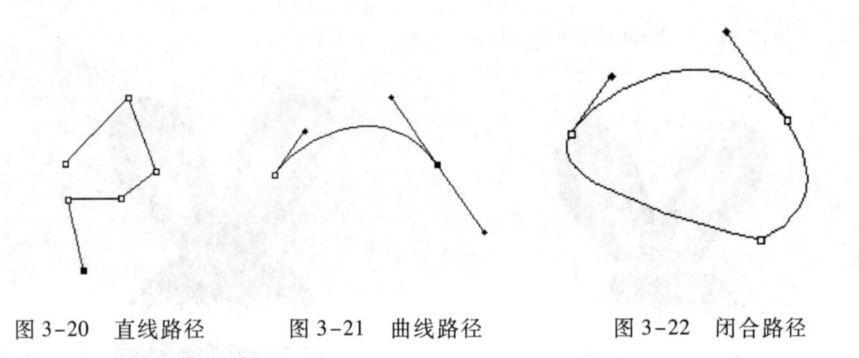

图 3-20　直线路径　　图 3-21　曲线路径　　图 3-22　闭合路径

“钢笔工具”的选项栏如图 3-23 和图 3-24 所示，在绘制一条路径或一个形状前，应在选项栏中指定建立一个新的形状图层或者建立一条新的工作路径，这个选择将影响编辑该形状的方式。

（1）创建“路径”时的选项栏

图 3-23　创建“路径”时“钢笔工具”的选项栏

- “路径”按钮：可以创建没有颜色填充的工作路径，并且“图层”面板中不会创建新的图层。
- “几何选项”按钮：可以弹出“钢笔选项”面板。选择其中的“橡皮带”复选框，在移动鼠标创建路径时,图像中会显示鼠标移动的轨迹。

● “自动添加/删除”复选框:选择该复选框,可以直接通过用“钢笔工具”在创建的路径上单击鼠标来添加或删除锚点。

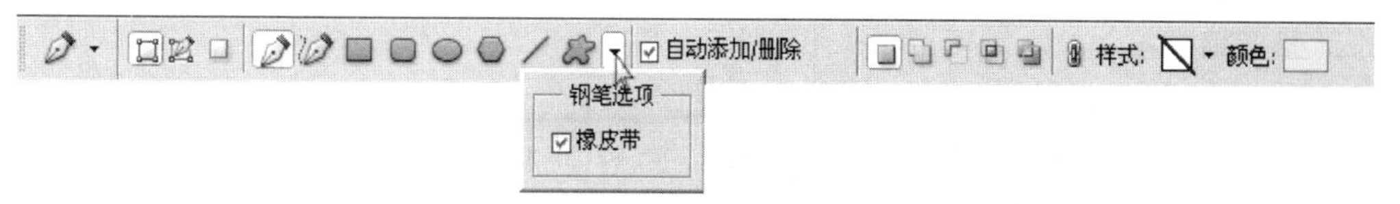

图 3-24　创建“形状图层”时“钢笔工具”的选项栏

(2) 创建“形状图层”时的选项栏

● “形状图层”按钮 :可以创建具有颜色填充的形状,此时“图层”面板中会自动生成新的形状图层,在此形状图层中包含形状的颜色以及形状轮廓的矢量蒙版。形状轮廓是路径,它会以“形状矢量蒙版”形式出现在“路径”面板中,如图 3-25 和图 3-26所示。

图 3-25　“图层”面板

图 3-26　“路径”面板

● “样式”选项:单击其右侧的“点按可打开‘样式’拾色器”按钮,可以打开“样式”面板。

● “颜色”选项:单击色块,可以打开“拾色器”,设置图像的填充颜色。

2. “自由钢笔工具”

使用“自由钢笔工具”绘制路径时,系统会根据鼠标的轨迹自动生成锚点和路径。“自由钢笔工具”的选项栏如图 3-27 所示。“磁性的”复选框是“自由钢笔工具”特有的选项,选中它可以根据图像中的边缘像素建立路径,定义对齐方式的范围和灵敏度以及所绘路径的复杂程度。“磁性钢笔工具”和“磁性套索工具”有着相同的操作原理。

图 3-27　“自由钢笔工具”选项栏

在实际操作中,往往很难一下绘制出完全符合要求的路径形状,这就需要通过调整路径中的线段、锚点和方向线对其进行更加精确的调整,这也是路径编辑不可缺少的工作内容。

3. “添加锚点工具” 和 “删除锚点工具”

在“钢笔工具”选项栏中不选择“自动添加/删除”选项时，单击工具箱中的“添加锚点工具”，可以在路径上添加锚点；单击工具箱中的“删除锚点工具”，可以删除路径上不需要的锚点。

4. “转换点工具”

锚点可以分为角点和平滑点两种，如图 3-28 所示。“转换点工具”可以实现平滑点与角点间的相互转换。

(1) 角点转换为平滑点

在角点上单击并拖动鼠标，可以将角点转换为平滑点。

(2) 平滑点转换为角点

- 直接单击平滑点，可将平滑点转换为没有方向线的角点。
- 拖动平滑点的方向线，可将平滑点转换为具有两条相互独立的方向线的角点。
- 按住 Alt 键的同时单击平滑点，可将平滑点转换为只有一条方向线的角点。

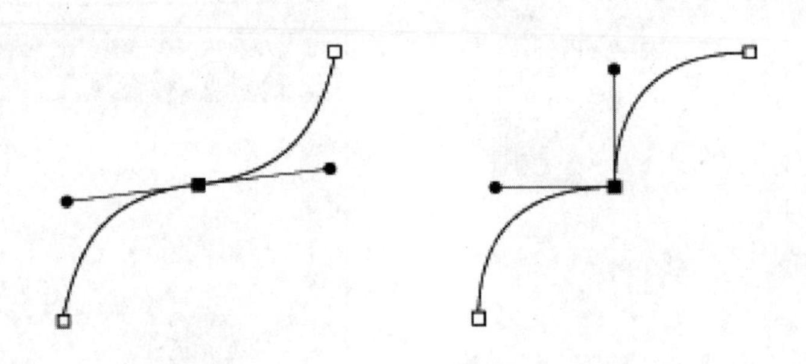

图 3-28　路径上的平滑点和角点

5. “路径选择工具”

“路径选择工具”可以用来选择一条或多条路径，然后对其进行移动操作。当按住 Alt 键的同时使用“路径选择工具”拖放一条路径时，将会复制这条路径。还可以通过该工具的选项栏（如图 3-29 所示）把一个路径层上的多条路径对齐或者组合。

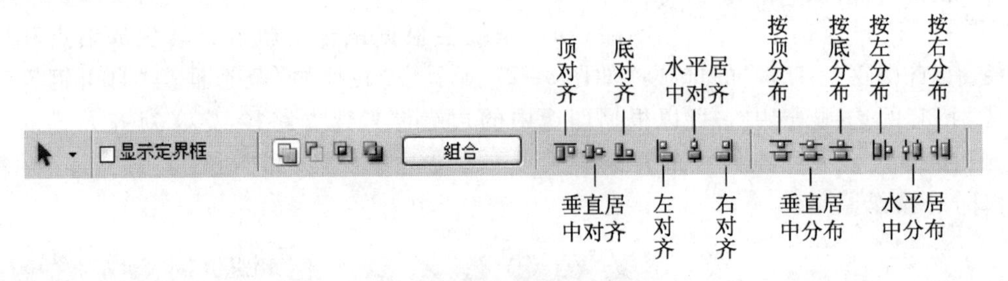

图 3-29　“路径选择工具”选项栏

6. “直接选择工具”

“直接选择工具”用来选取或修改一条路径上的线段，或者选择一个锚点并改变它的位置。此工具是绘制完路径之后用来修正和重新调整路径的基本工具。

"直接选择工具"的使用方法如下:

- 单击工具箱中的"直接选择工具",然后单击图像窗口中的路径,路径中的锚点将全部显示为白色的小方块,单击白色的锚点,可以将其选中,选中的锚点显示为黑色。拖动选择的锚点,可以修改路径的形态。单击并拖动两个锚点间的线段,也可以调整路径的形态。
- 拖动平滑点两侧的方向点,可以改变其两侧曲线的形态;按住 Alt 键的同时拖动鼠标,可以同时调整平滑点两侧的方向点;按住 Ctrl 键的同时拖动鼠标,可以改变平滑点一侧的方向;按住 Shift 键的同时并拖动鼠标,可以使平滑点一侧的方向线按 45°角的整数倍进行调整。
- 按住 Delete 键,可以删除选中的锚点及其相连的路径。

案例 8　自制相框——"路径"面板的应用

案例要求

利用"路径"面板的功能,借助"自定形状工具"和"画笔工具",将图 3-30 所示的素材图像设计成图 3-31 所示的效果。

图 3-30　素材图像

图 3-31　效果图

案例分析

本案例利用"自定形状工具"、"画笔工具"和"路径"面板中"将路径作为选区载入"按钮以及"编辑→变换"命令,"滤镜→模糊"命令,完成人物后面花形图案的制作;借助"矩形工具"以及"路径"面板的各功能完成相框边缘的制作。

操作步骤

① 设置背景色为蓝色(R:91,G:84,B:249),新建一个名为"自制相框"的图像文件,宽度为 600 像素,高度为 600 像素、分辨率为 300 像素/英寸、模式为 RGB 颜色、背景内容为背景色的画布。

② 新建一个图层“图层 1”，单击“自定形状工具”，选项栏设置如图 3-32 所示，在图像上绘制一条路径，如图 3-33 所示。

图 3-32 “自定形状工具”选项栏

③ 单击“路径”面板，在打开的“路径”面板中单击面板下方的“将路径作为选区载入”按钮，从工作路径生成选区，并填充白色，如图 3-34 所示。

图 3-33 路径的绘制效果

图 3-34 填充白色后的效果

④ 复制“图层 1”，得到“图层 1 副本”，如图 3-35 所示，然后按快捷键 Ctrl+T，对叶子进行自由变换，在出现的变换控制框中，把中心点移到下边线的中间处，并且将旋转的角度设置为 40°，结果如图 3-36 所示。

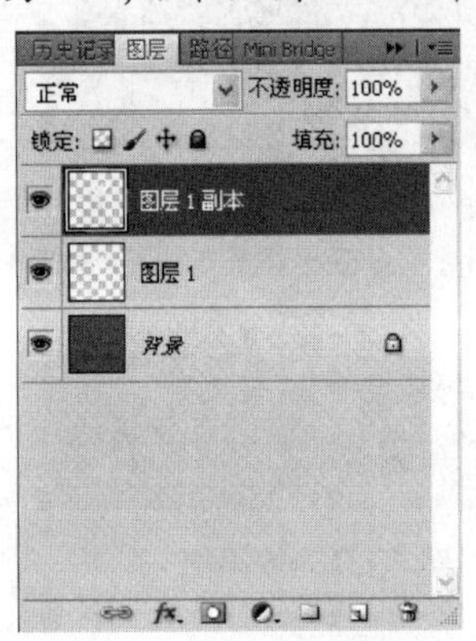

图 3-35 “图层”面板

图 3-36 自由变换后的效果图

⑤ 应用此变换，不要取消选区，连续按 Shift+Ctrl+Alt+T 快捷键 8 次，让叶子转成一圈，形成一个花团，如图 3-37 所示。

⑥ 取消选区，并且隐藏图层 1，选择菜单“滤镜→模糊→径向模糊”命令，在如图 3-38所示的“径向模糊”对话框中进行相关设置后单击“确定”按钮。按 Ctrl+T 快捷键再应用一次“径向模糊”滤镜，此时效果如图 3-39 所示。

图 3-37　形成花团后的效果图

图 3-38　“径向模糊”对话框

图 3-39　两次“径向模糊”后的效果

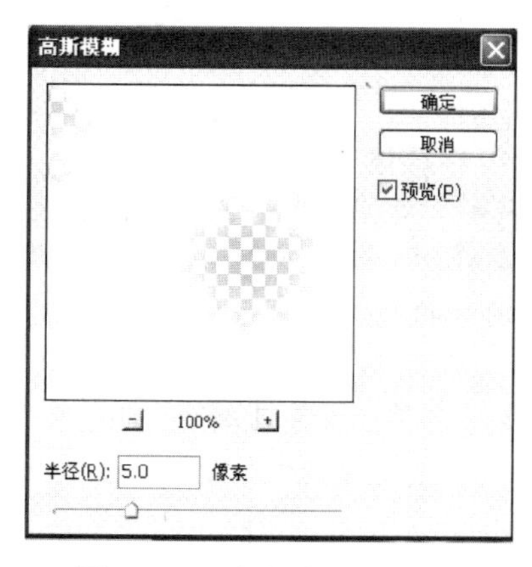

图 3-40　“高斯模糊”对话框

⑦ 选择“滤镜→模糊→高斯模糊”命令，在弹出的如图 3-40 所示的“高斯模糊”对话框中进行相关设置后单击“确定”按钮，效果如图 3-41 所示。

⑧ 打开人物素材图像，单击工具箱中的“移动工具”，将人物素材拖动到“自制相框”图像中，调整到合适的位置后，在人物头部上画出一个圆形选区，如图 3-42 所示；选择“选择→修改→羽化”命令(Shift+F6)，在弹出的“羽化选区”对话框中，设置“羽化半径”为 25 像素。选择“选择→反向选择”命令(Shift+Ctrl+I)，然后反复按 Delete 键进行删除，直到出现如图 3-43 所示的人物效果为止。

图 3-41　“高斯模糊”后效果

图 3-42　人物头部上的圆形选区

⑨ 新建“图层 3”图层，单击工具箱中的“矩形工具” ，在“矩形工具”的选项栏中选择“路径”按钮，在图像上绘制一个矩形路径，如图 3-44 所示。

图 3-43　多次 Delete 后的人物效果

图 3-44　矩形路径的绘制效果

⑩ 将前景色设置为绿色(R:0,G:255,B:0)，背景色设置为黄色(R:230,G:228,B:19)；单击工具箱中的“画笔工具”，打开“画笔”面板，单击“画笔笔尖形状”按钮，选择“枫叶”图标，其属性设置如图 3-45 所示；单击“形状动态”按钮，其属性设置如图 3-46 所示。同样，单击“颜色动态”按钮，其属性设置如图 3-47 所示。这样就设置完成画笔的属性。

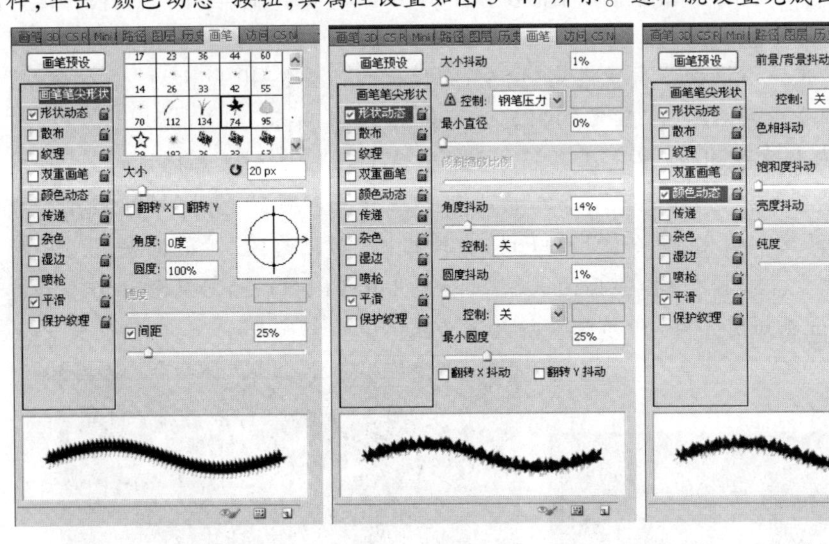

图 3-45　“画笔笔尖形状”的设置

图 3-46　“形状动态”的设置

图 3-47　“颜色动态”的设置

⑪ 打开“路径”面板，单击面板下方的“用画笔描边路径”按钮 ，为绘制的矩形路径描上一个花边。在“路径”面板的灰色空白区域单击，隐藏矩形路径。

⑫ 最后用星星来点缀一下画面。设置前景色为白色，新建“图层 4”图层，单击“画笔工具”，在“画笔预设”列表区中选择 50 画笔，运用不同大小的画笔在画面上单击，

最终得到如图 3-30 所示的效果。

⑬ 单击“图层”面板菜单中的“拼合图像”命令，完成本案例的制作。

3.3 “路径”面板

当用“钢笔工具”绘制路径后，在“图层”面板上看不到任何变化，那么路径存储在哪里呢？通过“路径”面板可以对路径进行转换、编辑、存储等操作。选择菜单“窗口→路径”命令，即可弹出如图 3-48 所示的“路径”面板。要选择路径，单击“路径”面板中相应的路径名。如要取消选择路径，单击路径面板中的灰色空白区域或按 Esc 键。

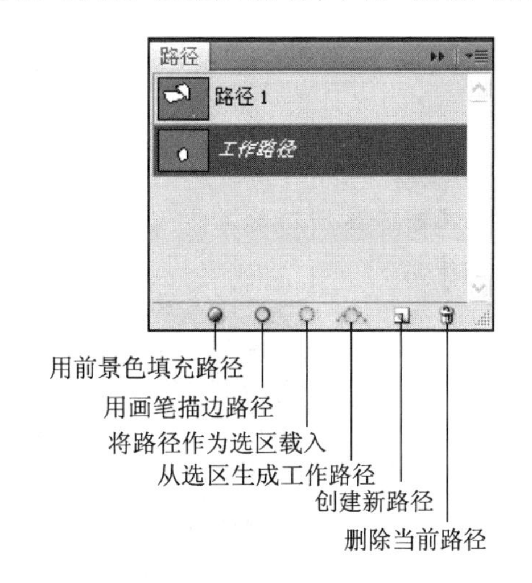

图 3-48 “路径”面板

路径与选区之间的相互转换是 Photoshop CS5 的一项相当重要的功能。在选区不精确时，可以先将选区转换为路径，因为对路径的编辑要比编辑选区容易一些，然后再将处理之后的路径转换为选区。

1. 将路径转换为选区

● 在“路径”面板中单击“将路径作为选区载入”按钮，可将路径转换为选区。

● 按住 Ctrl 键的同时单击“路径”面板中的路径，可将路径转换为选区。

● 单击“路径”面板右上方的小三角形按钮，在弹出的菜单中选择“建立选区”命令（如图 3-49 所示），即可将路径转换为选区。在这里可以通过弹出的“建立选区”对话框进行参数设置（如图 3-50 所示）。

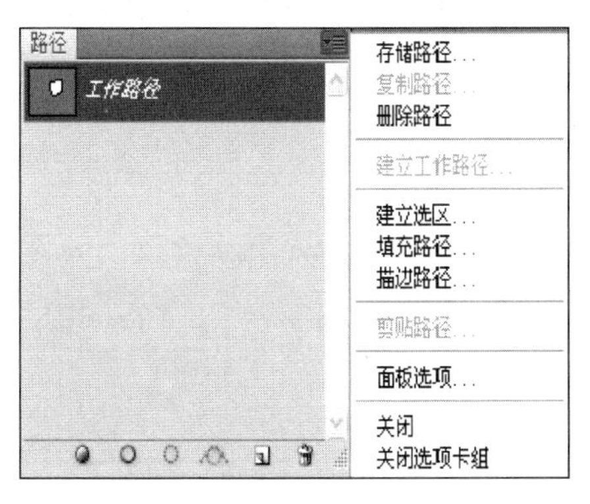

图 3-49 “路径”面板菜单

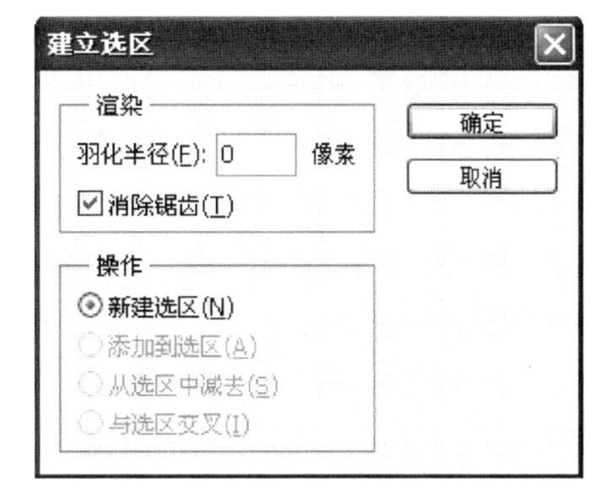

图 3-50 “建立选区”对话框

2. 将选区转换为路径

● 在“路径”面板中单击“从选区生成工作路径”按钮，可将选区转换为路径。

● 单击“路径”面板右上方的小三角形按钮，在弹出的菜单中选择“建立工作路径”命令，即可将选区转换为路径。在这里可以通过弹出的对话框进行容差的设置（如图 3-51 所示）。

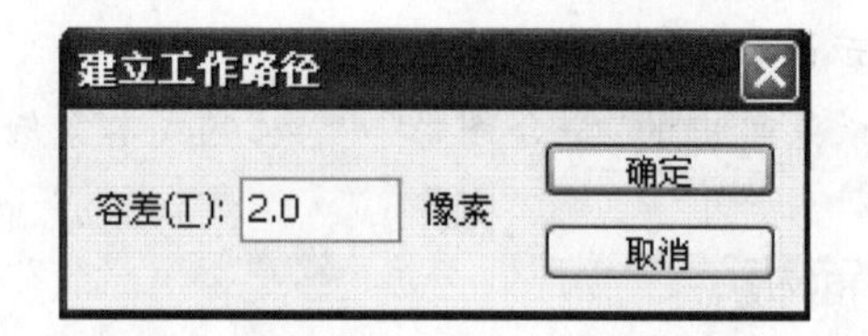

图 3-51 “建立工作路径”对话框

案例 9 飘带字——文字工具的灵活使用

案例要求

利用文字工具、“钢笔工具”、“渐变工具”以及“画笔工具”绘制完成如图 3-52 所示的飘带字效果。

图 3-52 飘带字效果图

案例分析

① 本案例主要运用“钢笔工具”输入文字，然后将文字栅格化并定义为画笔，以此来作为描边的内容。

② 利用“钢笔工具”绘制飘带的路径。

③ 利用“渐变工具”填充颜色。

操作步骤

① 新建一个 400×400 像素、模式为 RGB 颜色、背景为白色的画布。

② 将前景色设置为黑色，单击“横排文字工具”，在其选项栏中，设置字体为楷体，字体大小为 60 点，消除锯齿方法设置为“浑厚”，其余选项取默认值。在画布的下方位置输入文字“飘带字”，此时“图层”面板上自动生成文字图层。

③ 选择“图层→栅格化→文字”命令，将文字图层转换为普通图层。按下 Ctrl 键，

同时单击文字图层的缩略图，将“飘带字”载入选区，选择“编辑→填充”命令，“填充”对话框中的设置如图3-53所示。此时不要取消选区，选择“编辑→定义画笔预设命令”，将此三个字定义为画笔，然后取消选区。

④ 单击“钢笔工具”，在其选项栏上选择“路径”按钮，在图像上绘制如图3-54所示的工作路径。

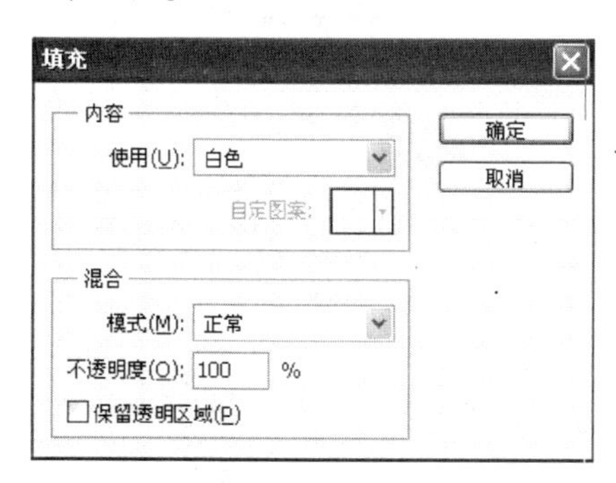

图3-53 填充对话框

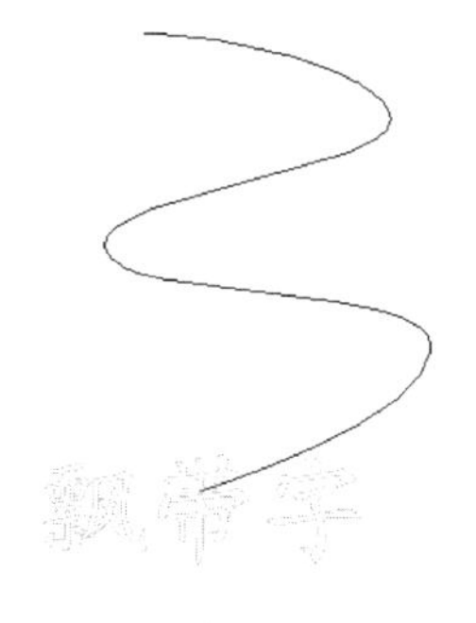

图3-54 “钢笔工具”绘制的路径

⑤ 将前景色设置为白色，新建“图层1”图层，同时隐藏“飘带字”图层；单击“画笔工具”，打开“画笔”面板，在“画笔笔尖形状”中找到刚才定义的画笔，将间距调为1%，其余选项取默认值，如图3-55所示；选中“形状动态”复选框，只需设置“控制”选项，改为“渐隐”，数值为1 200，其余选项取默认值，如图3-56所示。

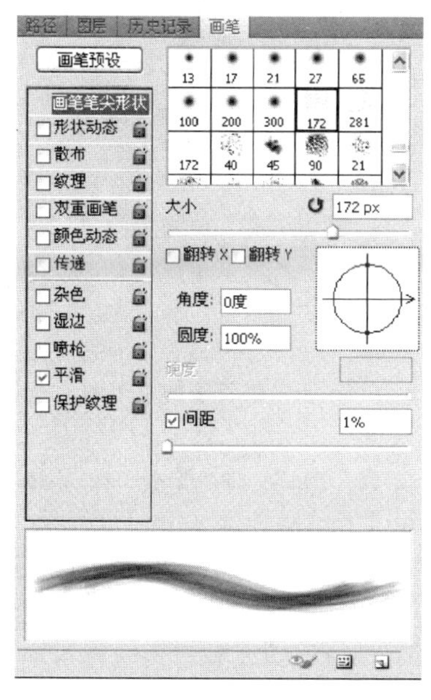

图3-55 “画笔笔尖形状”的设置

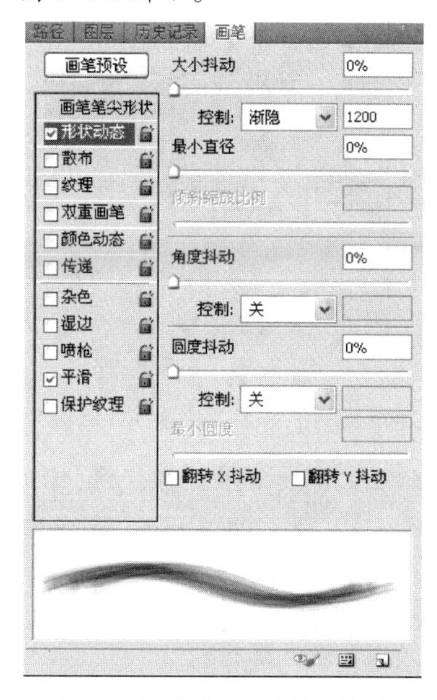

图3-56 “形状动态”的设置

⑥ 打开“路径”面板，单击面板下方的“用画笔描边路径”按钮，此时似乎看不到什么结果；打开“图层”面板，隐藏背景图层，就可以看到描边的结果，如图3-57所示。

⑦ 隐藏路径；单击“渐变工具”，在其选项栏中单击“点按可编辑渐变”按钮，选择系统预置的“色谱”渐变完成“渐变编辑器”的设置。打开“图层”面板，将“图层1”图层的内容载入选区，选择“线性渐变”，在图像上从上至下拖动鼠标，填充渐变，然后取消

选择，效果如图 3-58 所示。

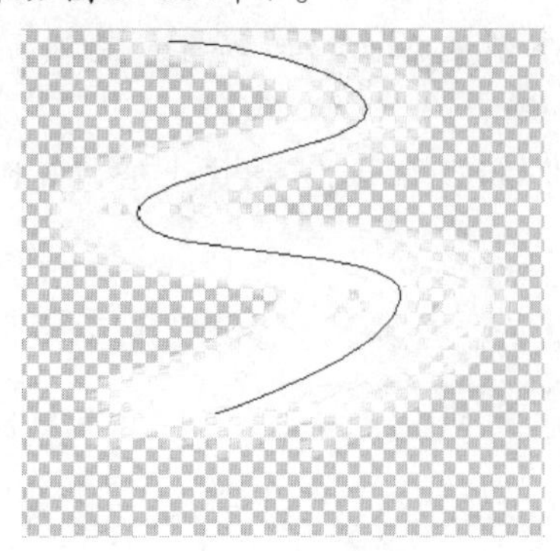

图 3-57　用画笔描边路径的效果

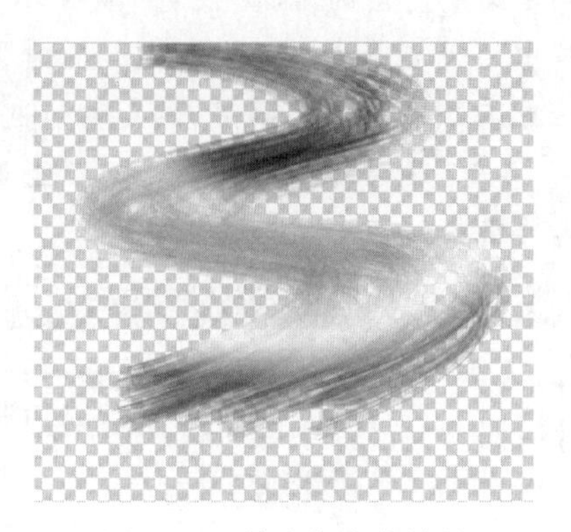

图 3-58　填充渐变的效果

⑧ 打开"图层"面板，让"飘带字"图层和背景图层都可见，并且调整"飘带字"图层和"图层 1"图层的位置，让"飘带字"图层位于"图层 1"图层的上面，同时选中"飘带字"图层，如图 3-59 所示。

⑨ 将"飘带字"图层的内容载入选区，单击"渐变工具"，刚才对"渐变工具选项栏"的设置无需更改，在"飘带字"上从左至右拖动鼠标，填充彩色渐变，然后取消选择，效果如图 3-60 所示。

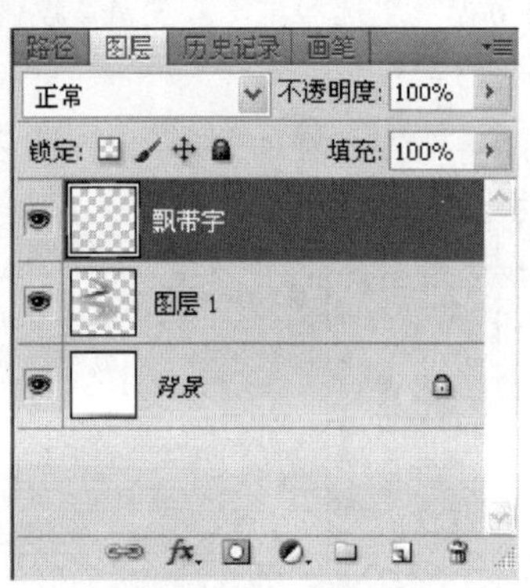

图 3-59　图层面板

图 3-60　飘带字的效果图

⑩ 如果觉得效果不是很理想，可以选中"背景"图层，将"背景"图层填充为黑色，这样飘带字的效果更明显一些，最终就得到如图 3-52 所示的效果图。

3.4　文字工具组

文字工具组包含 4 个工具，分别是"横排文字工具"、"直排文字工具"、"横排文字蒙版工具"和"直排文字蒙版工具"，如图 3-61 所示，其中前两个工具分别用来在图像中创建横排或竖排的文字，后两个工具分别用来创建横排或竖排的文字选区。文字工具的选项栏如图 3-62 所示。

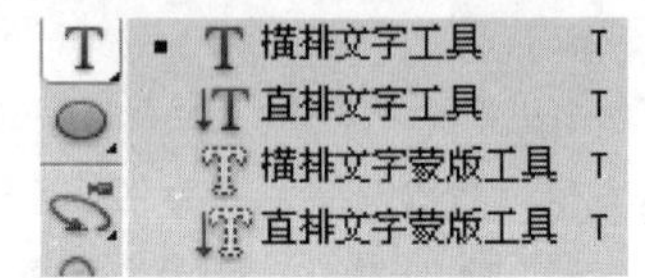

图 3-61　文字工具

图 3-62　文字工具选项栏

1. 创建文字

文字的输入方法主要有两种方式，即直接输入文字和输入段落文字。下面以“横排文字工具”为例来说明文字的输入方法。

(1) 直接输入文字

① 选择“横排文字工具”，在图像窗口中单击，定位插入文字的起点，如图 3-63 所示光标的位置，进入文字编辑状态，此时“图层”面板中会自动建立一个文字图层。

② 设置好文字的字体、大小、颜色等，输入文字。

③ 单击选项栏右侧的“提交当前编辑”按钮 ✓，结束文字编辑状态，如图 3-64 所示。

文字图层中的文字也可像普通图层中的图像一样进行移动和自由变换等操作。

图 3-63　定位文字插入点

图 3-64　横排文字输入结束

(2) 输入段落文字

① 选择“横排文字工具”，设置文字各项属性。

② 在图像编辑窗口中拖动出一个矩形文本框，在矩形文本框中输入文字；在输入过程中，文字会根据矩形文本框的宽度自动换行，如图 3-65 所示。

另外三种文字工具同“横排文字工具”的使用方法类似，图 3-66 所示是用“直排文字蒙版工具”创建文字选区后，使用图层样式的效果。

图 3-65　段落文字

图 3-66　文字选区使用图层样式的效果

2. 编辑文字

单击工具选项栏中的“切换字符和段落调板”按钮 ，可调出“字符”和“段落”面板。“字符”面板用来定义字符的属性。单击“字符”面板右上角的按钮 ，调出它的菜单，如图 3-67 所示。利用该菜单可以设置文字的字形，给文字加下划线和删除线，设置上标或下标，改变文字方向等，对文字属性进行详细设置。

“段落”面板用来定义文字的段落属性。同样单击“段落”面板右上角的按钮，也可调出它的菜单，如图 3-68 所示。利用该菜单可以设置行距、对齐方式等段落属性。

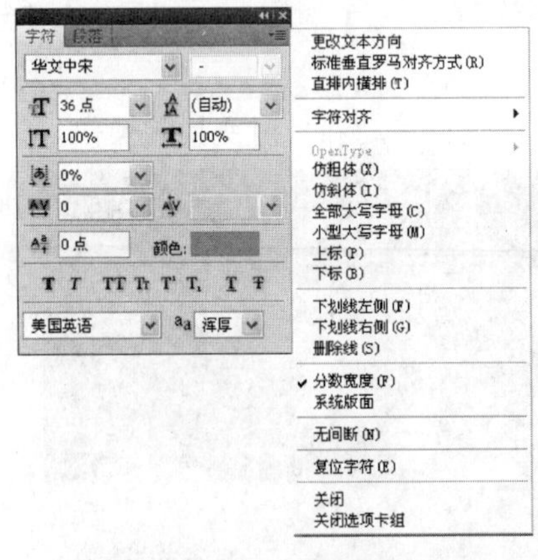

图 3-67 “字符”面板及其菜单

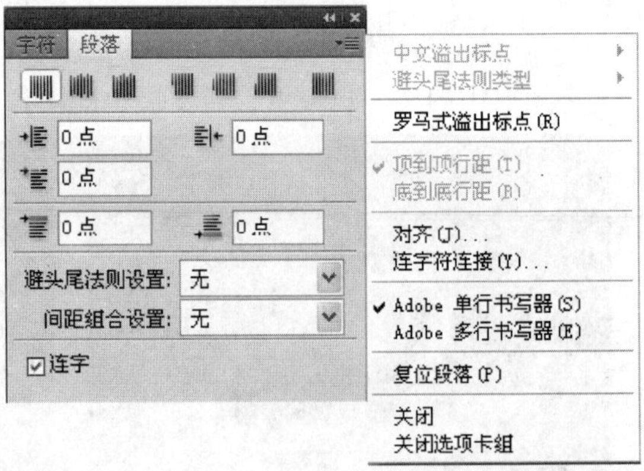

图 3-68 “段落”面板及其菜单

3. 创建文字效果

(1) 变形文字

单击工具箱中的“横排文字工具”按钮，再单击图像，然后单击工具选项栏中的“创建文字变形”按钮 ，即可调出“变形文字”对话框。在“变形文字”对话框内的“样式”下拉列表框中选择不同的样式选项，对话框中的内容会稍有不同。例如，选择“波浪”样式选项后，“变形文字”对话框如图 3-69 所示，其效果如图 3-70 所示。

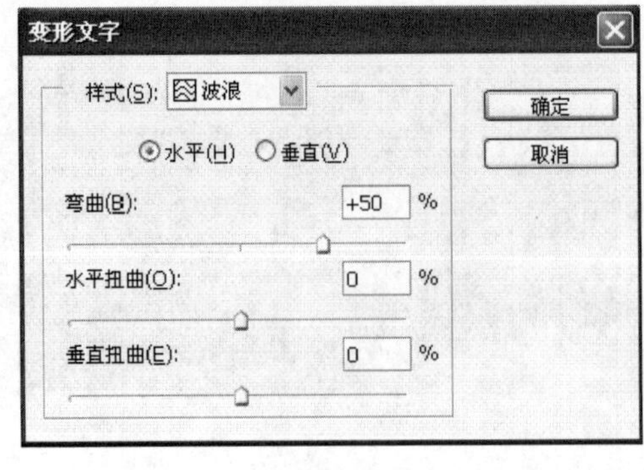

图 3-69 “变形文字”对话框

图 3-70 变形的文字

(2) 路径文字

要在路径上放置文字，首先要创建路径。可以选择工具箱中的“钢笔工具”或者其他路径工具，在选项栏中选择“路径”按钮，在图像上勾勒出一条曲线路径。在工具箱中选择“横排文字工具”，移动鼠标指针到路径上，当鼠标指针变为文字工具的基线指示符时，单击即可开始输入文字，输入的文字将沿着该路径的走向排列，完成后，会有一个与路径相交的叉号(×)，它代表文字的起点，并以一个小圆圈代表文字的结尾，从叉号到这个圆圈为止，就是文字的显示范围。

用“路径选择工具”可以修改起点和结尾的位置，方法就是把指针放在起点或结尾的旁边，当指针变成一个带左箭头或右箭头的形状或时，拖动即可进行调整。

输入文字后，如果觉得形状不够好，还可以对路径进行修改。选中文字层，用“直接选择工具”在路径上单击，将会看到与普通路径一样的锚点和方向线，这时再使用“转换点工具”等进行路径形态调整即可。文字也会自动跟着路径的变化而变化。效果如图 3-71 所示。

(3) 基于文字创建工作路径

基于文字创建工作路径就是将字符作为矢量图形来处理。工作路径是出现在“路径”面板中并定义形状轮廓的一种临时路径。基于文字图层创建工作路径之后，就可以像处理任何其他路径一样存储和处理该路径。我们无法以文本形式编辑路径中的字符；但是，原文字图层保持不变并可编辑。将图层文本转换为路径之后，就可以使用“钢笔工具”和“路径选择工具”对文字路径进行编辑，以产生各种特殊效果。具体的操作步骤如下。

① 单击文字图层，选择“图层”→“文字”→“创建工作路径”，将文本转换为路径。

② 用“直接选择工具”拖动锚点，就可以实现路径的变形；或者选中要变形的文字，然后通过“编辑”→“变换路径”或者“编辑”→“自由变换路径”命令改变其形状。

③ 要产生更多的效果，可以利用“添加锚点工具”增加锚点，或利用“删除锚点工具”移除锚点，或使用“转换点工具”改变路径形状。

④ 新建一个图层，打开“路径”面板，选择好路径后，单击右键，选择填充路径，即可完成操作。效果如图 3-72 所示。

图 3-71　沿路径排列的文字

图 3-72　文字转换为工作路径后的变形

(4) 文字转换为形状

在将文字转换为形状时，文字图层被替换为具有矢量蒙版的图层(如图 3-73 和图 3-74 所示)。双击文字图层上左边的图层缩略图，可以更改文字的颜色；单击右边的矢

图 3-73　文字图层

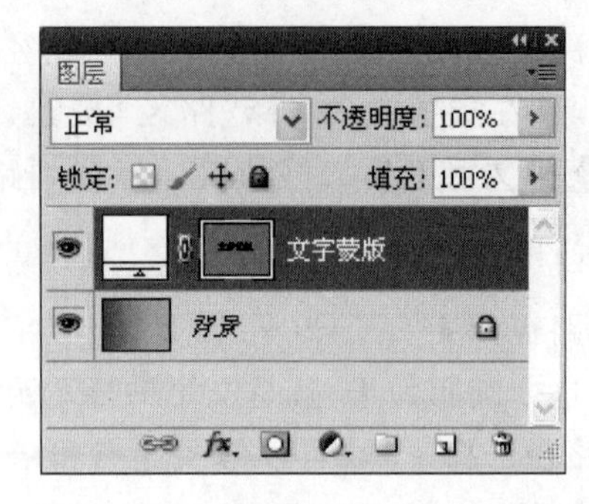

图 3-74　文字转换为形状后的图层

量蒙版的缩略图，便可使用编辑路径工具，对文字形状进行编辑，包括文字的大小、位置、形状等属性，但是我们无法在图层中再将字符作为文本进行编辑。转换的方法是选择一个文字图层，然后选取菜单“图层”→“文字”→“转换为形状”命令。

练习与实训

一、填空题

1. 路径是一种用于进一步产生其他类型线条的方法。通常由一段或多段没有精度和大小之分的点、直线和________组成，是不包含任何像素的矢量图形。

2. Photoshop CS5 中文字的属性可以分为________、________两个部分。

3. 要在平滑曲线转折点和直线转折点之间进行转换，可以使用________工具。

4. 使用________工具可以绘制各种形状的路径或形状，如绘制蝴蝶、太阳、王冠等。

5. 选择________按钮，在绘制形状时不但可以建立一个路径，还可以建立一个形状图层。

6. Photoshop CS5 提供了两种文字排列方式，分别为________和________。

7. 在图像文件中创建的路径有两种形态，分别为________和________。

8. 结束制作路径的方法有两种：一是________，二是________键后，再单击路径外的任意位置。

9. 我们在________中将路径转换为选区。

10. 矢量图形工具主要包括________工具、________工具、________工具、________工具、________工具和________工具。

11. 路径是由多个节点组成的________，放大或缩小图像对其________影响。

12. 如果在一幅图像上使用文字工具，则会自动生成________图层，该图层属于________模式，要想对其使用模糊效果，则必须先将图层________。

13. 文字工具分为________分布和________分布。

14. 文字蒙版工具创建的实际上是________。

15. 工作路径是一种________，不随图像文件保存，在建立一个新的工作路径的同时，原有的工作路径将被________。

16. 选择“图层→文字→________”命令，可以将文字转换为与其轮廓相同的形状。

二、上机实训

1. 利用本章学习的形状工具绘制如图 3-75 所示的扑克牌效果。

2. 利用菜单“图层→文字→创建工作路径”命令，创建文字的工作路径；再利用“路径编辑工具”调整文字的路径，完成如图 3-76 所示的“欢乐时光”文字效果。

3. 制作如图 3-77 所示的请柬效果。

提示：首先利用“钢笔工具”绘制路径，然后用路径编辑工具调整路径，将路径调整成飘带的形状。“校园摄影艺术节”是旗帜上的变形文字，并且运用了“图层样式”中的“描边”功能。“请柬”二字运用了“图层样式”中的“斜面和浮雕”效果。

图 3-75　利用形状工具绘制的效果图

图 3-76　文字效果

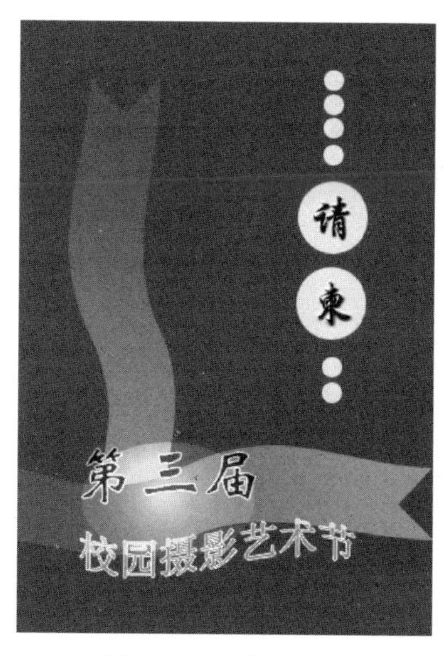

图 3-77　制作的请柬

第4章

图层、通道和蒙版

案例10　花语信纸设计——图层的基本操作

案例要求

利用“图层”面板的功能，完成如图4-1所示的花语信纸的效果。

图4-1　花语信纸效果图

案例分析

① 通过添加填充图层，为图像填充图案背景。

② 利用“圆角矩形工具”绘制圆角矩形信纸，并设置其不透明度。

③ 用“画笔工具”绘制线条并复制线条层，利用“链接图层”使线条均匀分布。

④ 利用文字工具添加文字。

⑤ 利用“套索工具”选取花朵，复制花朵，改变花朵副本在“图层”面板上的叠放次序，利用图层混合模式“柔光”使花朵层与背景融合。

操作步骤

① 选择菜单“文件→新建”命令，打开“新建”对话框，按图4-2所示进行设置后单击“确定”按钮。

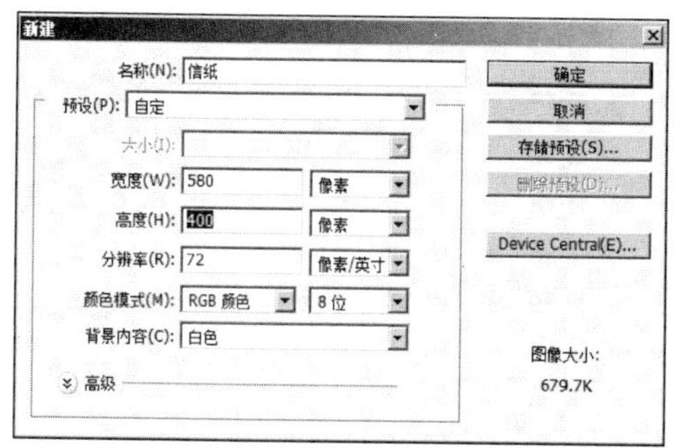

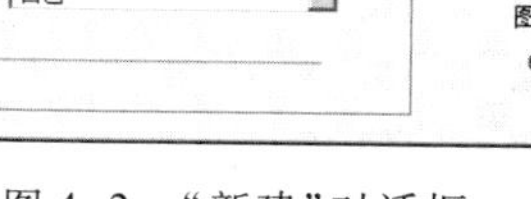

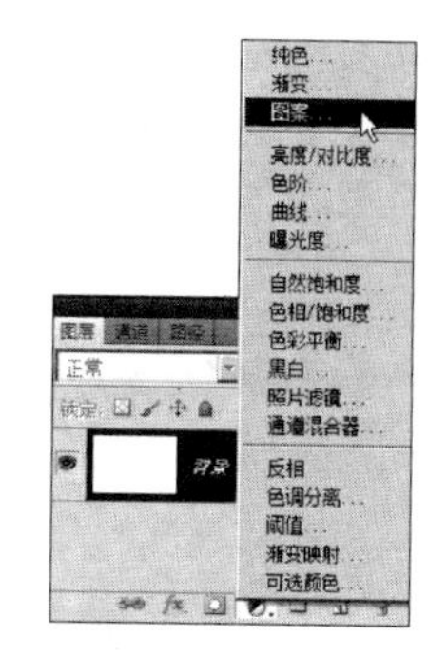

图 4-2 “新建”对话框

图 4-3 “创建新的填充或调整图层”菜单

② 单击“图层”面板底部的“创建新的填充或调整图层”按钮，从弹出的菜单中选择“图案”命令，如图 4-3 所示，打开“图案填充”对话框，从图案下拉列表框中选择“彩色纸”类别中的“蓝色纹理纸”，如图 4-4 所示，单击“确定”按钮创建填充图层，此时的“图层”面板如图 4-5 所示。

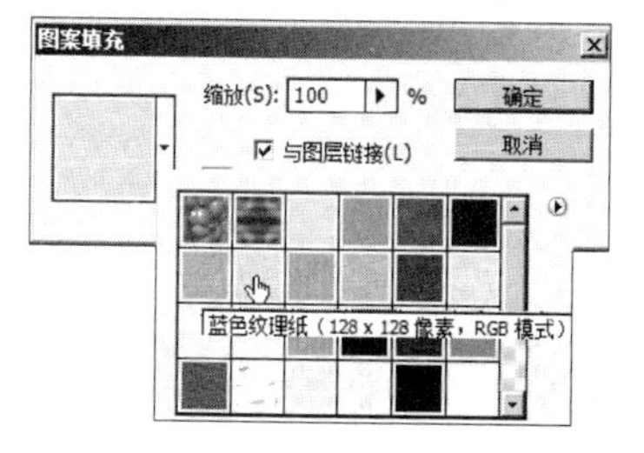

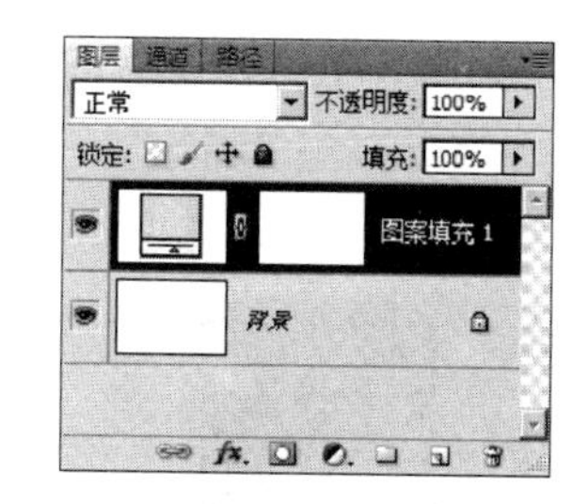

图 4-4 “图案填充”对话框

图 4-5 添加填充层后的“图层”面板

③ 选择工具箱中的“圆角矩形工具”，在选项栏中单击“形状图层”按钮，设置“半径”为 20 像素，颜色为白色，在画布中拖曳绘制圆角矩形，自动生成“形状 1”图层。在“图层”面板中设置“不透明度”为 30%，此时的“图层”面板及图像效果如图 4-6 所示。

图 4-6 设置形状层的“不透明度”及图像效果

④ 单击“图层”面板底部的“创建新图层”按钮，创建“图层 1”图层，双击图层名，将图层名改为“线条”。设置前景色为#c4a9b2，选择工具箱中的“画笔工具”，设置笔尖形状为“柔边圆”，主直径为 3 像素，按住 Shift 键绘制一条水平线，如图 4-7 所示。

⑤ 在“图层”面板中，拖动“图层 1”至“创建新图层”按钮上 4 次，得到图层“线条”的 4 个副本。选择图层“线条 副本 4”，激活“移动工具”，按键盘上的光标键↓

将该线条向下移动至相应的位置，如图 4-8 所示。

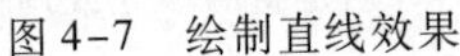

图 4-7　绘制直线效果

图 4-8　向下移动直线效果

⑥ 按住 Shift 键，在“图层”面板中单击图层“线条”和“线条 副本 4”，同时选中 5 个层，单击“图层”面板底部的“链接图层”按钮，链接选中的图层，此时的“图层”面板如图 4-9 所示。

⑦ 选择菜单“图层→分布→垂直居中”命令，使 5 条直线分布均匀，如图 4-10 所示。保持各图层的选取状态，按组合键 Ctrl+E 将其合并，双击合并后的图层名称，命名为“直线”。

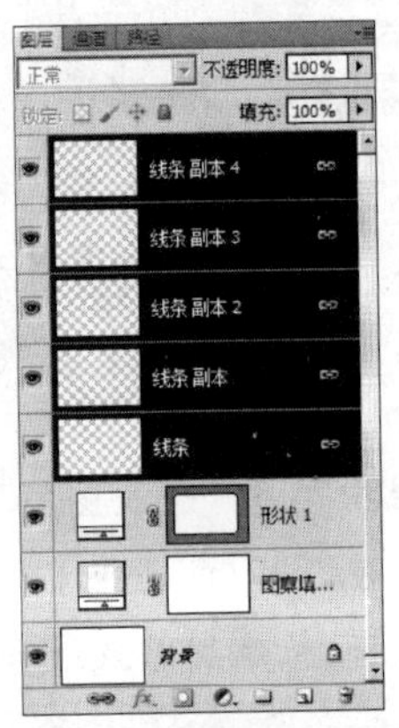

图 4-9　建立链接的“图层”面板

图 4-10　直线分布及添加文字的效果

⑧ 选择工具箱中的“横排文字工具”，设置字体为 Algerian，大小为 24 点，分别在相应的位置输入文字“TO:”和“FROM:”，效果如图 4-10 所示。

⑨ 打开素材图像“郁金香.jpg”，选择工具箱中的“磁性套索工具”，设“羽化”为 20，为郁金香建立选区，如图 4-11 所示。选择“移动工具”将选取的郁金香移至“信纸”窗口中，自动生成新的图层，命名为“花”。按组合键 Ctrl+T 调整其大小和位置，如图 4-12 所示。

⑩ 拖动“花”图层至“图层”面板底部的“创建新图层”按钮上，复制生成“花副本”图层。选中“花副本”图层，选择菜单“编辑→变换→旋转 180°”命令，将其旋转 180°，选择“移动工具”，将旋转后的“花副本”图层移动到画布的左下角。

⑪ 在“图层”面板中拖动“花 副本”图层向下至“形状 1”图层的下一层。选择图层“花”，设置图层的混合模式为“叠加”，此时的图像效果如图 4-1 所示。

⑫ 选择“图层”面板菜单中的“拼合图像”命令，如图 4-13 所示，完成最终效果的制作。

图 4-11　对郁金香建立选区

图 4-12　调整花的位置大小

图层是 Photoshop CS5 图像的重要构成元素，也是 Photoshop 学习的重点内容。可以将不同的对象放到不同的图层中进行独立操作而对其他的图层没有影响，给图像的处理带来极大的便利。

“图层”面板是管理图层的主要场所，各种图层操作基本上都可以在“图层”面板中实现。“图层”面板的各重要组成如图 4-14 所示。

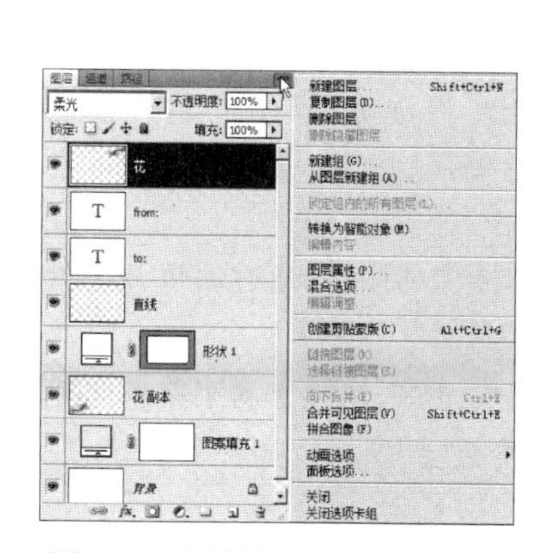

图 4-13　“图层”面板及面板菜单

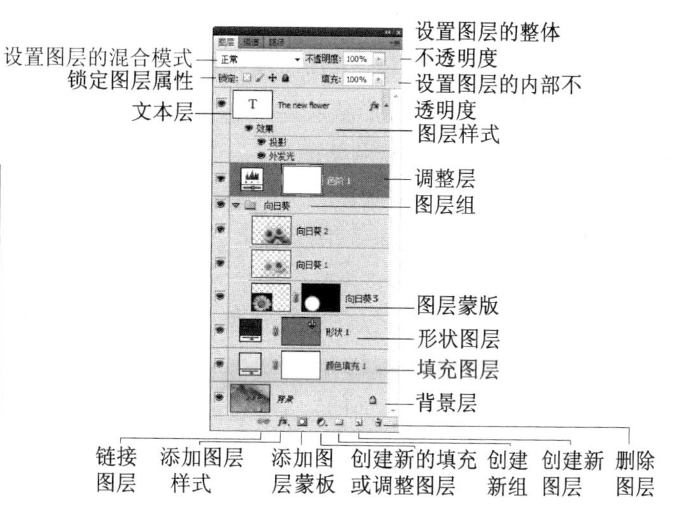

图 4-14　“图层”面板

4.1　创建图层

在 Photoshop CS5 中，可以创建多种类型的图层，不同的图层有不同的功能和用途，在“图层”面板中的显示状态也不同。

1. 创建普通图层

普通图层是组成图像最基本的图层，对图像的所有操作在普通图层上几乎都可以进行。新建的普通图层是完全透明的，可以显示下一层的内容。

新建普通图层的方法：

- 选择菜单“图层→新建→图层”命令，弹出如图 4-15 所示的“新建图层”对话框，可以设置图层的名称、颜色、模式及不透明度。

• 直接单击“图层”调板底部的“创建新图层”按钮，将在当前层的上方以默认设置创建一个新图层。

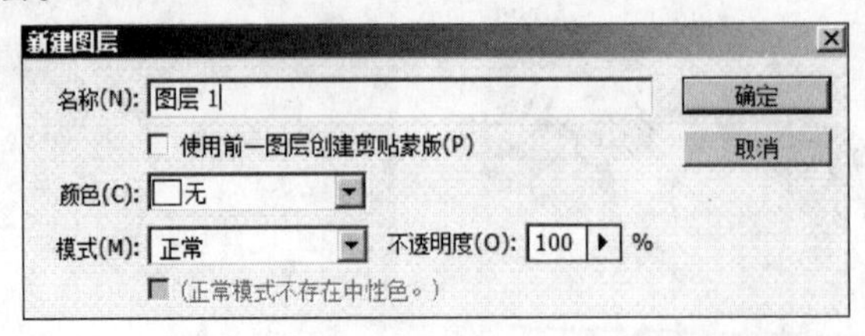

图 4-15 “新建图层”对话框

2. 创建文字图层

文字图层是使用横排或直排文字工具添加文字时自动创建的一种图层。当对输入的文字进行变形后，文字图层将显示为变形文字图层。

文字图层可以进行移动、堆叠、复制等操作，但大多数编辑命令和工具都无法使用，必须选择菜单中的“图层→栅格化→文字”命令，将文字图层转换为普通图层后才能使用。

3. 创建形状图层

形状图层是使用形状工具创建图形后自动建立的一种矢量图层。当执行“图层→栅格化→形状”命令后，形状层将被转换为普通图层。

4. 创建填充图层或调整图层

填充图层是一种使用纯色、渐变或图案来填充的图层。通过使用不同的混合模式和不透明度，来实现特殊效果。填充图层作为一个单独的图层，可随时删除或修改，而不影响图像本身的像素。

调整图层是一种只包含色彩和色调信息，不包含任何图像的图层，通过编辑调整图层，可以任意调整图像的色彩和色调，而不改变原始图像。

单击“图层”面板底部的“创建新的填充或调整图层”按钮，从弹出的菜单中选择相应的命令（如图 4-3 所示），可以创建相应的填充或调整图层。

4.2 图层的基本操作

1. 复制图层

• 选中要复制的图层，选择菜单“图层→复制图层”命令，弹出如图 4-16 所示的“复制图层”对话框，可以在本图像内或不同图像间复制图层。

• 拖动要复制的图层至“图层”面板底部的“创建新图层”按钮上，也可以复制此图层，在该层上方会增加一个带有“副本”字样的新图层。

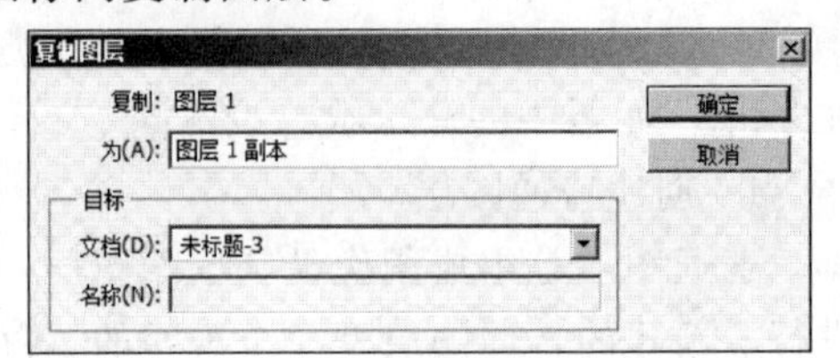

图 4-16 “复制图层”对话框

2. 删除图层

• 选中要删除的图层，执行菜单“图层→删除→图层”命令，可以删除当前图层。

● 拖动要删除的图层到“删除图层”按钮上，也可以删除当前图层。

注意：在选取了移动工具且当前图像中没有选区的情况下，按 Delete 键，也可以删除图层。

3. 调整图层的排列顺序

● 在“图层”面板中，拖动要调整排列顺序的图层，当粗黑的线条出现在目标位置时，松开鼠标即可，如图 4-17 所示。

● 选择要调整排列顺序的图层，选择菜单“图层→排列”子菜单中的命令，可进行准确的调整，如图 4-18 所示。

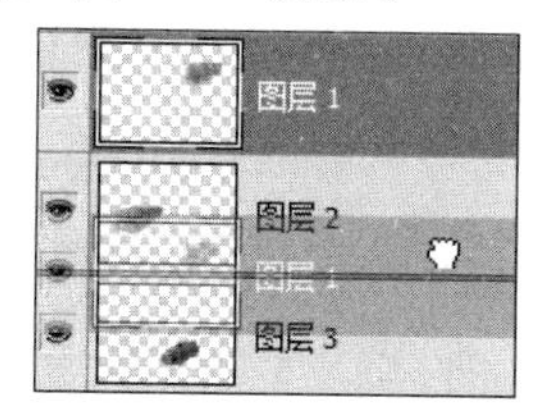

图 4-17　手动调整图层排列顺序

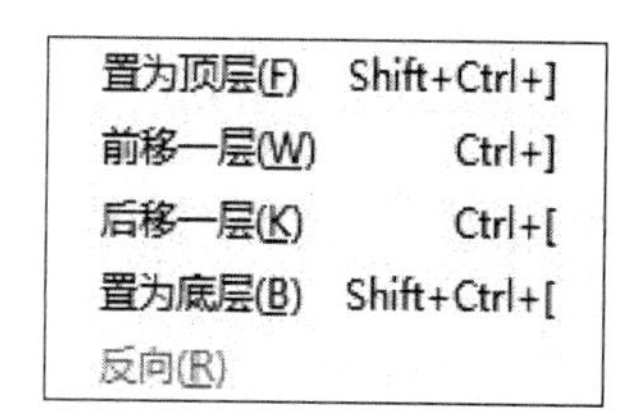

图 4-18　“排列”菜单的子菜单

4. 图层的链接

将图层建立链接后，可以同时对链接的多个图层进行移动、变换、对齐、分布等操作。被链接的图层将保持关联，直到各个图层的链接取消。

● 链接图层：按 Ctrl 键或 Shift 键，选取多个不连续的或连续的图层，单击“图层”调板底部的“链接图层”按钮即可。

● 取消图层链接：选中要取消链接的图层，再次单击“链接图层”按钮。

● 链接图层的对齐：选择被链接成一组的图层中的任意一个图层，选择菜单“图层→对齐”子菜单中的命令，如图 4-19 所示，会使链接到一起的图层以当前图层为基准，按某种方式对齐。

● 链接图层的分布：选择链接成一组的图层（3 个或 3 个以上）中的一个图层，选择菜单“图层→分布”子菜单中的命令，如图 4-20 所示，会使链接到一起的图层按某种方式实现间隔均匀地分布。

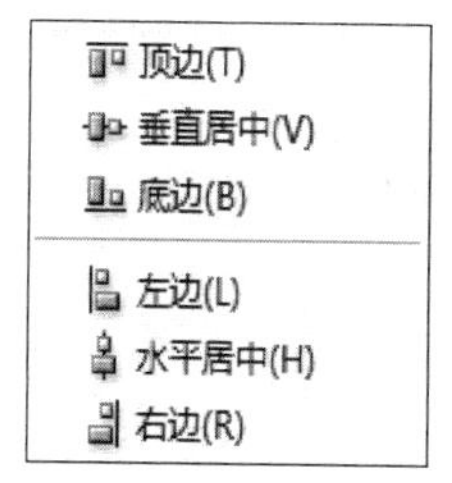

图 4-19　“对齐”命令的子菜单

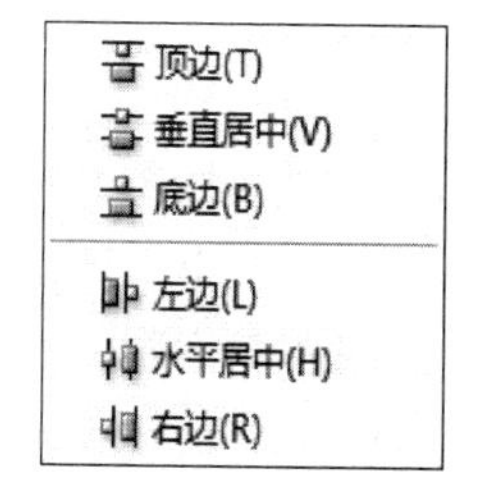

图 4-20　“分布”命令的子菜单

5. 将选区转换为图层

在图像中创建选区，选择菜单“图层→新建→通过拷贝的图层”命令或按组合键 Ctrl+J，可以将选区内的图像复制生成一个新图层，如图 4-21 所示。若图像中没有选区，则复制当前层。

在图像中创建选区，选择菜单“图层→新建→通过剪切的图层”命令或按组合键

Ctrl+Shift+J,可以将选区内的图像剪切生成一个新图层,如图 4-22 所示。

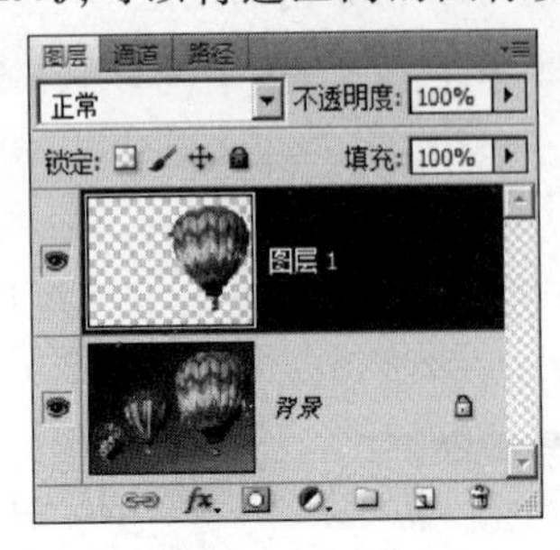

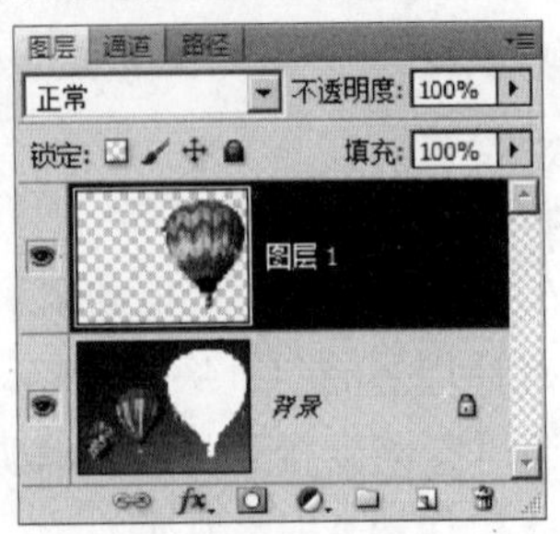

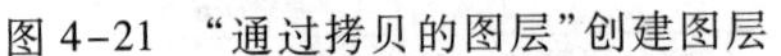

图 4-21 “通过拷贝的图层”创建图层　　图 4-22 “通过剪切的图层”创建图层

6. 背景图层与普通图层之间的转换

背景图层是以“背景”命名,用做图像背景的特殊图层。背景图层始终位于图像的最底层且不透明。许多操作在背景图层中不能完成,如无法进行缩放、移动,不能更改背景图层的堆叠顺序等。背景图层与普通图层可以相互转换。

- 背景图层转换为普通图层

选中背景图层,选择菜单“图层→新建→背景图层”命令或直接双击“图层”面板中的“背景”图层,弹出“新建图层”对话框,设置后单击“确定”,可以将背景图层转换为普通图层。

- 普通图层转换为背景图层

当图像中没有背景图层时,选中要转换为背景图层的普通图层,执行菜单“图层→新建→图层背景”命令,可将普通层转换为背景图层,该图层自动移至底层,并且图层中透明区域被当前背景色填充。

7. 图层的合并

在图像编辑过程中,可将编辑好的几个图层合并,便于存储和操作。在“图层”菜单中有 3 个命令:“向下合并”(合并图层)、“合并可见图层”、“拼合图层”。

- “向下合并”:将当前层与其下面的一个图层合并。如果选中了多个图层,“向下合并”命令显示为“合并图层”,会将选中的多个图层合并为一个层。
- “合并可见图层”:将图像中所有可见的图层合并为一个层,隐藏的图层不受影响。
- “拼合图层”:用于将所有可见图层拼合为背景图层,所有分层信息将不被保存,将大大减少图像文件的大小。

与以上图层合并命令不同,对于所有图层中透明区域的重叠部分,“拼合图层”命令将用白色填充,且隐藏的图层会丢失。

4.3 图层的混合模式

图层的混合模式是指当前图层中的像素与下层的像素之间的混合方式,不同的混合方式可以创建出不同的特殊效果。

单击“图层”面板中的“混合模式”下拉列表框,从下拉列表中选择一种混合模式即可。

图 4-23　图层叠放次序、图层 1 及图层 2

在一幅图像中,“图层 1”位于“图层 2”的上方,且略小于画布,“图层”面板及“图层 1”和“图层 2”如图 4-23 所示。“图层 2”保持“正常”模式不变,改变“图层 1”的混合模式将得到不同的效果。

- 正常:是系统默认的混合模式。当图层“不透明度”为 100% 时,当前层的显示不受下面图层的影响,将完全覆盖下面的图层,效果如图 4-24 所示。
- 正片叠底:将上下两个图层中重叠的像素颜色进行混合,得到的颜色将比原来的颜色都暗,任何颜色与黑色混合将产生黑色,而与白色混合将保持不变,效果如图 4-25 所示。

图 4-24　混合模式为“正常”的效果

图 4-25　混合模式“正片叠底”的效果

- 滤色:将上层像素颜色的互补色与下层重叠位置像素的颜色进行混合,得到的结果色将变得较亮,任何颜色与白色混合产生白色,与黑色混合时保持不变,与正片叠底相反,效果如图 4-26 所示。

图 4-26　混合模式为“滤色”的效果

图 4-27　混合模式为“叠加”的效果

• 叠加:将上下两个图层位置重叠的像素的颜色进行混合或过滤,同时保留底层原色的亮度。

该模式综合了滤色与正片叠底两种模式的作用效果,混合后有些区域变暗,有些区域变亮,效果如图 4-27 所示。

• 柔光:如果上层图像比 50% 的灰度亮,将采用变亮模式,使图像变亮;如果比 50% 的灰度暗,将采用变暗模式,使图像变暗,效果如图 4-28 所示。

• 颜色:用上层的色相、饱和度与下层图像的亮度创建结果色,这样可以保留图像中的灰阶,对于给单色图像上色或给彩色图像着色都非常有用,效果如图 4-29 所示。

图 4-28 混合模式为"柔光"的效果图

图 4-29 混合模式为"颜色"的效果图

案例 11 美化小店招牌——图层样式的应用

案例要求

利用图层的基本操作及添加"图层样式"完成由图 4-30 到图 4-31 所示的效果。

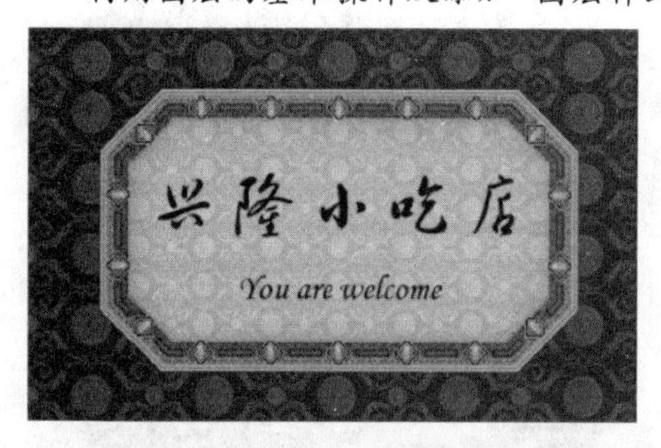

图 4-30 素材文件"兴隆小吃. psd"

图 4-31 效果图

案例分析

① 本案例使用几种不同的方法为图层添加图层样式。

② 分别为各图层添加"内阴影"、"斜面和浮雕"、"光泽"和"外发光"的效果。

③ 通过"拷贝图层样式"和"粘贴图层样式"命令复制图层样式。

操作步骤

① 打开素材文件“兴隆小吃.psd”，按住 Alt 键并在“图层”面板中单击“背景”图层前的显示图标，将“背景”图层以外的图层隐藏。单击选中“背景”图层，选择菜单“编辑→定义图案”命令，弹出“定义图案”对话框，在“名称”文本框内输入“底纹”后，单击“确定”按钮。

② 在“图层”面板中“图层 1”左边的灰色方框内单击，将“图层 1”显示，并选择“图层 1”；单击“图层”面板底部的“添加图层样式”按钮，从弹出的下拉菜单中选择“内阴影”命令，打开“图层样式”对话框，如图 4-32 所示；设置后单击“确定”按钮，为“图层 1”添加内阴影效果，如图 4-33 所示。

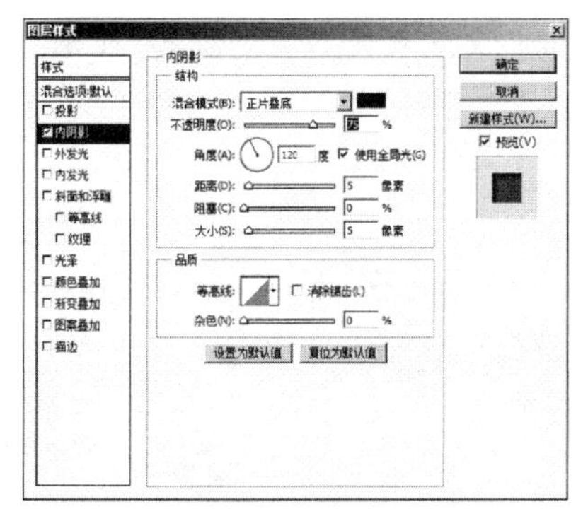

图 4-32 “内阴影”选项

图 4-33 “内阴影”效果

③ 单击“图层 2”前的灰色方框将其显示，双击“图层 2”的图层缩略图，打开“图层样式”对话框，选择“光泽”复选框，如图 4-34 所示，设置后单击“确定”按钮，为边框添加金属光泽，效果如图 4-35 所示。

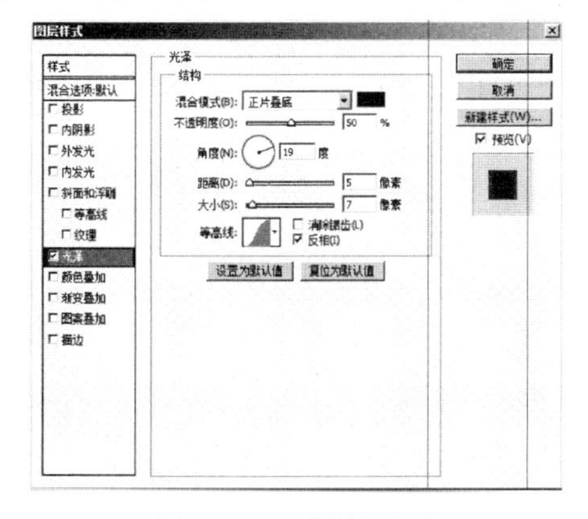

图 4-34 “光泽”选项

图 4-35 添加“光泽”的效果

④ 在“图层样式”对话框中选择“斜面和浮雕”选项下的“纹理”选项，在右侧显示“纹理”选项，从“图案”下拉列表框中选择刚刚定义的图案“底纹”，参数设置如图 4-36 所示，完成后单击“确定”按钮，为边框添加带纹理的斜面和浮雕效果，如图 4-37 所示。

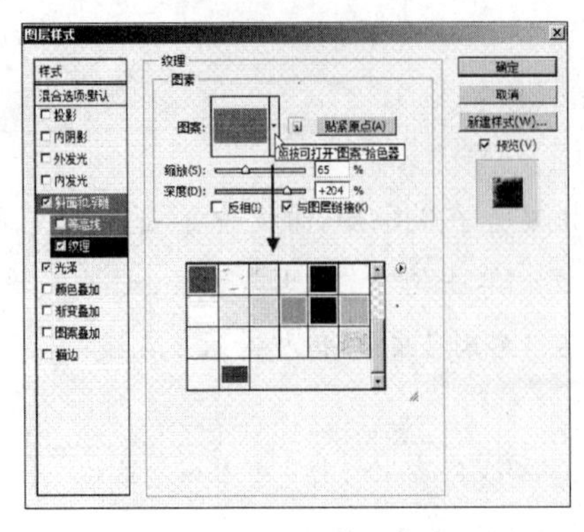

图 4-36 “纹理”选项

图 4-37 添加“纹理”的斜面和浮雕

⑤ 显示并选择“图层 3”,选择菜单“图层→图层样式→外发光”命令,打开“图层样式”对话框,如图 4-38 所示;在右侧选项区中单击“设置发光颜色”色块,打开“拾色器”对话框,选择浅黄色(R:251,G:242,B:223),单击“确定”按钮。为文字添加外发光效果,如图 4-39 所示。

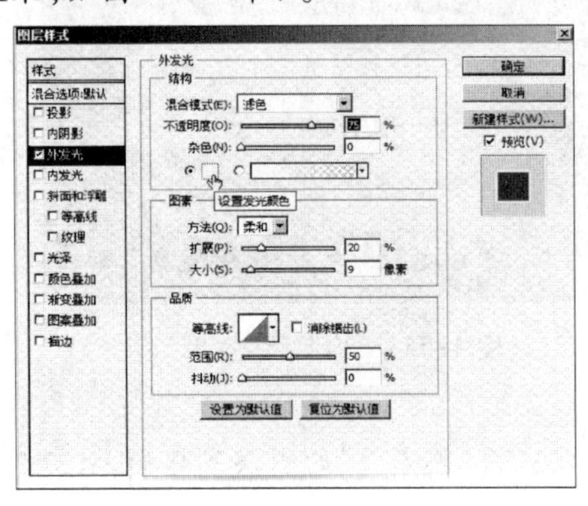

图 4-38 “外发光”选项

图 4-39 “外发光”效果

⑥ 在“图层”面板中右击“图层 3”,从弹出的快捷菜单中选择“拷贝图层样式”命令,显示“图层 4”并右击该图层,从弹出的快捷菜单中选择“粘贴图层样式”命令,将外发光效果复制到“图层 4”中。

⑦ 选择“文件→存储”命令,保存文件,最终效果如图 4-31 所示。

4.4 图层样式

使用图层样式,可以方便地在图层上制作出阴影、发光、浮雕、描边等各种效果,从而迅速改变图层内容的外观。

1. 添加图层样式

如果要为一个图层添加图层样式,可以采用以下 3 种方法来实现:

- 单击“图层”面板底部的“添加图层样式”按钮 fx,从弹出的下拉菜单中选择相应的命令,如图 4-40 所示。
- 选择“图层→图层样式”命令,弹出如图 4-41 所示的子菜单,在子菜单中选择相应的命令。

- 在“图层”面板中双击要添加图层样式的图层。

使用以上方法均可打开“图层样式”对话框，设置相应的参数后单击“确定”按钮即可为当前层添加图层样式。如果选择了“混合选项”，将打开如图 4-42 所示的对话框，可以设置不透明度和图层的混合模式等。

注意：在“图层样式”对话框中，如果仅单击样式名前面的复选框，则只按默认设置应用该样式，而不在右侧显示样式选项的参数；如果单击样式名称，会在右侧显示样式选项，设置参数后会产生自定义的效果。

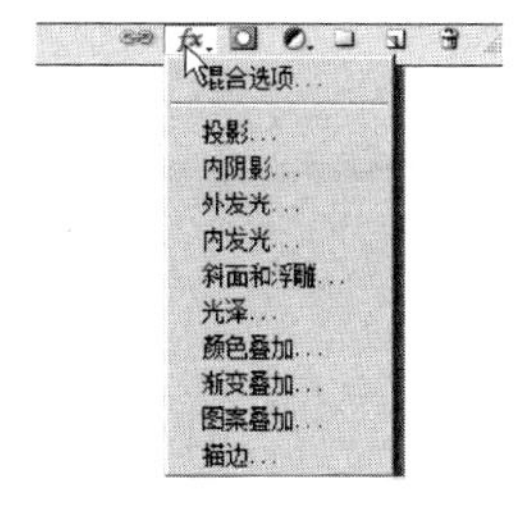

图 4-40 “添加图层样式”下拉菜单

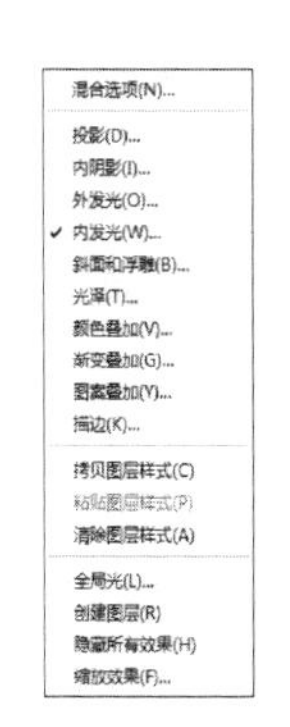

图 4-41 “图层样式”菜单命令

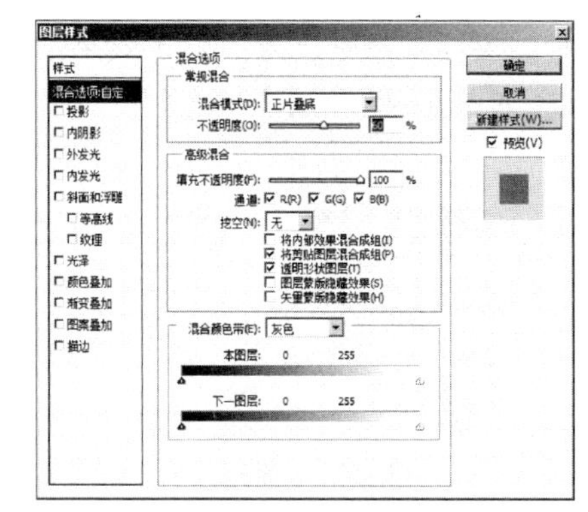

图 4-42 选择“混合选项”的“图层样式”对话框

2. 图层样式

在“图层样式”对话框中可以设定 10 种不同的图层样式，可以将这些图层效果任意组合成各种图层样式，还可以存放到“样式”面板中随时调用。

这 10 种样式如下。

- 投影：在图层内容背后添加阴影，使图层产生投影的视觉效果。
- 内阴影：在图层边缘以内添加阴影，使图层产生凹陷的效果。
- 外发光：在图层内容边缘的外部增加发光效果，使图层对象从背景中分离出来。
- 内发光：在图层内容边缘的内部增加发光效果。
- 斜面和浮雕：通过在图像的边缘添加高光和暗调带，使图像产生立体斜面或浮雕效果。
- 光泽：在图层内部根据图层的形状应用阴影，可创建光滑的磨光效果或产生金属光泽。
- 颜色叠加：在图层上叠加指定的颜色。
- 渐变叠加：在图层上叠加指定的渐变。
- 图案叠加：在图层上叠加设置的图案。
- 描边：使用颜色、渐变或图案为当前图层中的对象描画轮廓。

(1) 投影与内阴影

二者都可以为图层内容加上阴影，产生立体感。投影是在图层对象背后产生阴影，从而产生阴影的视觉效果；而内阴影是内部投影，即在图层的边缘以内产生阴影，产生

凹陷的视觉效果。

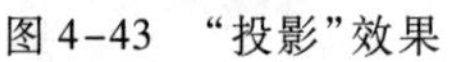

图 4-43 “投影”效果　　图 4-44 “内阴影”效果

这两种图层样式只是产生的图像效果不同，如图 4-43 和图 4-44 所示，其参数选项基本相同，如图 4-45 和图 4-46 所示。

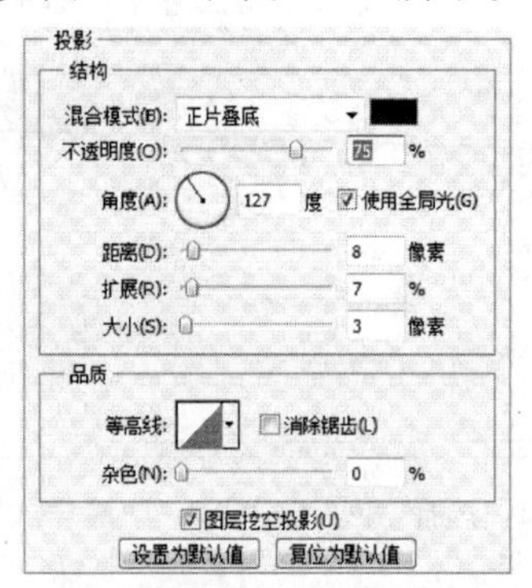

图 4-45 “投影”参数　　图 4-46 “内阴影”参数

- “混合模式”下拉列表框：用来设置阴影部分与其他图层的混合模式，右侧的“拾色器”可以设置阴影的颜色。
- “不透明度”选项：设置阴影部分的不透明度，数值越大，阴影颜色越深。
- “角度”选项：设置光照的角度，阴影的方向会随着角度的变化而发生相应的变化。
- “使用全局光”复选框：可以设置阴影部分是否采用与整个图层统一的光源（全局光）进行投射。如果选中该复选框，调整“角度”值，会改变全局光的照射角度，会影响到其他使用全局光的样式效果，如内阴影、斜面和浮雕等；如果取消“使用全局光”选项，将使用自身单独的光源（局部光）对阴影进行投射，调整“角度”值，只会改变局部光的照射角度，而对其他效果无影响，但会造成各种与光源有关的效果使用的光源不统一的现象，产生不真实感。
- “距离”选项：设置阴影距离，数值越大，投影离图像越远。
- “扩展”选项：是“投影”的参数，设置阴影强度。100% 为实边阴影，默认值为 0%。
- “阻塞”选项：“内阴影”的参数，与“扩展”类似，设置内阴影的强度。
- “大小”选项：设置阴影部分模糊的数量或暗调大小，值越大阴影越柔和。
- “品质”选项组：通过设置“等高线”与“杂色”来改变阴影质量。
- “等高线”：设置阴影的式样。如果选中“消除锯齿”复选框，可以消除使用等高线产生的锯齿，使之更加平滑。
- “杂色”：使阴影部分产生斑点效果，数值越大，斑点越明显。

(2) 外发光与内发光

二者都是为图层内容添加一种类似发光的亮边效果,其中外发光可产生图像边缘外部的发光效果,而内发光则产生图像边缘内部的发光效果,其效果分别如图 4-47 及图 4-48 所示。

图 4-47　外发光效果

图 4-48　内发光效果

其参数如图 4-49 和图 4-50 所示,发光效果各选项的含义如下。

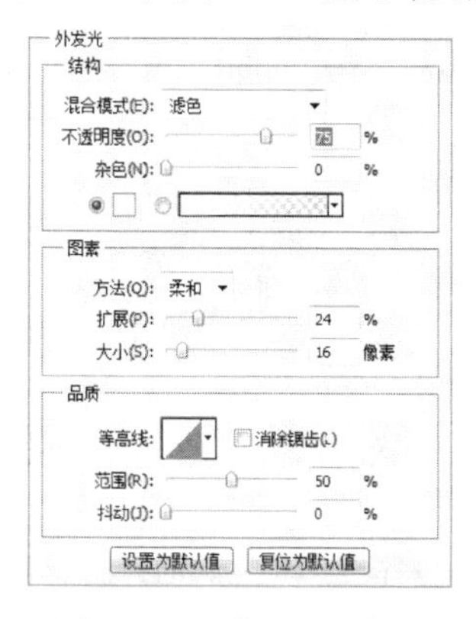

图 4-49　“外发光”参数

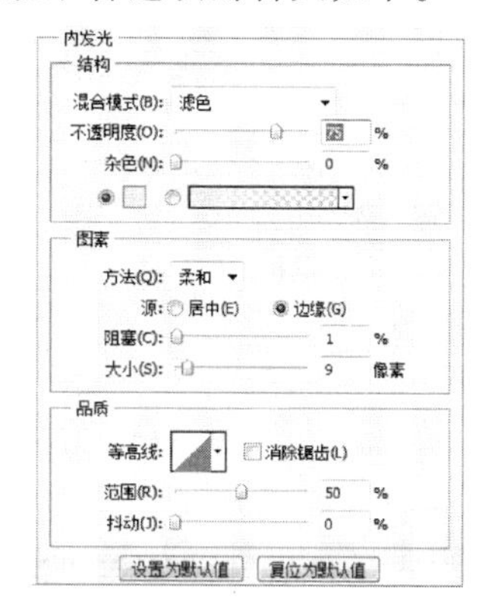

图 4-50　“内发光”参数

• “结构”选项组:可以设置混合模式、不透明度、杂色和发光颜色。其中,“发光颜色”可以选择“单色”,设置纯色发光,也可以选择“渐变色条”,设置渐变色发光。

• “图素”选项组:可以设置发光元素的属性,包括方法、扩展/阻塞、大小。其中,在“方法”下拉列表框中设置光线的边缘效果;“扩展”或“阻塞”选项设置光线边缘强度;“大小”选项用于设置发光范围的大小。

• “品质”选项组:可以设置等高线、范围和抖动,分别设置发光样式、发光范围和发光的杂色程度,其中“抖动”仅对渐变色的发光起作用。

(3) 斜面和浮雕

主要用来对图层内容添加浮雕的立体效果,其设置对话框如图 4-51 所示。

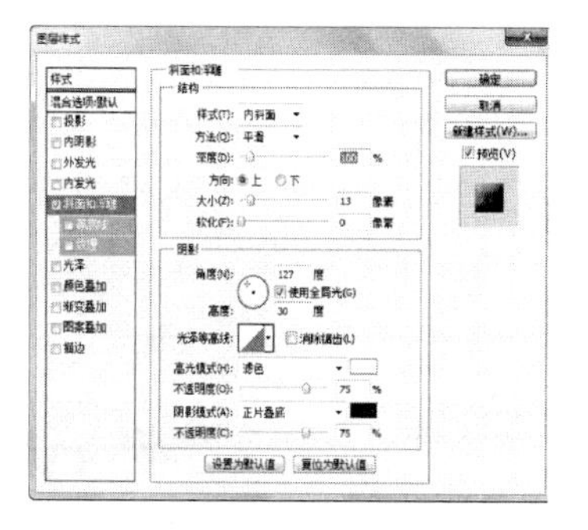

图 4-51　“斜面和浮雕”选项

“结构”选项组各选项的含义如下。

• “样式”:设置斜面或浮雕效果的样式,有“外斜面”、“内斜面”、“浮雕”、“枕状浮雕”、“描边浮雕”

5 种类型，如图 4-52、图 4-53 所示。

- “方法”：选择斜面或浮雕效果的边缘风格。
- “深度”：设置斜面或浮雕效果的凸起/凹陷的幅度。
- “大小”：设置斜面的大小。
- “软化”：设置斜面的柔和度。

图 4-52 “外斜面”、“内斜面”、“浮雕”效果

图 4-53 “枕状”、“描边”效果

“阴影”选项组各选项的含义如下。

- “光泽等高线”：设置某种等高线用做阴影的样式，创建类似金属表面的光泽外观。
- “高光模式”选项和“不透明度”选项：用于设置斜面或浮雕效果中高光部分的混合模式、颜色和不透明度。
- “暗调模式”选项和“不透明度”选项：用于设置斜面或浮雕效果中的暗调部分的混合模式、颜色和不透明度。

在“图层样式”对话框的左侧“斜面和浮雕”选项下方还包括“等高线”和“纹理”选项。设置“纹理”选项后的效果如图 4-54 所示，选项如图 4-55 所示。

图 4-54 “纹理”效果

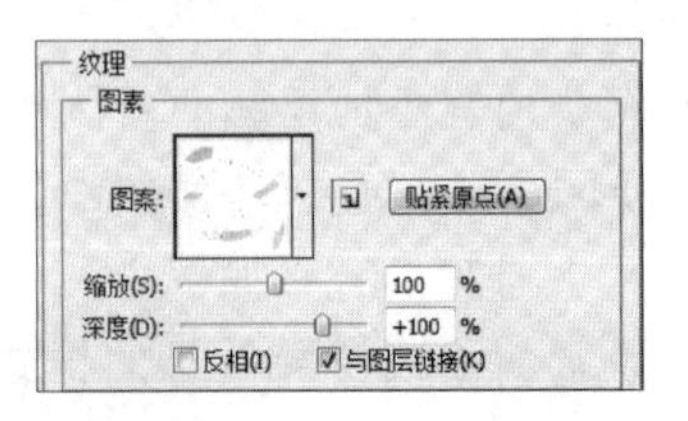

图 4-55 “纹理”选项

（4）光泽

根据图层的形状应用阴影，从而创建出光滑的磨光效果或金属光泽，其设置选项和效果如图 4-56 所示。

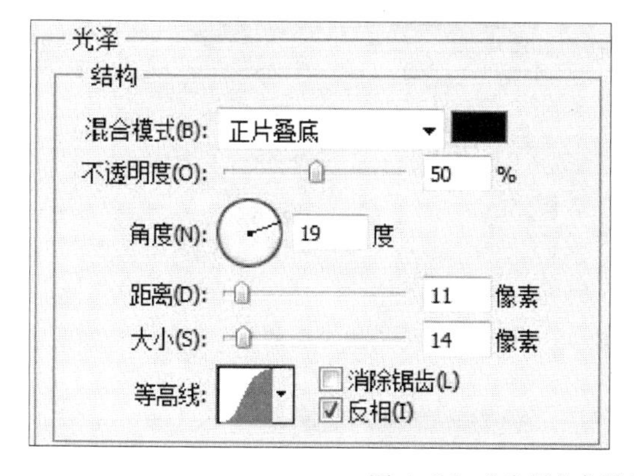

图 4-56 “光泽”参数及效果

（5）颜色叠加、渐变叠加和图案叠加

三者作用相似，分别用来将颜色、渐变和图案添加到图层内容上，其效果和对话框设置分别如图 4-57、图 4-58 所示。

图 4-57 “颜色叠加”、“渐变叠加”、“图案叠加”图像效果

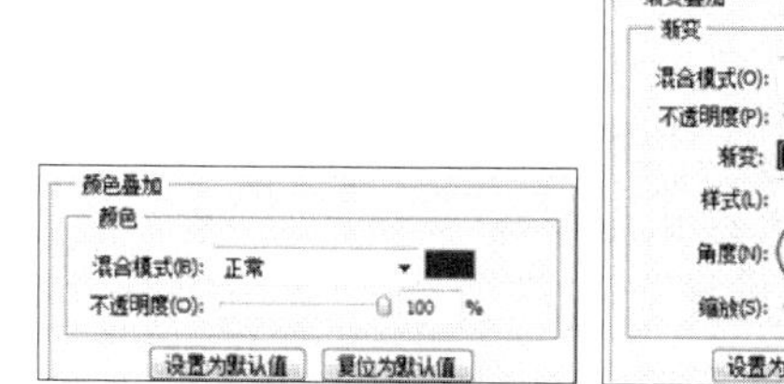

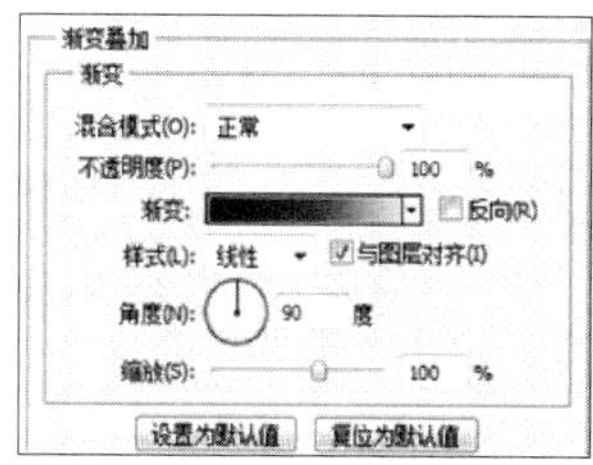

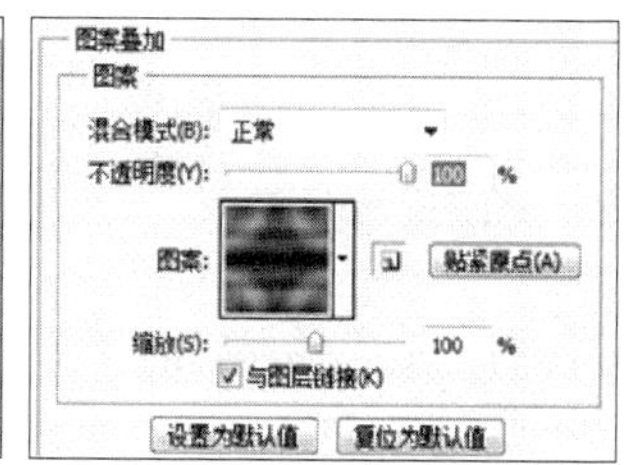

图 4-58 “颜色叠加”、“渐变叠加”、“图案叠加”效果选项

（6）描边

“描边”样式用于为图层中对象添加边缘轮廓。其中，“大小”选项用于设置描边的粗细；“位置”下拉列表框用于设置描边的位置，可以选择“外部”、“内部”和“居中”3 种位置；“填充类型”下拉列表框用于设置描边类型，可以选择“颜色”、“渐变”和“图案”3

种类型，选择不同“填充类型”后所得的不同效果如图 4-59 所示，选项设置如图 4-60 所示。

图 4-59 “颜色”、“渐变”、“图案”3 种描边类型效果

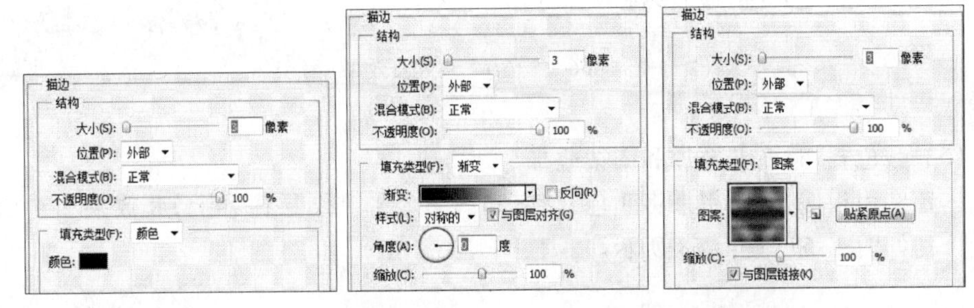

图 4-60 “颜色”、“渐变”、“填充”3 种描边类型选项

3. 管理图层样式

图层样式的管理与图层管理基本相同，只是要区分是整体效果还是某一种效果。

(1) 隐藏与显示图层效果

单击“图层”面板中某一效果名称前的显示图标，可显示或隐藏该效果；单击“效果”行前的显示图标，可显示与隐藏当前层的所有图层效果，如图 4-61 所示。

(2) 删除图层样式

在“图层”面板中，拖曳要删除的效果行到“图层”面板底部的“删除图层”按钮上。

(3) 复制与粘贴图层样式

在“图层”面板中，右击要复制图层样式的图层，从弹出的快捷菜单中选择“拷贝图层样式”命令，再右击要应用图层样式的目标层，从弹出的快捷菜单中选择“粘贴图层样式”命令即可。

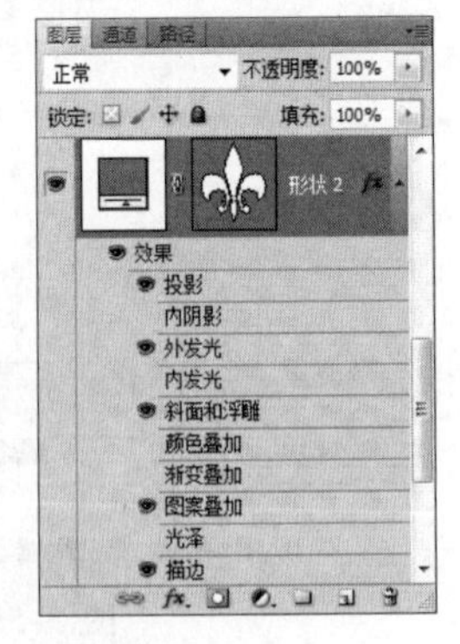

图 4-61 “图层”面板

(4) 创建自定义样式

将各种图层效果集合起来完成一个设计元素后，可将其存放到“样式”面板中，以方便其他的图层或图像随时调用。“样式”面板如图 4-62 所示。

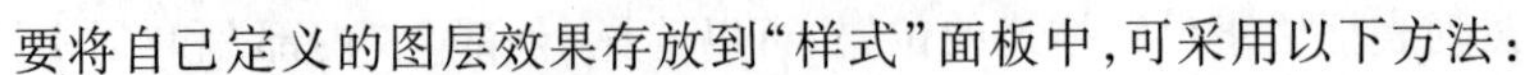

要将自己定义的图层效果存放到“样式”面板中，可采用以下方法：

- 在“图层样式”对话框中，设定所需要的各种效果后，单击对话框中的“新建样式”按钮，弹出“新建样式”对话框，输入名称后，单击“确定”，如图 4-63 所示。

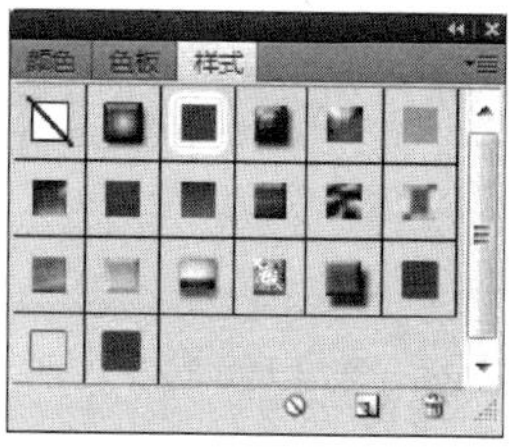

- 选择已应用图层效果的图层，单击“样式”面板下方的“创建新样式”按钮或单击“样式”面板的空白处，也会弹出“新建样式”对话框。

图 4-62 “样式”面板

（5）应用“样式”面板中的样式

“样式”面板中有系统预设的样式，有用户自行创建的样式，也有追加或载入的样式。如果要应用“样式”面板中的样式，只需单击“样式”面板中某个样式名，即可将其应用到当前图层中。

（6）设置全局光

选择“图层→图层样式→全局光”命令，弹出“全局光”对话框，如图 4-64 所示，可以设置光线的角度和高度，将对当前图像中所有使用了全局光效果的图层均有效。

图 4-63 “新建样式”对话框

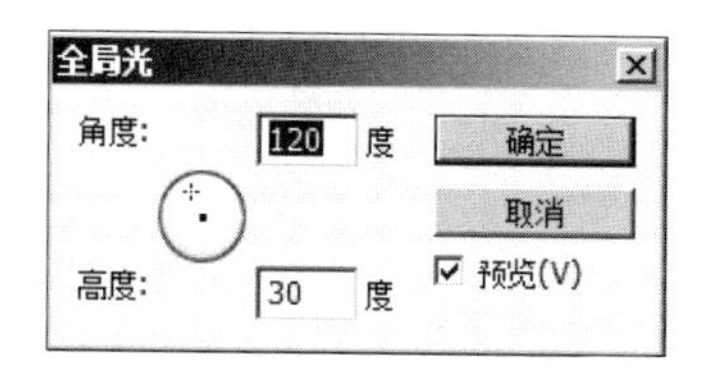

图 4-64 “全局光”对话框

案例 12 我要我的色彩——通道的应用

案例要求

利用“通道”面板的功能，完成通道合成、通道抠图及艺术边框效果，如图 4-65 所示。

图 4-65 效果图

案例分析

① 在各原色通道中将选区移至适当的位置并填充为白色，制作三原色原理图。

② 借助“蓝副本”通道和“通道”面板中的按钮，选取人物。

③ 利用 Alpha 通道制作艺术效果相框，并应用图层样式。

操作步骤

① 打开素材图像“通道美女.jpg”和“色彩背景.jpg”，如图 4-66、图 4-67 所示。切换至“色彩背景.jpg”窗口，设置前景色为白色、背景色为黑色。单击“图层”面板中的“创建新图层”按钮，创建新图层，并命名为“三原色”，按组合键 Ctrl+Delete 将该层填充为黑色。选择菜单“视图→标尺”命令，打开标尺，设置标尺单位为“像素”，分别在 50 像素、150 像素、300 像素、350 像素处建立 4 条水平参考线和 4 条垂直参考线，如图 4-68所示。

图 4-66　素材“通道美女.jpg”

图 4-67　素材“色彩背景.jpg”

② 选择“窗口→通道”命令，打开“通道”面板，选中“红”通道，选择工具箱中的“椭圆选框工具”，在其选项栏中“样式”下拉列表框中选择“固定大小”，“宽度”、“高度”均设为 200 像素，按住 Alt 键，在第 2 条参考线交叉点处单击，绘制一个直径为 200 像素的正圆选区，与第 1 条和第 3 条参考线相切，按组合键 Alt+Delete 填充白色，如图 4-68 所示。观察“红”通道和 RGB 通道的变化。

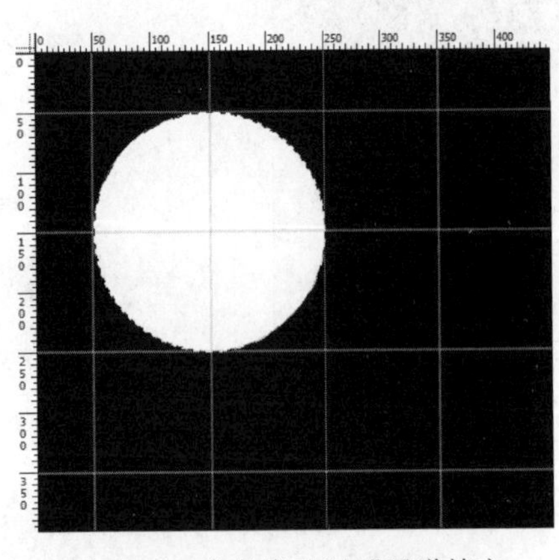

图 4-68　参考线及“红”通道填充

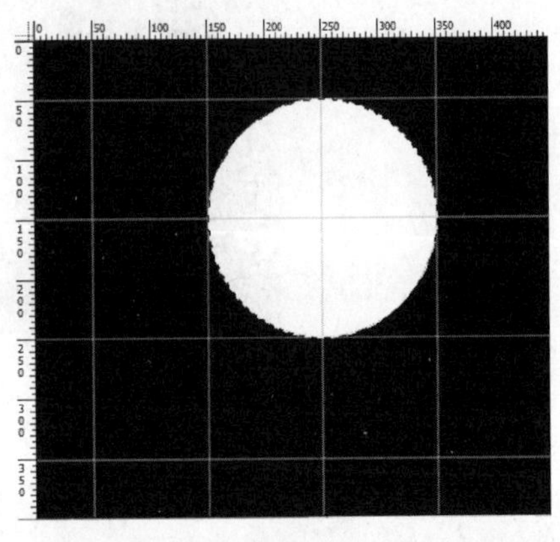

图 4-69　“绿”通道选区位置与填充

③ 保持选区不变，单击“绿”通道，选择工具箱中的“椭圆选框工具”，将鼠标移动到选区内，指针变为，向右水平移动选区约 100 像素，使之相切于第 2 条和第 4 条垂直参考线，并填充为白色，如图 4-69 所示。观察 RGB 通道的变化。

④ 单击“蓝”通道，将鼠标放到选区内，指针变为，将选区向下移动，使之相切于第 2 条和第 4 条水平参考线，向左移动约 50 像素，填充为白色，如图 4-70 所示。依次单击“绿”通道、“红”通道前的显示图标，将其显示，观察图像窗口中的颜色变化。选中 RGB 通道，此时的效果如图 4-71 所示。

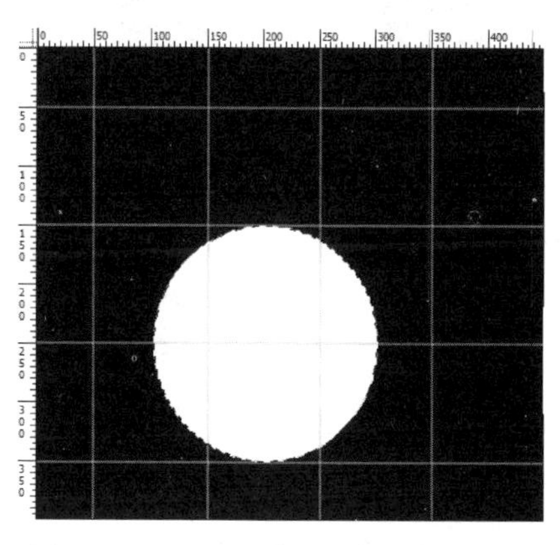

图 4-70 “蓝”通道选区位置与填充图

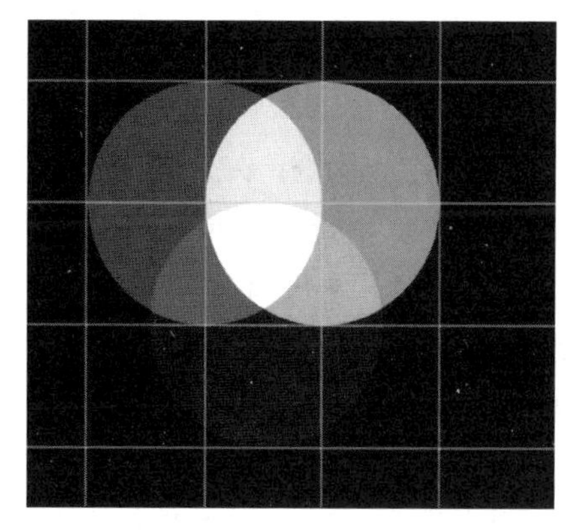

图 4-71 “三原色”图层效果

⑤ 切换至“图层”面板，选择工具箱中的“魔棒工具”，在黑色背景上单击，按 Delete 键删除黑色背景，按组合键 Ctrl+D 取消选区。双击“三原色”图层缩览图，打开“图层样式”对话框，选择“投影”、“斜面和浮雕”、“描边”选项，设置描边参数为“白色”，大小为 8 像素，效果如图 4-72 所示。

图 4-72 “三原色”图层的效果

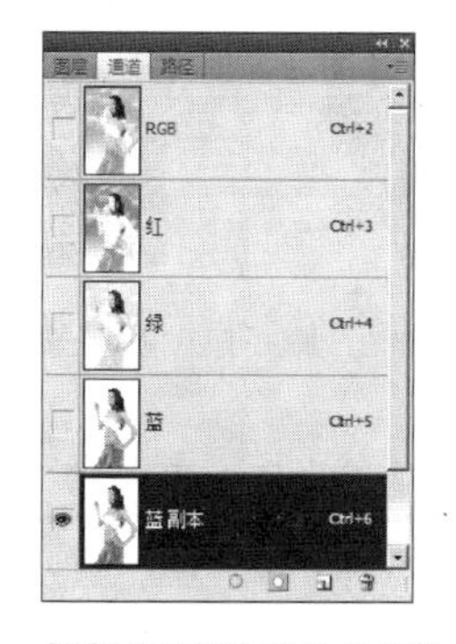

图 4-73 复制“蓝”通道后的“通道”面板

⑥ 切换至“通道美女.jpg”素材窗口，选择“通道”面板，分别单击“红”、“绿”、“蓝”各原色通道，观察各通道颜色的对比度，选择对比度最大的“蓝”通道，将其拖动至“通道”面板底部的“创建新通道”按钮上，复制生成“蓝副本”通道，如图 4-73 所示。

⑦ 选中“蓝副本”通道，选择菜单“图像→调整→色阶”命令，弹出“色阶”对话框，设置如图 4-74 所示，提高背景亮度并降低人物主体内部的亮度。按下组合键 Ctrl+I 使图像反相，如图 4-75 所示。

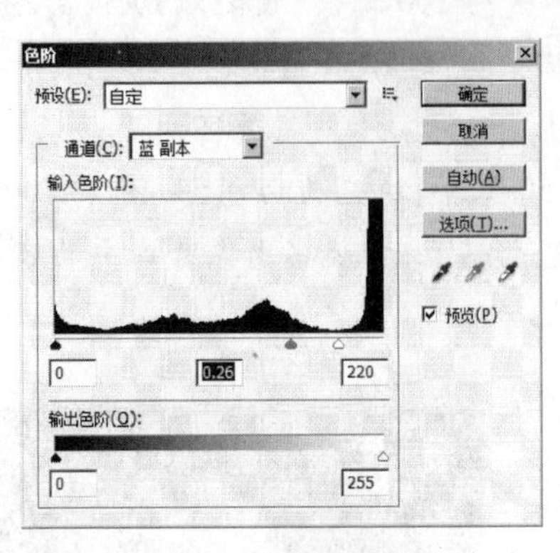

图 4-74 “色阶”对话框

图 4-75 “反相”后的蓝通道

⑧ 选择工具箱中的“磁性套索工具”，选取人物胸部的黑色衣物，填充为白色后取消选区；选择白色画笔或“减淡工具”，在人物主体内部的黑色图案处涂抹将其变为白色；再选择“减淡工具”，“范围”设置为“高光”，在人物主体边缘、内部灰色区域和发梢部分拖动；用黑色画笔或“加深工具”将背景中的白色噪点去除，使人物主体内变为白色，周围背景为黑色，注意保留头发的细节，如图 4-76 所示。

图 4-76 调整后的蓝通道

图 4-77 添加人物和文字

⑨ 单击“通道”面板底部的“将通道作为选区载入”按钮，获得人物轮廓的选区，选中 RGB 通道，可以看到人物已经被选取。切换至“图层”面板，选择工具箱中的“移动工具”，将选取的人物图像移动到“色彩背景.jpg”中，调整其大小和位置。

⑩ 选择工具箱中的“横排文字工具”，字体设置为“华文行楷”，大小为 30 点，颜色为#f809d9，变形文本样式为“扇形”，输入文字“我要我的色彩”，单击“图层”面板底部的“添加图层样式”按钮，为文字层添加“投影”和“描边”效果，描边颜色为白色，效果如图 4-77 所示。

⑪ 选择菜单“图层→拼合图像”命令，将图层合并为背景层。选择工具箱中的“矩形选框工具”，绘制一个略小于画布的选区，切换至“通道”面板，单击“通道”面板底部的“将选区存储为通道”按钮，自动生成 Alpha 1 通道，此时的“通道”面板如图 4-78

所示。

⑫ 选中 Alpha 1 通道，按组合键 Ctrl+D 取消选区，选择“滤镜→扭曲→波纹”命令，弹出如图 4-79 的对话框进行设置，此时的图像效果和“通道”面板如图 4-80 所示。

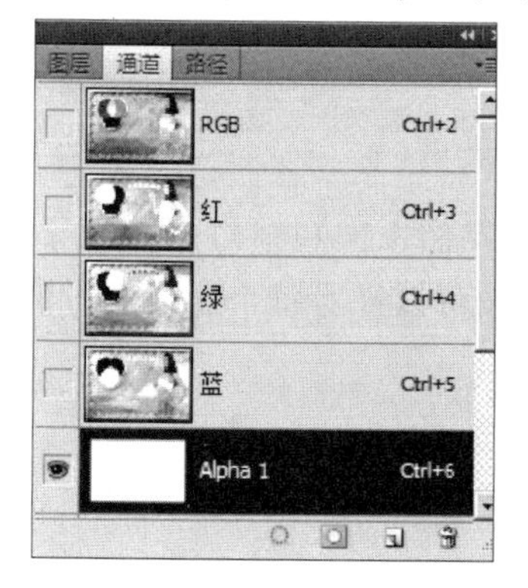

图 4-78 生成“Alpha”通道的面板

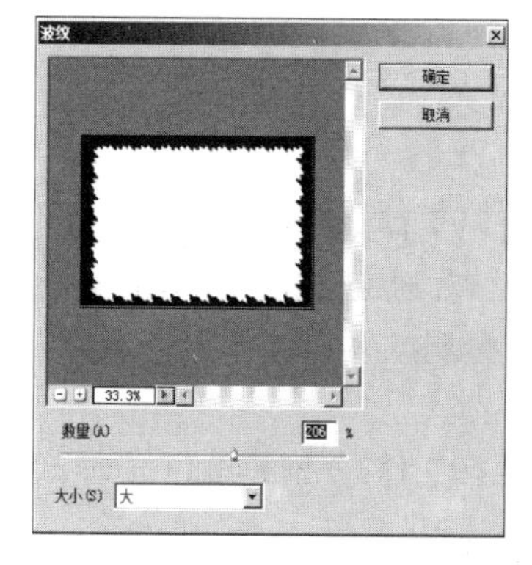

图 4-79 “波纹”滤镜设置

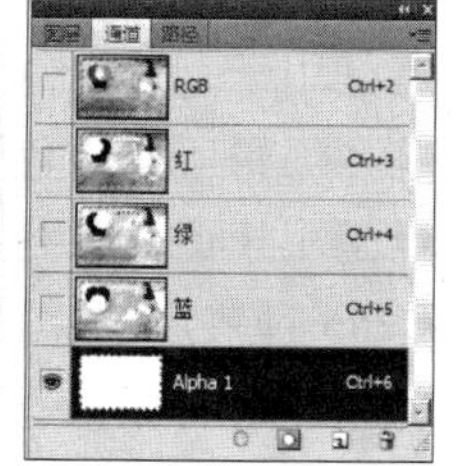

图 4-80 为“Alpha”通道添加“波纹”滤镜

⑬ 单击“通道”面板底部的“将通道作为选区载入”按钮，选择 RGB 通道，可以看到 Alpha 1 通道中的白色部分转换成选区，如图 4-81 所示。

图 4-81 Alpha 通道作为选区载入

⑭ 切换至“图层”面板，按组合键 Ctrl+Shift+I 反向选择，按组合键 Ctrl+J 将边框选区复制生成新的图层。选择菜单“窗口→样式”命令，打开“样式”面板，从“样式”面板菜单中选择“图像效果”样式类别，将样式追加到“样式”面板中，然后在“样式”面板中

选择“拼贴马赛克”样式,将此样式应用到边框层,完成最终效果,如图 4-65 所示。

⑮ 选择菜单“文件→存储”命令,弹出“存储为”对话框,以“我要我的色彩.jpg”保存。

4.5 通道

通道主要用于存储颜色数据,也可以用来存储选区和制作选区。所有的通道都是 8 位灰度图像。对通道的操作具有独立性,用户可以针对每个通道进行色彩调整、图像处理、使用各种滤镜,从而制作出特殊的效果。

1. 通道的类型

通道主要有三种,分别是颜色通道、专色通道和 Alpha 通道。

(1) 颜色通道

颜色通道是在打开新图像时自动创建的。图像的颜色模式决定了所创建的颜色通道的数目。颜色通道主要包括一个复合通道和若干个原色通道。默认情况下,RGB 模式的图像有 4 个颜色通道,分别是红、绿、蓝 3 个原色通道和 1 个 RGB 复合通道。CMYK 模式的图像有 5 个颜色通道,分别是青、洋红、黄、黑 4 个原色通道和 1 个 CMYK 复合通道。

复合通道是用于查看图像综合颜色信息的通道,实际上它不包含任何信息,只是一种能同时预览并编辑所有颜色通道的快捷方式。

原色通道是用于保存各种单色信息的通道。每个原色通道都是一幅 8 位灰度图像,能够显示 256 种灰度色,分别代表了对应颜色的 256 级的明暗变化,每个通道只有黑白灰三种颜色。所有原色通道混合在一起时,便可形成图像的彩色效果,也就构成了彩色的复合通道。

对于 RGB 图像来说,原色通道中较亮的部分表示这种原色用量大,较暗的部分表示该原色用量少;而对于 CMYK 图像,则情况相反。

(2) 专色通道

专色通道主要用于印刷,在使用青、洋红、黄、黑 4 种原色油墨以外的其他印刷颜色或进行 UV、烫金、烫银等特殊印刷工艺时,要使用专色通道,制作相应的专色色版。

(3) Alpha 通道

Alpha 通道的主要功能是建立、保存与编辑选区。与颜色通道不同,Alpha 通道不是用来保存颜色数据的,其中的黑白灰不代表颜色的有或无,而代表是否被选取。在默认情况下,白色表示被完全选中的区域,灰色表示被不同程度选中的区域,而黑色表示未被选中的区域。

2. “通道”面板

“通道”面板主要用于创建、编辑与管理通道,“通道”面板中列出了图像的所有通道,从上到下依次显示复合通道、各原色通道、专色通道和 Alpha 通道。“通道”面板如图 4-82 所示。

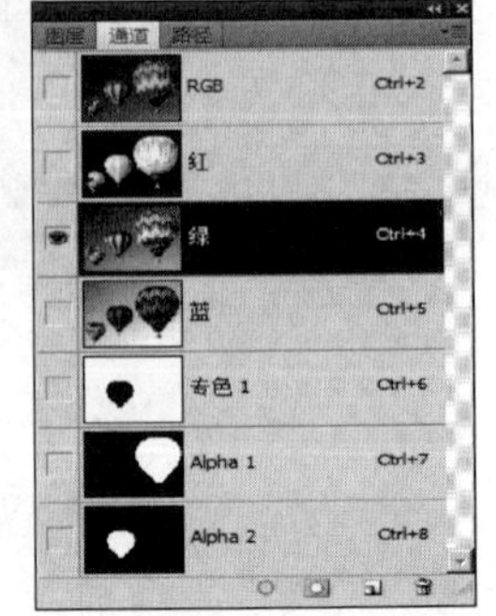

图 4-82 “通道”面板

● 显示或隐藏通道:表示当前通道是否可见。选中某一原色通道时,主通道将自动隐藏;若选中主通道,各原色通道也将自动显示。某一颜色通道与某一个 Alpha 通道同时显示,会进入类似于快速蒙版的状态,选区保持透明,选区外以半透明的蒙版色遮盖。

- “将通道作为选区载入”按钮:将通道中颜色较亮的区域作为选区加载到图像中,其作用相当于按 Ctrl 键的同时单击通道。
- “将选区存储为通道”按钮:将当前图像中选区存储为 Alpha 通道,仅当图像中有选区时才有效。
- “创建新通道”按钮:创建一个新的 Alpha 通道。
- “删除当前通道”按钮:将通道拖曳到该按钮上,可以删除选择的通道。

3. 通道的创建与编辑

(1) 创建新的 Alpha 通道

单击“通道”面板底部的“创建新通道”按钮,即可在“通道”面板中以默认设置创建一个新的 Alpha 通道,该通道在面板中显示为黑色。

选择“通道”面板菜单的“新建通道”命令,将弹出如图 4-83 所示的“新建通道”对话框,设置后创建新的 Alpha 通道。

(2) 将选区存储为 Alpha 通道

在图像中创建选区,单击“通道”面板底部的“将选区存储为通道”按钮,此时将选区存储为 Alpha 通道。默认情况下,在生成的 Alpha 通道中,白色对应选区内部,黑色对应选区外部。

选择菜单“选择→存储选区”命令,弹出如图 4-84 所示的“存储选区”对话框,也可以将选区存储为通道。

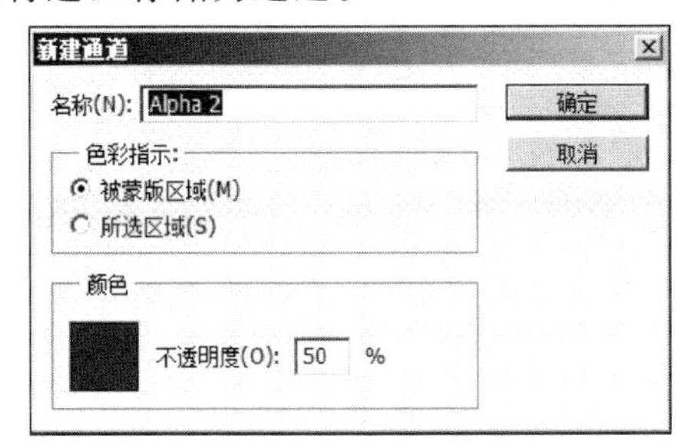

图 4-83 “新建通道”对话框

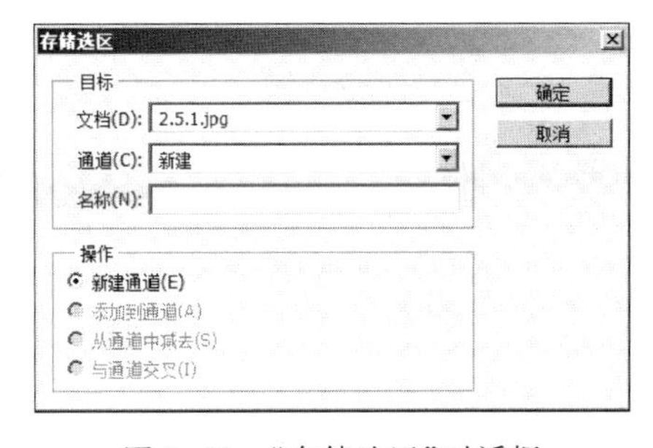

图 4-84 “存储选区”对话框

(3) 复制通道

- 直接拖动某一个通道到“通道”面板底部的“创建新通道”按钮上进行复制。
- 选中某一通道,选择“通道”面板菜单中的“复制通道”命令,弹出“复制通道”对话框,如图 4-85 所示,可以设置通道名称和复制通道的目标图像;也可以选中“反相”复选框,复制反相后的通道。

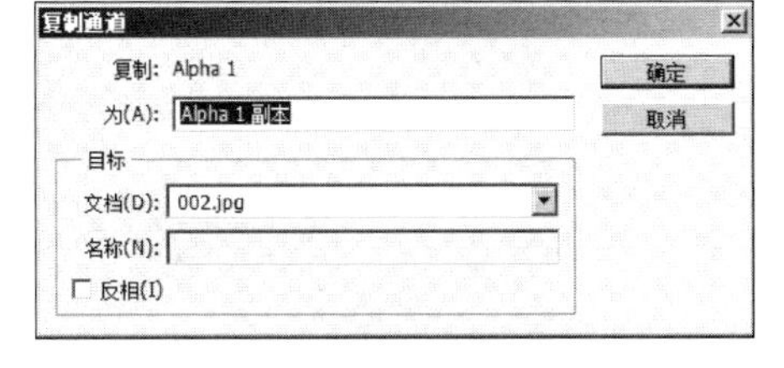

图 4-85 “复制通道”对话框

(4) 分离通道

分离通道是指将图像中每个通道分离为一个个大小相等且独立的灰度图像。对图像中的通道进行分离后,原文件被关闭。

选择“通道”面板菜单中的“分离通道”命令,即可将通道分离。如图 4-86 所示,分离后的新图像名称后添加了各单色通道的缩写或全名。

图 4-86　分离通道后各原色通道生成的新图像

(5) 合并通道

合并通道是将多个具有相同像素尺寸、处于打开状态的灰度模式的图像,作为不同的通道合并到一个新的图像中,是分离通道的逆操作。具体操作步骤如下。

① 打开所有要合并通道的灰度图像,选中其中一个作为当前图像。

② 选择"通道"面板菜单中的"合并通道"命令,弹出如图 4-87 所示的对话框。在"模式"下拉列表框中选择合并图像后的颜色模式,在"通道"文本框中输入一个与选取的模式相兼容的表示通道数量的数值,单击"确定"按钮,弹出如图 4-88 所示的对话框,依次指定合并图像的各通道对应的灰度图,最后单击"确定"按钮。

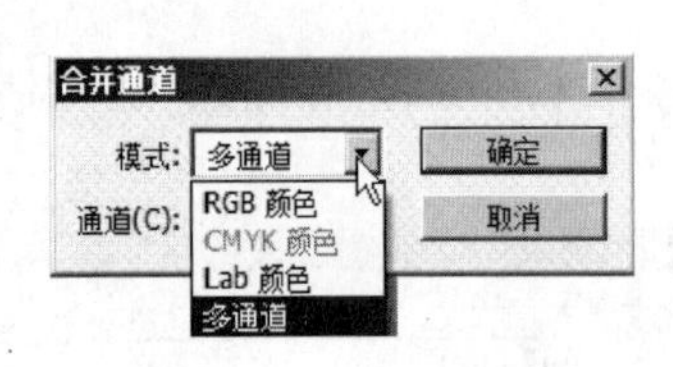

图 4-87　合并通道

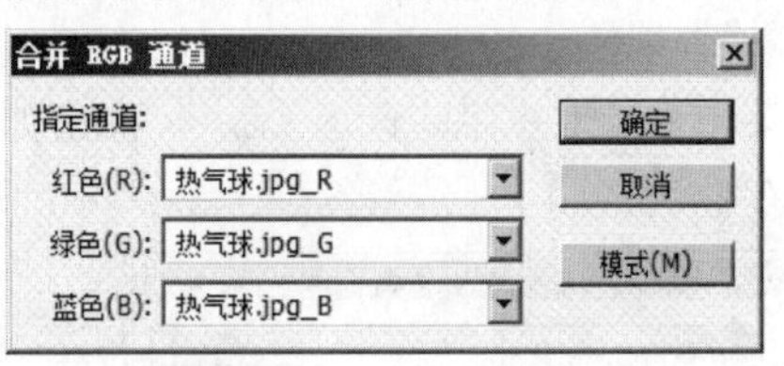

图 4-88　合并 RGB 通道

案例 13　制作绿草文字——快速蒙版的使用

案例要求

利用快速蒙版,用图 4-89 所示的绿草制作图 4-90 所示的绿草文字效果。

图 4-89　绿草

图 4-90　绿草文字效果

案例分析

① 本案例利用“横排文字蒙版工具”得到文字选区，进入到快速蒙版后利用“画笔工具”对边缘进行绘制。

② 在“图层”面板中制作文字层的黑色阴影。

③ 更改快速蒙版选项，利用快速蒙版选取小虫，利用“移动工具”移至绿草文字中。

操作步骤

① 打开素材文件“绿草.jpg”，如图 4-89 所示。选择工具箱中的“横排文字蒙版工具”，设置字体为 Cooper Black，在画布中单击，输入数字“2”，按组合键 Ctrl+Enter 结束文字输入，获得数字 2 的选区。选择菜单“选择→变换选区”命令，将选区放大，如图 4-91 所示。

② 单击工具箱中的“以快速蒙版模式编辑”按钮，进入快速蒙版状态，图像中选区外蒙上了半透明的红色，如图 4-92 所示。

③ 将前景色设为白色，选择工具箱中的“画笔工具”，选择“硬边圆”画笔笔尖，直径设为 3 像素，放大图像的显示比例，在文字的蒙版边缘上，沿草叶的走向仔细绘制，使边缘产生杂草效果；再设置前景色为黑色，设置不透明度为 50%，在叶尖处涂抹修整，得到如图 4-93 所示的效果。

图 4-91　放大后的文字选区

图 4-92　快速蒙版状态

图 4-93　绘制后的快速蒙版

④ 单击工具箱中的“以标准模式编辑”按钮，将快速蒙版转换为选区，按组合键 Ctrl+J 复制选区内图像，生成“图层 1”，命名为“文字”。

⑤ 选择“背景”图层，将背景色设置为白色，按组合键 Ctrl+Del 将背景填充为白色。单击“创建新图层”按钮，新建图层并命名为“阴影”，此时的“图层”面板及效果如图 4-94 所示。

⑥ 将前景色设置为黑色，按 Ctrl 键单击“文字”图层的缩览图，获得其选区。选中下方的“阴影”图层，按组合键 Alt+Del 填充黑色。保持选区不变，激活工具箱中的“矩形选框工具”，按方向键↓和→，向下、向右轻移选区 6 次，每移一次填充一次黑色，完成后取消选区，效果如图 4-95 所示。

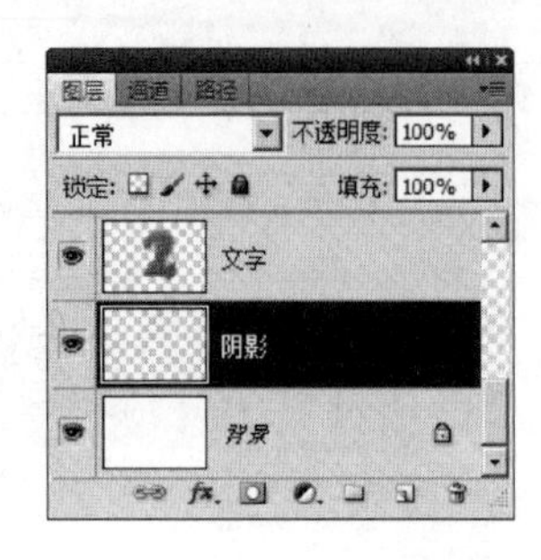

图 4-94 “图层”面板及填充底色后的效果

图 4-95 添加黑色阴影的效果

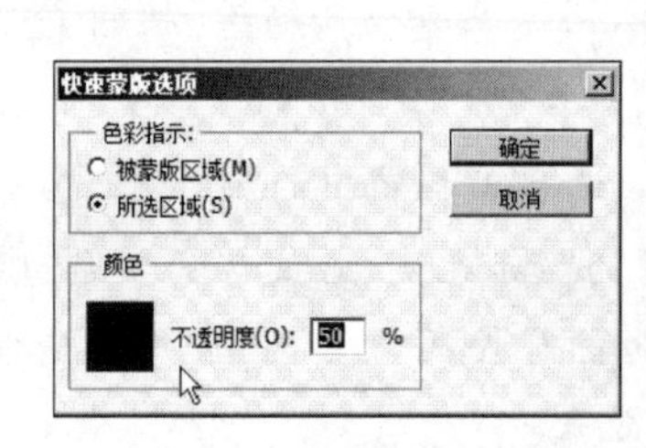

图 4-96 快速蒙版选项

图 4-97 快速蒙版选取小虫

⑦ 打开素材文件“小虫.jpg”,双击“以快速蒙版模式编辑”按钮,弹出“快速蒙版选项”对话框,如图 4-96 所示,在“色彩指示”选项组中选中“所选区域”单选按钮,“颜色”设置为“蓝色”,单击“确定”后进入到快速蒙版状态。

⑧ 设置前景色为黑色,选择工具箱中的“画笔工具”,在小虫上拖动鼠标,使之变为半透明的蓝色,如图 4-97 所示;单击“以标准模式编辑”按钮,获得小虫的选区;选择“移动工具”将其移至“绿草文字”窗口中,自动生成新图层。复制该小虫所在图层,调整其位置和大小,如图 4-90 所示。

⑨ 在“图层”面板中,选择“背景”图层以外的图层,按组合键 Ctrl+E,将所选图层合并,并命名为“文字”。选择菜单“文件→存储为”命令,将文件以“绿草字.psd”保存,以备案例 14 使用。

蒙版是 Photoshop 图像处理与合成的重要手段,蒙版最突出的作用就是屏蔽,用来控制图层中的不同区域如何隐藏和显示。当对图像进行编辑时,所做的操作对被屏蔽的区域不产任何影响,从而起到保护图像的作用。

蒙版有多种类型,常用的有快速蒙版、图层蒙版和矢量蒙版。

- 快速蒙版:为创建选区使用的临时性蒙版,是一种手动间接创建选区的方法,其特点是与绘图工具结合起来创建选区,适用于对选区要求不高的情况。
- 图层蒙版:是使用最多的一种蒙版。在添加蒙版的图层中,与图层蒙版缩览图中白色对应的部分原样显示,完全不透明;与黑色对应的部分被遮挡,完全透明;与灰色

对应的部分呈不同程度的透明。

• 矢量蒙版：依据矢量路径对图层进行屏蔽，与分辨率无关。常用于制作 Logo、按钮等设计元素。

4.6　快速蒙版

快速蒙版是为创建选区使用的临时性蒙版，选区转换为快速蒙版后，选区外会以半透明的红色屏蔽，选区内正常显示，运用绘画、填充工具进行编辑，再退出快速蒙版状态时，会得到理想的选区，同时蒙版自动消失。

1. 创建快速蒙版

在图像上创建一个选区，然后单击“以快速蒙版模式编辑”按钮，则当前图像上建立了快速蒙版。

此时原选区的虚线框不见了，选区外蒙上半透明的红色，选区内保持不变。在“通道”面板中会出现一个临时的“快速蒙版”通道，如图 4-98 所示。

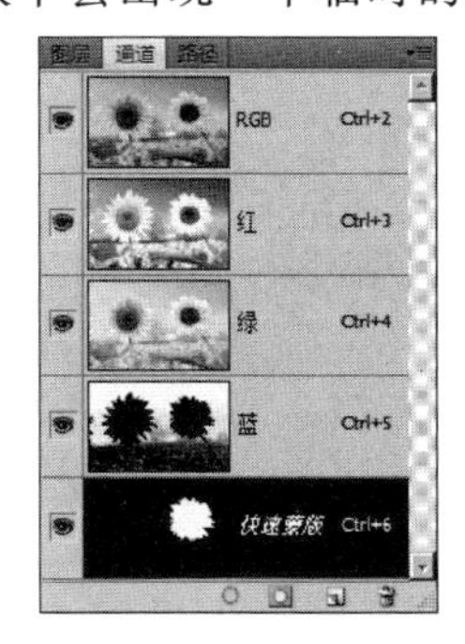

图 4-98　快速蒙版通道

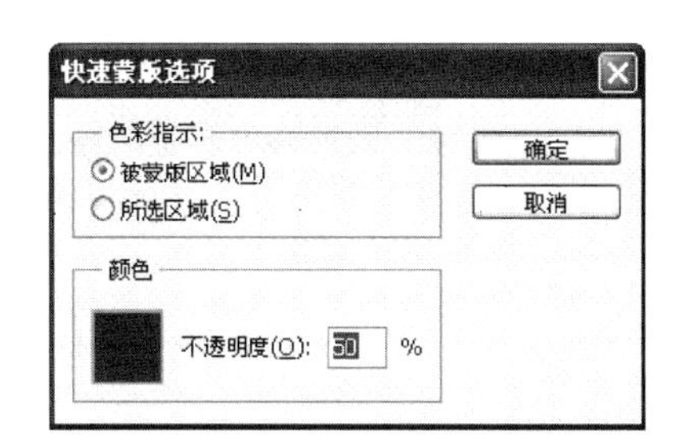

图 4-99　“快速蒙版选项”对话框

2. 编辑快速蒙版

(1) 设置蒙版选项

选择“通道”面板菜单中的“快速蒙版选项”命令，可打开如图 4-99 所示的对话框。

• “被蒙版区域”：被半透明颜色遮蔽的区域是选区外的区域，该选项是默认的选择。

• “所选区域”：若选择此项，则被半透明颜色遮蔽的区域是选区内的区域。

• “颜色”：设置蒙版颜色及不透明度，默认为不透明度 50% 的红色。

(2) 编辑与修改蒙版

可以使用画笔等各种绘画工具或滤镜编辑快速蒙版，改变蒙版的大小和形状，选区的大小与形状也会发生相应的变化。

默认情况下，红色的半透明区域表示未被选中的区域。用黑色画笔绘画，可以使红色遮蔽区域扩大（即选区缩小）；用白色画笔绘画，可以使红色遮蔽区域缩小（即选区扩大）；用灰色或其他颜色绘画，可创建半透明区域，用于羽化或消除锯齿。

3. 将快速蒙版转换为选区

单击工具箱中的“以标准模式编辑”按钮，可将快速蒙版转换为选区。同时，“通道”面板中的“快速蒙版”通道自动消失。

案例14　低碳生活——图层蒙版、矢量蒙版的使用

案例要求

利用图层蒙版、矢量蒙版和“蒙版”面板的功能完成图4-100所示的公益广告效果。

图4-100　效果图

案例分析

① 为“图层1”创建选区,利用“图层”面板的“添加图层蒙版”按钮添加图层蒙版。

② 为“图层2”添加图层蒙版,利用画笔修改蒙版以改变局部图像的显示与隐藏。

③ 使用“横排文字蒙版工具”制作文字选区,为“图层3”添加图层蒙版,并添加“喷溅”滤镜和“投影”图层样式。

④ 利用“蒙版”面板为“图层4”添加矢量蒙版。

⑤ 利用“蒙版”面板为背景层添加图层蒙版,并以黑到白渐变填充,利用“蒙版”面板为“图层1”设置羽化值。

⑥ 添加案例13中用快速蒙版制作的绿草文字,输入其他文字完成效果图。

操作步骤

① 打开素材图像“阳光绿草.jpg”和“手.jpg”,如图4-101所示。选择工具箱中的“移动工具”,将素材图像“手.jpg”的“背景”图层移动到“阳光绿草.jpg”窗口,自动生成“图层1”。选中“图层1”,选择工具箱中的“快速选择工具”,为图层中的“手”和“地球”创建选区。

② 单击“图层”面板底部的“添加图层蒙版”按钮,为“图层1”添加图层蒙版,此时的“图层”面板和图像效果如图4-102所示。

③ 打开素材图像“树.jpg”,将其移动到图像窗口中成为“图层2”,其位置如图4-

图 4-101　素材图像“阳光绿草.jpg”和“手.jpg”

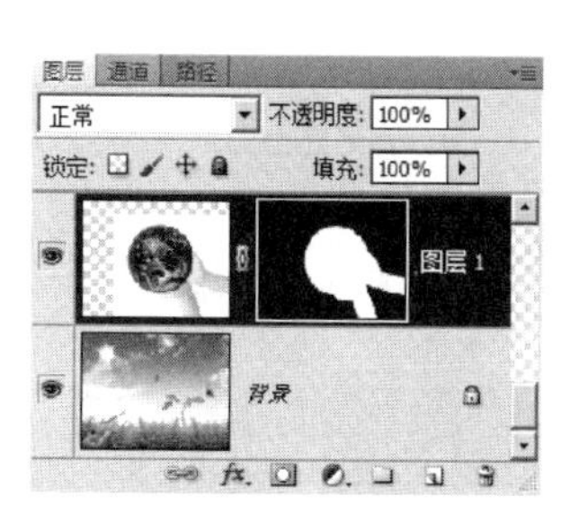

图 4-102　图层 1 添加蒙版后的“图层”面板及图像效果

103 所示。单击“图层”面板底部的“添加图层蒙版”按钮，为“图层 2”添加图层蒙版，此时图像没有发生变化，只在图层缩览图后增加了图层蒙版缩览图，如图 4-103 所示。

图 4-103　图层 2 的位置及添加蒙版后的“图层”面板

④ 选择该层的图层蒙版缩览图，设置前景色为黑色，单击工具箱中的“画笔工具”，选择笔尖形状为“柔边圆”，沿地球外边缘和草地下边缘拖动鼠标，将地球轮廓以外的内容隐藏，保留树和部分云彩。此时的图像效果及“图层”面板如图 4-104 所示。

⑤ 打开素材图像“土地.jpg”，将其移动到图像窗口中成为“图层 3”。选择工具箱中的“横排文字蒙版工具”，字体设为 Blackoak std，输入字母“C”，得到字母选区。选择菜单“选择→变换选区”命令，将选区放大并移至适当的位置，如图 4-105 所示。

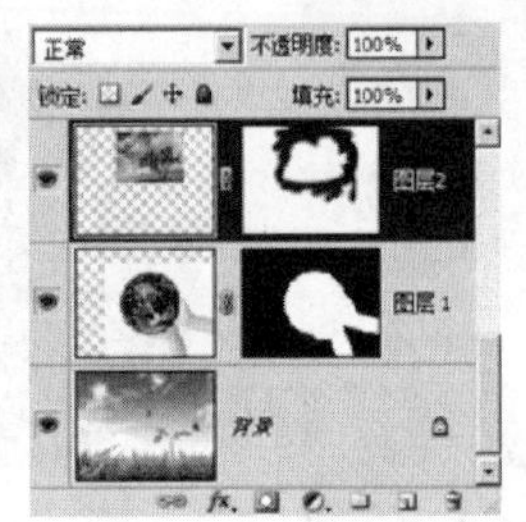

图 4-104　修改蒙版后的效果及“图层”面板

图 4-105　图层 3 及选区的位置

⑥ 单击“图层”面板底部的“添加图层蒙版”按钮，为其添加图层蒙版。选中蒙版缩览图，选择菜单“滤镜→画笔描边→喷溅”命令，弹出如图 4-106 所示的对话框，设置后单击“确定”按钮。单击“图层”面板底部的“添加图层样式”fx按钮，从弹出的菜单中选择“投影”命令，为其添加投影效果。

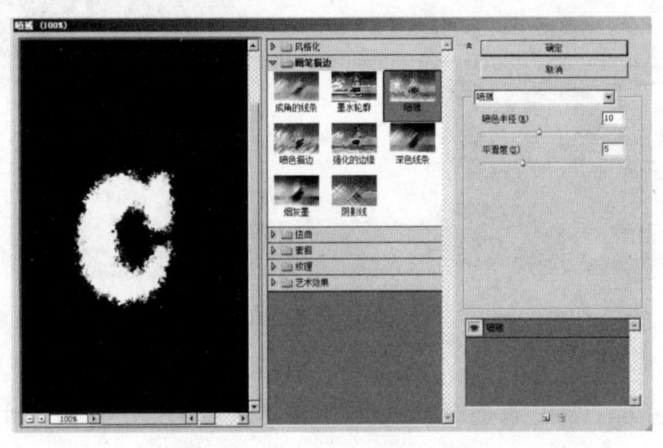

图 4-106　“喷溅”滤镜参数

⑦ 打开素材“水.jpg”并将其移动到画布的右上角成为“图层 4”；选择工具箱中的“自定形状工具”，在选项栏中单击“路径”按钮，在“形状”下拉列表框中选择“回收 2”，在“图层 4”相应的位置上绘制路径。

⑧ 选择菜单“窗口→蒙版”命令，打开如图 4-107 所示的“蒙版”面板。单击“蒙版”面板中的“添加矢量蒙版”按钮，为“图层 4”添加矢量蒙版。此时的“图层”面板和效果如图 4-108 所示。

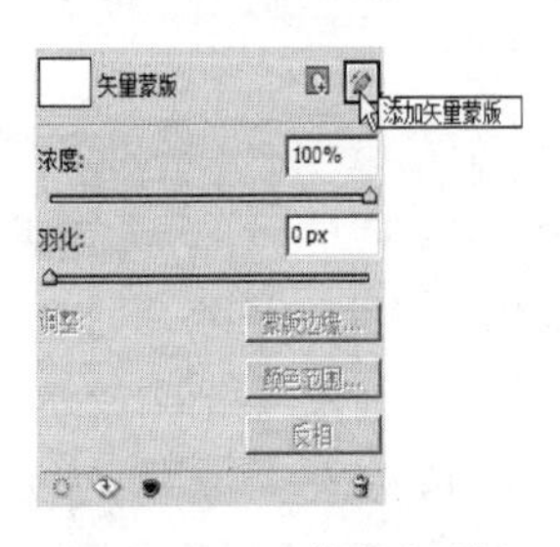

图 4-107　“蒙版”面板

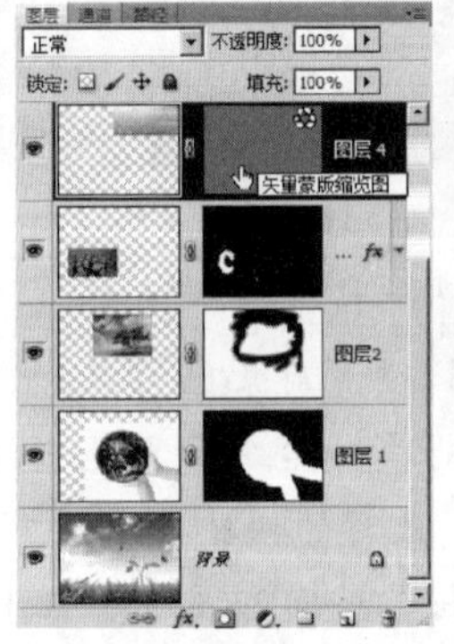

图 4-108　添加矢量蒙版的“图层”面板及图像效果

⑨ 在“图层”面板中选择“背景”图层，单击“蒙版”面板中的“添加像素蒙版”按钮，为“背景”图层添加图层蒙版，此时“背景”图层自动变为普通层。选择工具箱中的“渐变工具”，从“渐变”拾色器列表中选择“黑、白渐变”，选中其图层蒙版缩览图，从画布顶部拖曳至中间，为蒙版填充渐变，其“图层”面板如图 4-109 所示。

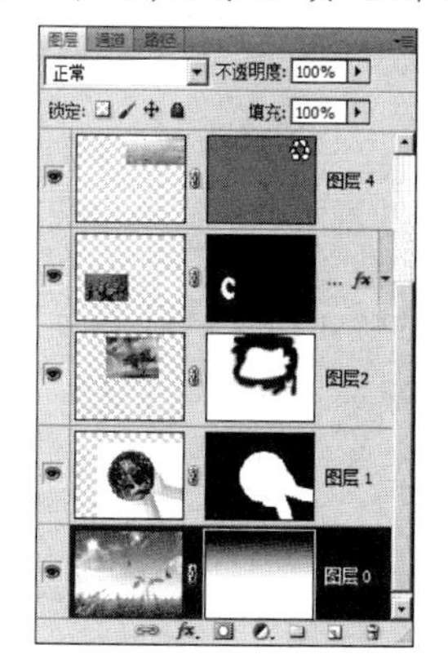

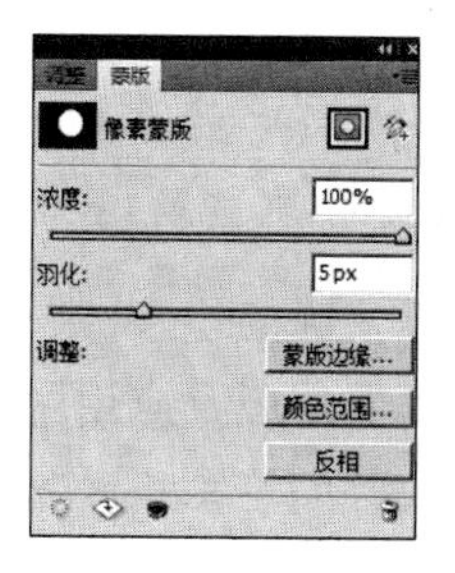

图 4-109 渐变填充蒙版的“图层”面板　　图 4-110 “蒙版”面板设羽化

⑩ 在“图层”调板中选择“图层 1”的蒙版缩览图，在“蒙版”面板中设置“羽化”为 5px，如图 4-110 所示。

⑪ 打开文件“绿草文字.psd”，将绿草文字层复制到“低碳生活”窗口中，调整大小和位置。选择工具箱中的“横排文字工具”T，设置字体为“华文彩云”，颜色为“黑色”，在适当的位置分别输入“今天你、低、了吗?”。

⑫ 新建图层并将其移至最底层，设前景色为蓝色（R:0，G:160，B:248），按组合键 Alt+Del 进行填充，完成如图 4-100 所示的最终效果。选择菜单“文件→存储为”，将文件保存为“低碳生活.psd”。

4.7 图层蒙版

图层蒙版可以控制当前层中不同区域的隐藏和显示方式。通过更改图层蒙版，可以在不改变图层本身的前提下对图层应用各种特殊的效果。图层蒙版的实质是 8 位灰度的 Alpha 通道。

图层蒙版可以理解为在当前图层上覆盖了一层玻璃，并遵循“黑透、白不透”的工作原理。这种玻璃片中的黑色区域，会将本图层中对应的内容隐藏，透过它，可以看到下层中的图像；玻璃片中的白色区域，会将本图层中对应的内容显示出，而挡住下层对应的图像。

1. 创建图层蒙版

选择要添加蒙版的普通图层，单击“图层”面板底部的“添加图层蒙版”按钮，可以为当前图层添加一个图层蒙版。

若图层中没有选区，原图层全部显示，添加的是一个白色的蒙版缩览图，可以进一步对蒙版进行修改达到屏蔽的效果。

若图层中有选区，则可以基于当前选区为图层添加图层蒙版，选区以内显示，选区以外的图像将被隐藏。在图层缩览图的右侧会添加一个黑白两种颜色的蒙版缩览图。

选中图层蒙版缩览图，用黑色画笔绘画，可使蒙版区域扩大；用白色画笔绘画，可使蒙版区域缩小；用灰色画笔绘画，会创建渐隐效果。

背景图层不可以按以上方法直接添加图层蒙版，可以转换为普通图层或使用“蒙版”面板来添加图层蒙版。

2. 蒙版的基本操作

(1) 停用/启用图层蒙版

在“图层”面板中右击“图层蒙版缩览图”，弹出如图 4-111 所示的快捷菜单，选择“停用图层蒙版”命令即可暂时停用蒙版，此时蒙版缩览图变为。

要恢复图层蒙版的使用，则从快捷菜单中再次选择“启用图层蒙版”命令即可。

(2) 删除图层蒙版及应用图层蒙版

右击图层蒙版缩览图，从快捷菜单中选择“删除图层蒙版”命令，将清除蒙版及其效果；若选择“应用图层蒙版”命令，将清除蒙版，但保留效果，如图 4-112 所示。

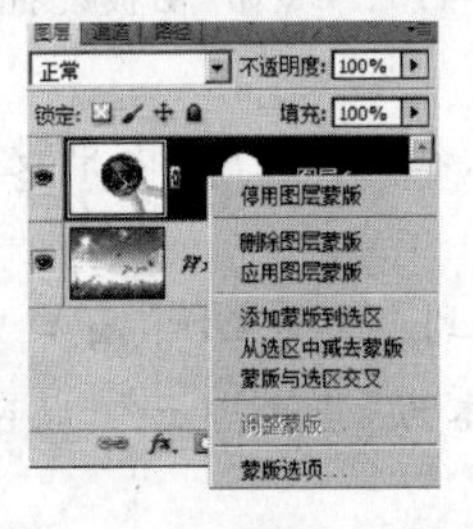

图 4-111　图层蒙版快捷菜单

图 4-112　删除蒙版及应用蒙版后的“图层”面板

两个命令执行后，图层蒙版缩览图都会被删除，但得到的图像效果完全不同。删除图层蒙版将图像恢复至添加图层蒙版之前的状态，而应用图层蒙版的图像仍是添加蒙版后的状态，只是原来图层中被蒙住的部分变为透明，被删除。

另外，拖动“图层”面板中的“图层蒙版缩览图”至“图层”面板底部的“删除图层”按钮上，将弹出如图 4-113 所示的对话框，单击“应用”按钮也可以删除蒙版但保留效果；单击“删除”按钮，则删除蒙版及其效果。

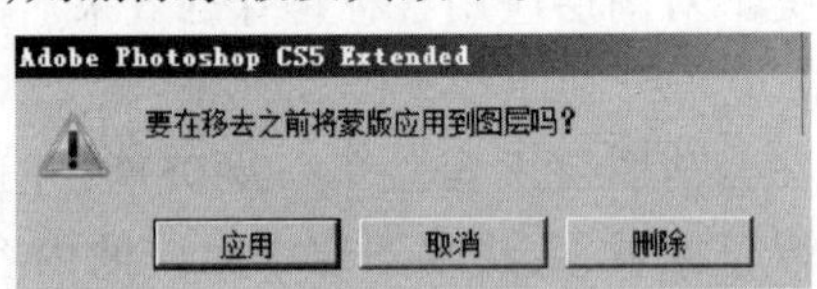

图 4-113　“删除图层蒙版”对话框

4.8　矢量蒙版和“蒙版”面板

1. 矢量蒙版

矢量蒙版是依据路径而创建的蒙版。与图层蒙版相同，矢量蒙版也是非破坏性的，即添加矢量蒙版后不会丢失蒙版隐藏的像素，也可以通过编辑路径达到修改矢量蒙版的效果。

(1) 创建矢量蒙版

① 选择要添加矢量蒙版的图层,用“钢笔工具”或其他方法绘制所需的路径,如图 4-114 所示。

② 选择菜单“图层→矢量蒙版→当前路径”命令,即可为图层添加矢量蒙版。

添加矢量蒙版后,图层缩览图后会增加一个矢量蒙版缩览图,如图 4-115 所示。图层中,封闭路径内对应的区域将被原样显示,封闭区域外的将被隐藏。

图 4-114　创建工作路径

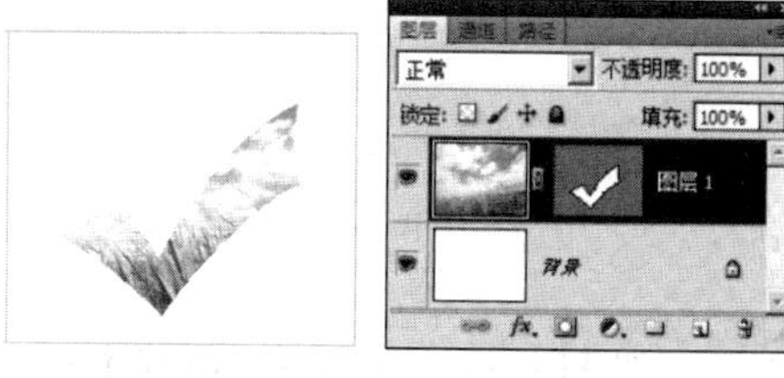

图 4-115　添加矢量蒙版后

(2) 编辑矢量蒙版

利用路径编辑工具修改、调整路径,就可以修改、编辑矢量蒙版。

与图层蒙版相似,可以停用/启用矢量蒙版,也可以删除矢量蒙版,还可以栅格化矢量蒙版。

栅格化矢量蒙版是指将图层矢量蒙版转换为图层蒙版,即将矢量路径像素化,使之转换为基于像素的图层蒙版。

栅格化矢量蒙版的方法:执行菜单“图层→栅格化→矢量蒙版”命令;或右击矢量蒙版缩览图,从快捷菜单中选择“栅格化矢量蒙版”命令,如图 4-116 所示。

图层矢量蒙版转换为图层蒙版后,就不能再转换回去,所以转换时要慎重。

2. “蒙版”面板

“蒙版”面板是用于调整蒙版的附加控件。使用“蒙版”面板,可以直接为普通图层或背景图层添加图层蒙版或矢量蒙版;可以像处理选区一样,更改蒙版的不透明度以增加或减少显示蒙版内容,还可以反相显示蒙版或调整蒙版边界。其组成及各按钮名称如图 4-117 所示。

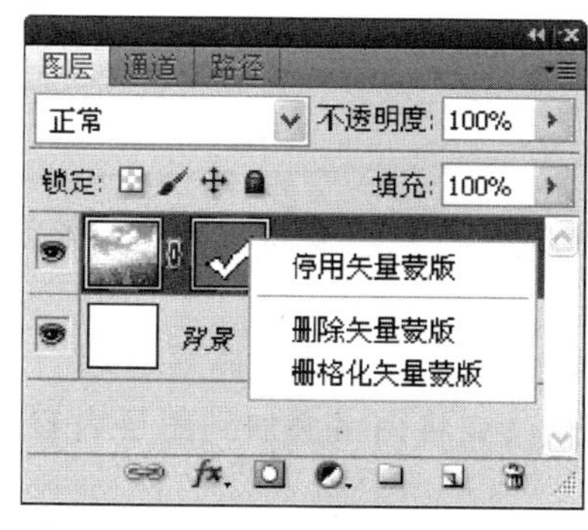

图 4-116　矢量蒙版快捷菜单

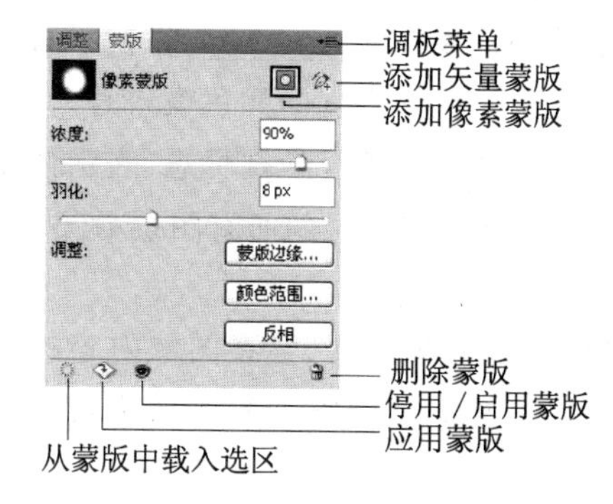

图 4-117　“蒙版”面板

- “添加像素蒙版”按钮:为当前图层添加图层蒙版。
- “添加矢量蒙版”按钮:为当前图层添加矢量蒙版。

* “从蒙版中载入选区”按钮:将蒙版转换为选区。
* “应用蒙版”按钮:单击该按钮,可以删除蒙版且应用蒙版效果。
* “停用/启用蒙版”:单击按钮图标变为,表示停用图层蒙版,再次单击可启用图层蒙版。
* “删除蒙版”:删除图层蒙版及其效果。

练习与实训

一、填空题

1. 在 Photoshop CS5 中常用的图层有________、________、________、________、________、________。

2. 在 Photoshop CS5 中,最基本的图层是________,使用纯色或渐变填充的图层是________,只包含色彩色调,不包含任何图像的图层是________。

3. 在 Photoshop CS5 中,复制图层可使用菜单命令________;删除图层可使用菜单命令________。

4. 要将当前层设为顶层,可以按快捷键________,要将当前层向下移一层,可以按快捷键________。

5. 要使多个图层同时移动、变换、对齐与分布,应________。

6. 在“图层”面板中,若某图层名称后有标记,则表示该图层处于________状态。

7. 将选区内对象复制生成新的图层,可使用菜单命令________,要将选区内对象剪切生成新的图层,可使用菜单命令________。

8. 始终位于“图层”面板底部且没有透明像素的图层是________,该图层以________命名,且字体为________。

9. 若要将当前层与下一图层合并,可使用菜单命令________;要将所有图层合并为背景层,可使用菜单命令________。

10. 将上下两个图层位置重叠的像素颜色进行复合,得到的结果色将比原来的颜色都暗的颜色模式是________;将上下两层位置重叠的像素的颜色进行复合或过滤,同时保留底层原色的亮度的颜色模式是________。

11. 若图层名称后有 *fx* 标志,表示该图层________。

12. 若要将某图层的所有图层效果隐藏,可以________;要将某一图层效果删除,可以________。

13. 在图层效果中,会在图像内容的背后添加阴影,以产生立体感的是________;在图层内容边缘以内添加发光效果的是________;能将图案叠加到图层内容上的是________。

14. 可以将某图层的图层样式添加到________面板中以备编辑其他文件时使用,方法是________。

15. 在 Photoshop CS5 中,通道的主要功能是________。

16. 打开一幅 RGB 模式的图像时,在“通道”面板中有 4 个默认的通道,分别是

________、________、________、________。

17. 合并通道时，各源文件必须为________模式，且________也要相同，否则不能进行合并。

18. 蒙版最突出的作用是________，常用的蒙版有________、________、________。

19. 要想为当前图层添加图层蒙版，可以直接单击“图层”面板底部的________按钮，若图层为背景层，可以________ 来添加图层蒙版。

20. 栅格化矢量蒙版是指________，方法是________。

二、上机实训

1. 利用如图 4-118 所示的书签素材图，完成如图 4-119 所示的书签效果图。

提示：利用填充层制作书签背景图案；运用图层混合模式去除素材“竹”的白色底色；运用“圆角矩形工具”绘制半透明的形状；合并图层后，制作圆孔，并添加图层样式，完成单张书签的制作。

图 4-118　书签素材

图 4-119　书签效果

2. 通过图层的基本操作及图层样式，将如图 4-120 所示的剪纸素材制作成线描画，如图 4-121 所示。

提示：先将灰度模式转换为 RGB 颜色模式，再使用投影、斜面和浮雕以及渐变叠加，最后对相应的部位再以对应的实色填充。

图 4-120　剪纸素材

图 4-121　线描画效果

3. 利用如图 4-122 所示的素材，借助通道功能，选取人物轮廓，复制到如图 4-123 所示的背景中，完成如图 4-124 所示的效果。

图 4-122　素材 1 美女

图 4-123　素材 2 海边

图 4-124　海边美女效果

4. 利用所学的图层蒙版知识，将如图 4-125 所示的“窗户.jpg”和图 4-126 所示的“童话世界.jpg”合成图像“窗外.jpg”，并利用调整层将窗户调整为粉色，如图 4-127 所示。

5. 运用所学的蒙版知识，将 4 张婚纱素材合成制作如图 4-128 所示的婚纱效果图。

图 4-125　窗户.jpg

图 4-126　童话世界.jpg

图 4-127　效果图

提示：运用快速蒙版选取婚纱素材 1 中的人物，并移至背景图像中；再利用图层蒙版实现渐隐的融合效果；对婚纱素材 2 添加图层蒙版后，添加投影、斜面和浮雕效果；对婚纱素材 3 添加带羽化的心形矢量蒙版。

图 4-128　婚纱效果图

第5章 图像色调与色彩的调整

案例15 水中倒影——校正色彩灰暗

案例要求

将色彩灰暗的图像“水中倒影.jpg”，如图5-1所示，调整得鲜艳清晰，效果如图5-2所示。

图5-1 水中倒影.jpg

图5-2 效果图

案例分析

① 利用调整图层调整图像的亮度/对比度。

② 利用调整图层调整图像的色阶，其中复合通道及各单色通道的输入色阶均进行调整。

③ 利用调整图层调整图像的色相/饱和度。

④ 盖印所有可见图层后，利用“图像→调整→阴影/高光”命令进一步增加图像的亮度。

⑤ 利用“图像→拼合图像”命令将图像合并为一个图层，并对图像进行保存。

操作步骤

① 选择“文件→打开”命令，打开图像“水中倒影.jpg”，如图 5-1 所示。

② 在“图层”面板中，单击“创建新的填充或调整图层”按钮，在弹出的菜单中选择“亮度/对比度”命令，弹出“调整”面板的“亮度/对比度”页面，设置参数如图 5-3 所示，效果如图 5-4 所示。

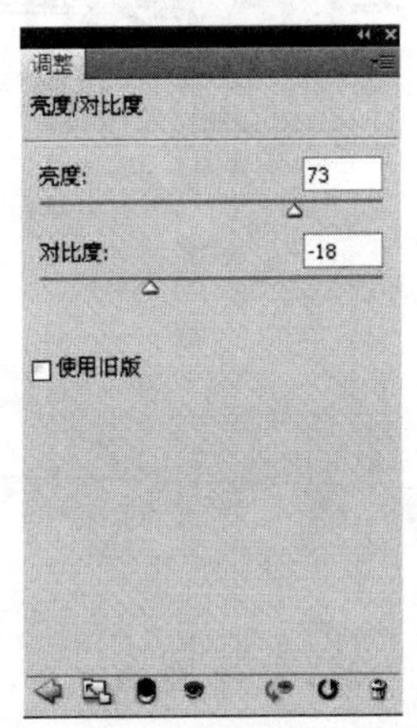

图 5-3 “亮度/对比度”页面参数设置

图 5-4 应用“亮度/对比度”命令后的效果

③ 在“图层”面板中，单击“创建新的填充或调整图层”按钮，在弹出的菜单中选择“色阶”命令，弹出“调整”面板的“色阶”页面，在该页面的“通道”下拉列表框中，分别选择“RGB”复合通道及“红”、“绿”、“蓝”各单色通道，各通道的参数设置分别如图 5-5、图 5-6、图 5-7、图 5-8 所示，图像效果如图 5-9 所示。

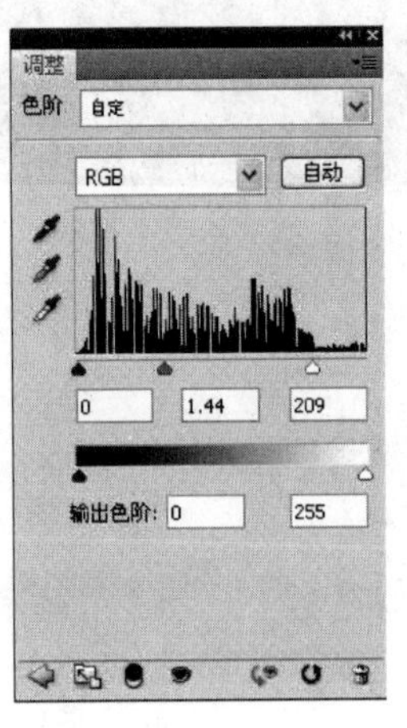

图 5-5 RGB 通道参数设置

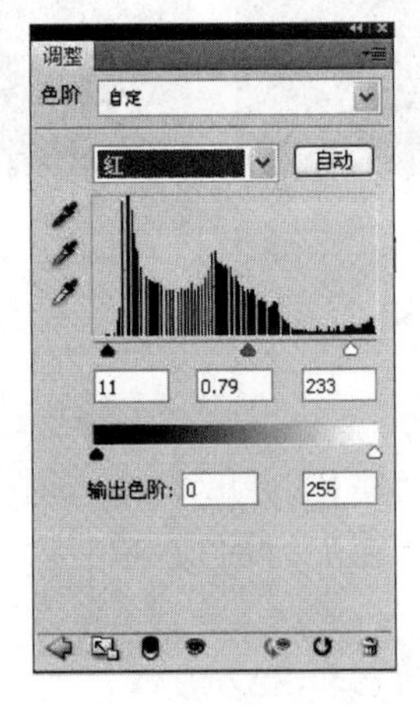

图 5-6 “红”通道参数设置

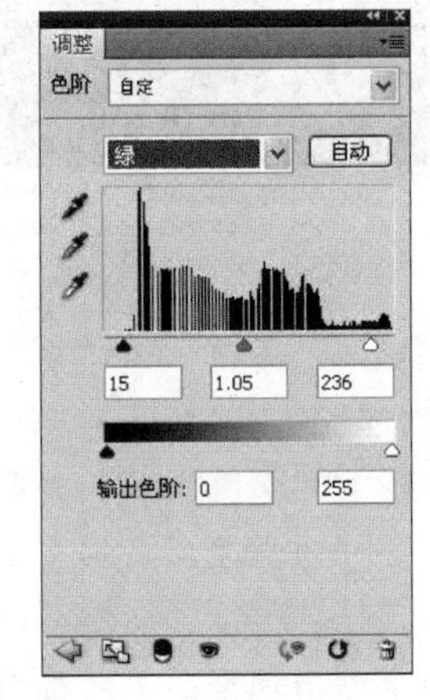

图 5-7 “绿”通道参数设置

④ 在“图层”面板中，单击“创建新的填充或调整图层”按钮，在弹出的菜单中选择“色相/饱和度”命令，弹出“调整”面板的“色相/饱和度”页面，设置参数如图 5-10 所示，效果如图 5-11 所示。

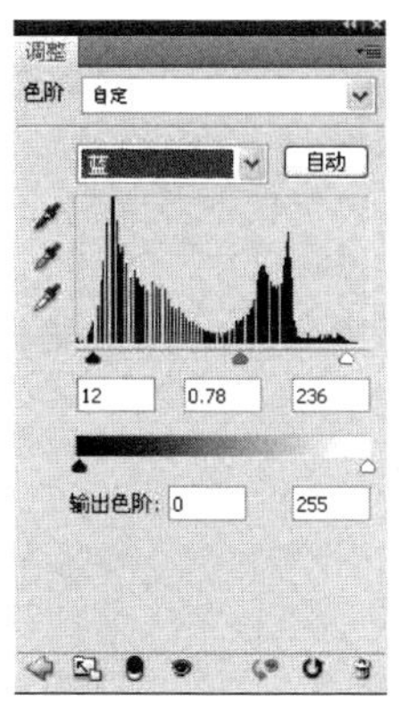

图 5-8 “蓝”通道参数设置

图 5-9 应用“色阶”命令后的效果

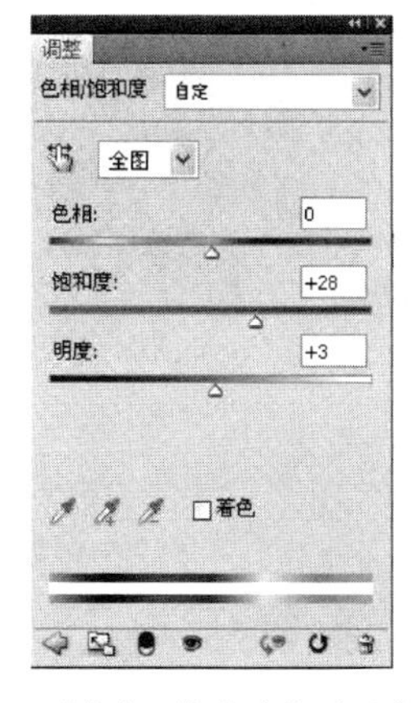

图 5-10 “色相/饱和度”页面参数设置

图 5-11 应用“色相/饱和度”命令后的效果

⑤ 按 Ctrl+Shift+Alt+E 组合键盖印所有可见图层。

⑥ 选择“图像→调整→阴影/高光”命令，在出现的“阴影/高光”对话框中，设置参数如图 5-12 所示，图像最终效果如图 5-2 所示。

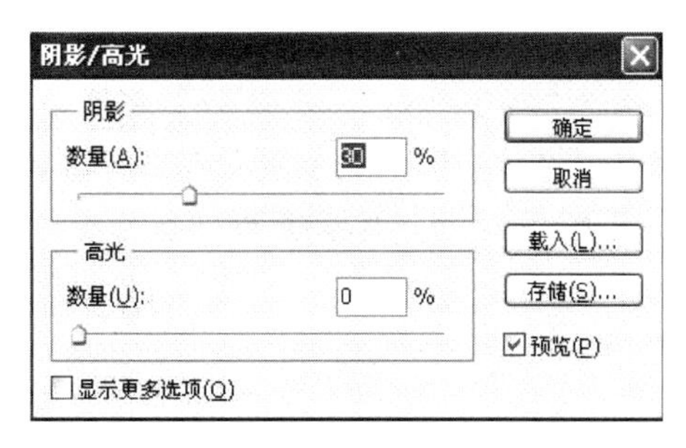

图 5-12 “阴影/高光”对话框

⑦ 选择“图层→拼合图像”命令，将图像拼合为一个图层，再选择“文件→存储为”命令进行保存。

案例 16 唯美的雪景——打造雪景效果

案例要求

利用图 5-13 所示的素材图像,制作图 5-14 所示的雪景效果。

图 5-13 原图

图 5-14 效果图

案例分析

① 在"通道"面板中选择一个对比度适中的"红"通道进行复制。

② 利用"图像→调整→色阶"命令,调整"红副本"通道中"输入色阶"各文本框中的值,使图像中蒙雪的区域颜色变得很淡。

③ 将"红副本"通道中颜色较淡的区域载入选区。

④ 在"图层"面板中,为图像添加纯白色的填充图层,从而使选区内图像蒙上一层白色,出现雪景的雏形。

⑤ 在"图层"面板中,为"颜色填充 1"图层添加"斜面和浮雕"效果,使雪景有立体感。

⑥ 在"图层"面板中,复制"颜色填充 1"图层,以加深雪景。

⑦ 利用调整图层,调整图像的"色相/饱和度",降低图像的饱和度,以适应雪景。

⑧ 利用"图像→拼合图像"命令将图像合并为一个图层,并对图像进行保存。

操作步骤

① 选择"文件→打开"命令,打开图像"风景.jpg",如图 5-13 所示。

② 打开"通道"面板,此时"通道"面板的状态如图 5-15 所示。分别选择"红"、"绿"、"蓝"通道,以查看各单色通道的图像状态;选择一个对比度适中的通道,在此选择"红"通道,拖动"红"通道到"创建新通道"按钮上,得到"红副本"通道,且该通道成为当前通道。

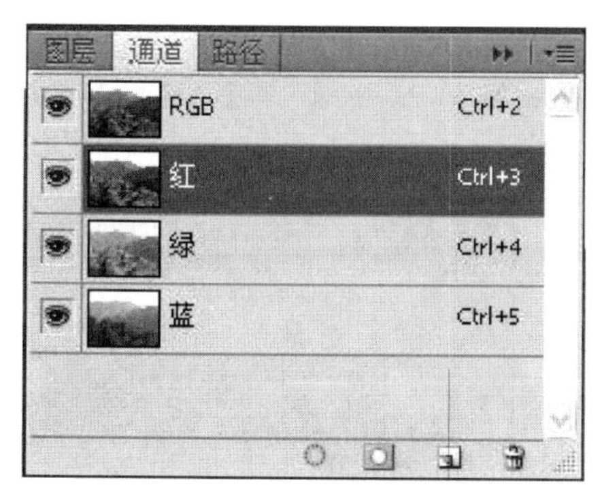

图 5-15 “通道”面板

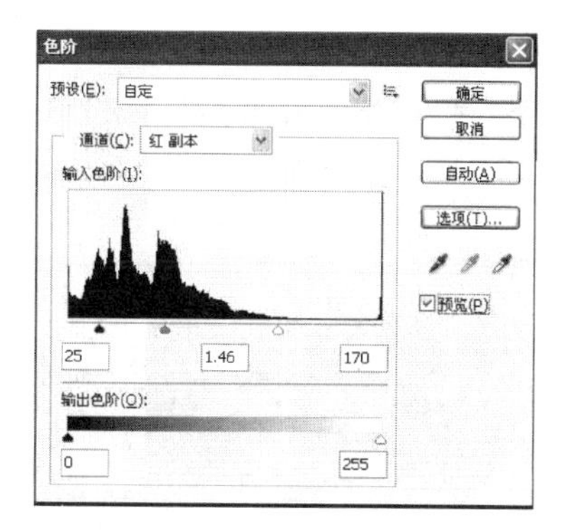

图 5-16 “色阶”对话框

③ 选择“图像→调整→色阶”命令，打开“色阶”对话框，调整各参数值如图 5-16 所示，单击“确定”按钮，效果如图 5-17 所示。

图 5-17 应用“色阶”命令后的效果

图 5-18 将“红副本”通道载入选区

④ 在“通道”面板中，单击“将通道作为选区载入”按钮，将“红副本”通道中颜色较淡的区域载入选区，如图 5-18 所示。

⑤ 切换到“图层”面板，单击“创建新的填充或调整图层”按钮，在弹出的菜单中选择“纯色”命令，弹出“拾取实色”对话框，设置其颜色值为#ffffff，单击“确定”按钮，此时，图像效果如图 5-19 所示，出现雪景的维形。

图 5-19 应用“纯色”命令后的效果

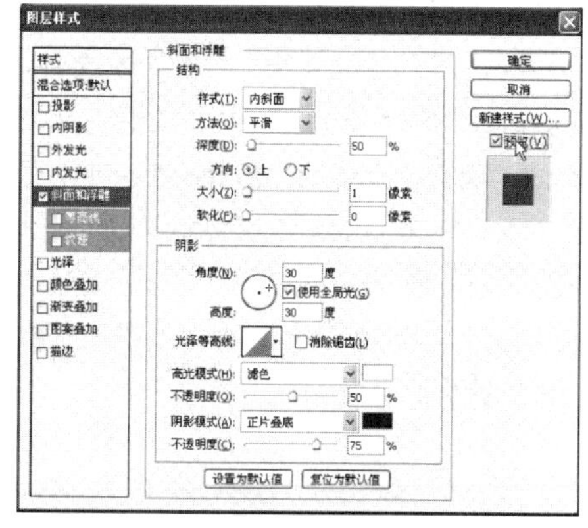

图 5-20 “图层样式”对话框

⑥ 在“图层”面板中，单击“添加图层样式”按钮，在弹出的菜单中选择“斜面和浮雕”命令，弹出“图层样式”对话框，设置各参数如图 5-20 所示，单击“确定”按钮，效果如图 5-21 所示。此时，“图层”面板的状态如图 5-22 所示。

图 5-21　应用“斜面和浮雕”后的效果

图 5-22　“图层”面板

图 5-23　复制调整图层后的效果

图 5-24　“图层”面板

⑦ 在“图层”面板中，将调整图层“颜色填充 1”拖动到“创建新图层”按钮上，得到“颜色填充 1 副本”图层，以加深雪景，效果如图 5-23 所示，此时“图层”面板的状态如图 5-24 所示。

⑧ 在“图层”面板中，单击“创建新的填充或调整图层”按钮，在弹出的菜单中选择“色相/饱和度”命令，打开“调整”面板的“色相/饱和度”页面，设置参数如图 5-25 所示，以降低图像饱和度，此时图像最终效果如图 5-14 所示。

⑨ 选择“图层→拼合图像”命令，再选择“文件→存储为”命令进行保存。

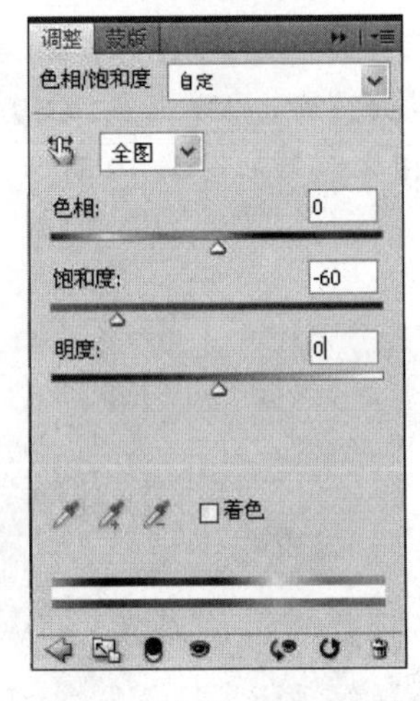

图 5-25　“色相/饱和度”页面

5.1 图像色阶调整

色阶是表示图像亮度强弱的指标，图像的色彩丰满度和精细度是由色阶决定的。在 Photoshop CS5 中可以通过“直方图”面板来观察一幅图像的色阶分布状况，而要调整图像的色阶分布状况，则要通过“图像→调整”子菜单中的相关命令。

1. “直方图”面板

直方图就是一幅图像中不同亮度的分布图，一般以横坐标表示色阶指数的取值，其取值范围为 0 ~ 255，0 表示没有亮度，代表黑色；255 表示最亮，代表白色；而中间是各种灰色；纵坐标表示包含特定色阶值的像素数目，其取值越大表示在这个色阶的像素越多。

打开一幅图像后，选择“窗口→直方图”命令，可打开“直方图”面板，从中可以查看该图像的色阶分布状况，如图 5-26 所示。若图像内有选区，则该面板内显示的是选区内图像的色阶分布状况，如图 5-27 所示。

图 5-26 整幅图像的色阶分布状况

图 5-27 选区内图像的色阶分布状况

2. 色阶

使用“色阶”命令可以调整图像的色阶分布状况，既可以对整幅图像进行调整，也可以对图像的某一选取范围、某一图层或某个颜色通道进行调整。

打开一幅图像后，选择“图像→调整→色阶”命令，或按 Ctrl+L 键，可打开“色阶”对话框，如图 5-28 所示。

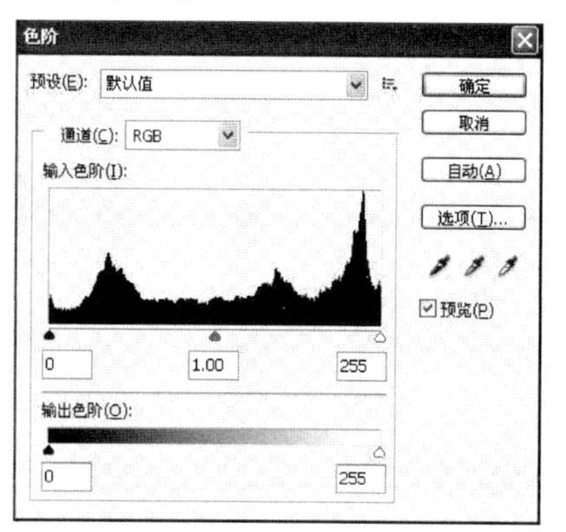

图 5-28 “色阶”对话框

- “通道”下拉列表框：用来选择需要调整色阶的通道。
- “输入色阶”：在“输入色阶”对应的文本框中输入数值或拖动相应的滑块，可分别调整图像暗部、中间调或高光部分的色调。其中，左侧文本框中输入 0 ~ 255 之间的数值可调整图像暗部的色调，数值增大，图像暗调的区域变得更暗；中间文本框中输入 0.01 ~ 9.99 之间的数值可调整图像中

间调部分的色调，数值增大，图像中间调的区域变亮；右侧文本框中输入 2～255 之间的数值可调整图像高光部分的色调，数值减小，图像高光区域变得更亮。

- “输出色阶”：在“输出色阶”对应的文本框中输入数值（0～255）或拖动相应的滑块可分别调整图像暗部或亮部的色调。其中，左侧滑块向右移动，可使图像较暗的区域变亮；右侧滑块向左移动，可使图像较亮的区域变暗。
- 三个吸管工具：利用“设置黑场”、“设置灰场”、“设置白场”三个吸管工具可准确地设置图像的阴影、中间调和高光范围，可有效校正图像的偏色。“设置黑场”吸管工具用于设置图像中阴影的范围；用该吸管工具在图像中取样点上单击，则图像中比取样点更暗的像素颜色将会变得更暗（黑色取样点除外）；用该吸管工具在图像中原最暗的像素上单击后，图像会复原。“设置灰场”吸管工具用于设置图像中间色调的范围；方法是用该吸管工具在图像中取样点上单击；再用该吸管工具在图像中原最暗或最亮的区域单击会使图像复原。“设置白场”吸管工具用于设置图像中高光的范围。用该吸管工具在图像中取样点上单击，则图像中比取样点更亮的像素将变得更亮（白色取样点除外）。使用该吸管工具在图像中原最亮的区域单击将会使图像复原。
- “自动”按钮：单击该按钮可以将图像中最亮的像素变成白色，最暗的像素变成黑色，这样可增大图像对比度，使图像亮度分布更均匀，但容易造成偏色，应慎用。
- “复位”按钮：在该对话框中设置后，若感觉不满意，则可按住 Alt 键，此时“取消”按钮会切换为“复位”按钮，单击该按钮，对话框会恢复到打开时的状态。Photoshop 中大部分对话框中的“取消”按钮均有此特性。

3. 曲线

使用“曲线”命令不但可以调整图像的色调，还可以调整图像的对比度和色彩。

打开一幅图像后，选择“图像→调整→曲线”命令，或按组合键 Ctrl+M，打开“曲线”对话框，如图 5-29 所示。该对话框中“通道”选项及三个吸管工具的作用与“色阶”对话框相同。

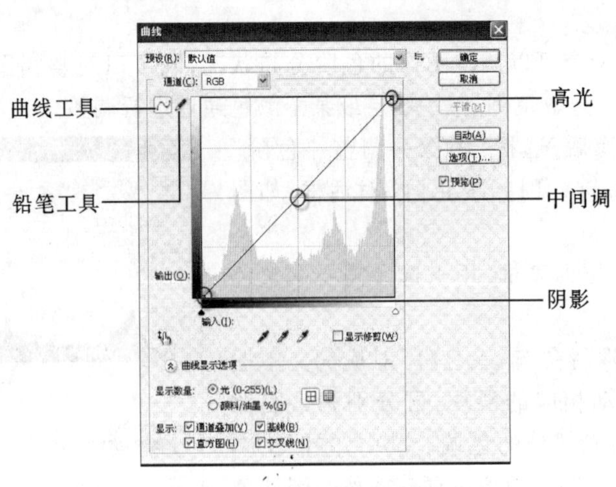

图 5-29 “曲线”对话框

在该对话框中选中要调整的通道后，通过修改曲线的形状来调整图像的色调、对比度及色彩。修改曲线形状的工具有两种："曲线工具"和"铅笔工具"。

- "曲线工具"：选择该工具后，在曲线上单击可产生一个节点，拖动该节点或在"输入"、"输出"文本框中输入适当的数值(0～255)，即可改变曲线的形状。利用该工具拖动图5-29中标注的"高光"、"中间调"、"阴影"三个节点时可对应调整图像中高光、中间调、阴影区域的色调。默认情况下，曲线向左上方弯曲时，图像变亮；曲线向右下方弯曲时，图像变暗。

- "铅笔工具"：选择该工具后，在曲线表格中拖动鼠标可绘制曲线，单击"平滑"按钮可使绘制的曲线变得平滑。

- "显示数量"：默认情况下，选择"光(0～255)"选项时，在图表中按照加色的模式显示"输入"、"输出"明暗条及图像的直方图，在该状态下，曲线向左上方弯曲时图像变亮，曲线向右下方弯曲时图像变暗。若选择"颜料/油墨%"选项，则按照减色的模式来显示"输入"、"输出"明暗条及图像的直方图，如图5-30所示，在该状态下，曲线的变化方向对图像明暗度的影响与选择"光(0～255)"选项时完全相反。

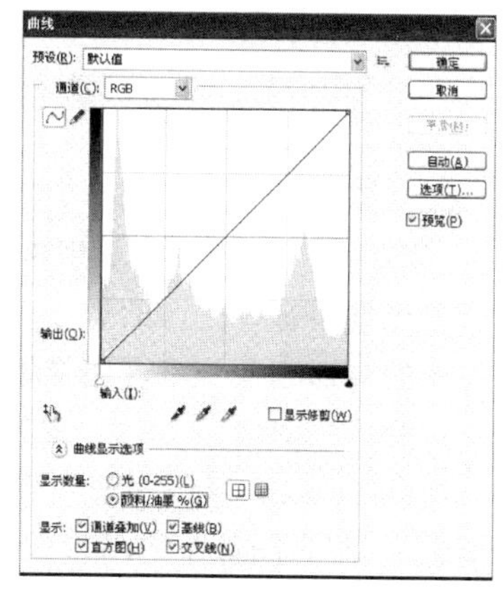

图5-30　选择"颜料/油墨"选项

4. 亮度/对比度

使用"亮度/对比度"命令可以很方便地调整图像的亮度和对比度。该命令会对图像的每个像素都进行调整，所以会导致图像某些细节的丢失，使用时应注意。

打开一幅图像后，选择"图像→调整→亮度/对比度"命令，打开"亮度/对比度"对话框，如图5-31所示。

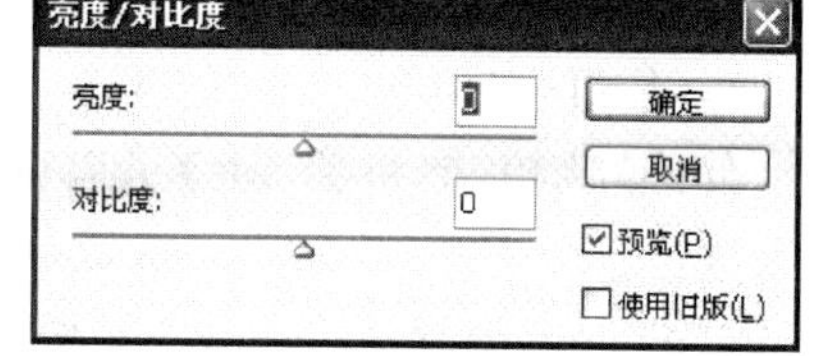

图5-31　"亮度/对比度"对话框

- "亮度"：用来控制图像的明暗度，取值范围为-150～150。
- "对比度"：用来控制图像的对比度，取值范围为-50～100。
- "使用旧版"复选框：选中后，将使用老版本的"亮度/对比度"命令调整图像。

5. 曝光度

使用"曝光度"命令可以对照相时曝光不足或曝光过度的图像进行调整。

打开一幅图像后，选择"图像→调整→曝光度"命令，打开"曝光度"对话框，如图5-32所示。

- "曝光度"：主要用来控制图像高光区域的色调，取值范围为-20～20。
- "位移"：主要用来控制图像阴影和中间调区域的色调，取值范围为-0.5～0.5。
- "灰度系数校正"：用来设置高光与阴影之间的差异，取值范围为0.01～9.99。

图 5-32 “曝光度”对话框

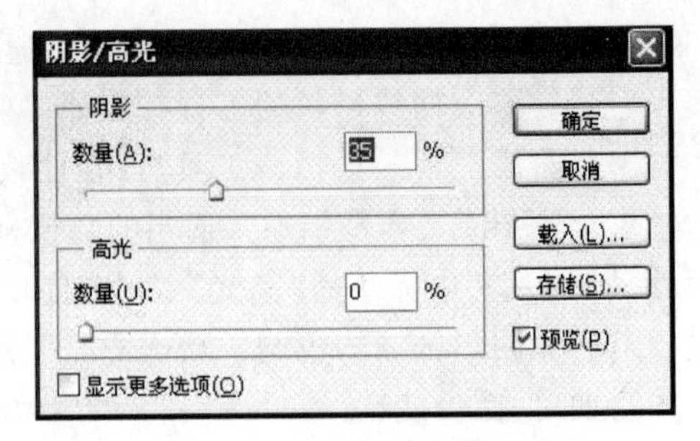

图 5-33 “阴影/高光”对话框

6. 阴影/高光

“阴影/高光”命令主要用于校正在强逆光条件下拍摄的照片,或校正由于太接近相机闪光灯而有些发白的焦点。该命令不是简单地使图像变亮或变暗,而是基于阴影或高光的局部相邻像素使图像增亮或变暗。

打开一幅图像后,选择“图像→调整→阴影/高光”命令,打开“阴影/高光”对话框,如图 5-33 所示。“数量”选项用于调整光照校正量。“阴影”选项组中的“数量”百分比值越大,则为图像中的阴影区域提供的增亮程度越大;而“高光”选项组中的“数量”百分比越大,则为图像中的高光区域提供的变暗程度越大。

5.2 图像色彩调整

图像色彩调整包括调整图像的色相、饱和度、亮度和对比度。图像色彩的调整也是通过“图像→调整”子菜单中的相关命令来完成的。

1. 色相/饱和度

使用“色相/饱和度”命令可以调整图像整体或图像中特定颜色范围的色相、饱和度及亮度。

打开一幅图像后,选择“图像→调整→色相/饱和度”命令,打开“色相/饱和度”对话框,如图5-34 所示。

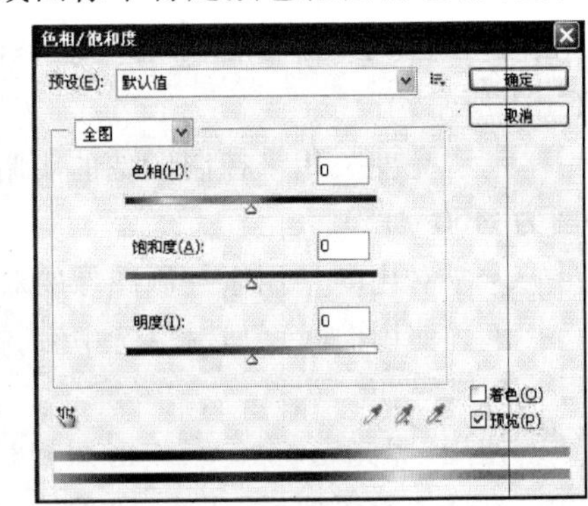

图 5-34 “色相/饱和度”对话框

该对话框中各选项的作用如下。

- “编辑”下拉列表框 全图 :用来设置调整的颜色范围,可以选择“全图”,也可选择单个的颜色。
- “色相”:用于更改图像整体或所选颜色的色相。
- “饱和度”:用于更改图像整体或所选颜色的浓度。
- “明度”:用于更改图像整体或所选颜色的明暗度。
- 三个吸管工具:在“编辑”下拉列表框中 全图 选择“全图”之外的选项时,三个吸管工具被置亮,并且在吸管左侧显示了 4 个数值,这 4 个数值分别对应于其下方颜色条上的 4 个游标,如图 5-35 所示。4 个游标及三个吸管工具都是为改变要调整的颜色范围而设定的。使用“吸管工具”在图像中单击,可选定一种颜色作为色彩变化的范围。使用“添加到取样”在图像中单击,可在原有色彩范围的基础上添加当前单击的颜色。使用“从取样中减去”在图像中单击,可在原有色彩范围的基础上减去当前单击的颜色。

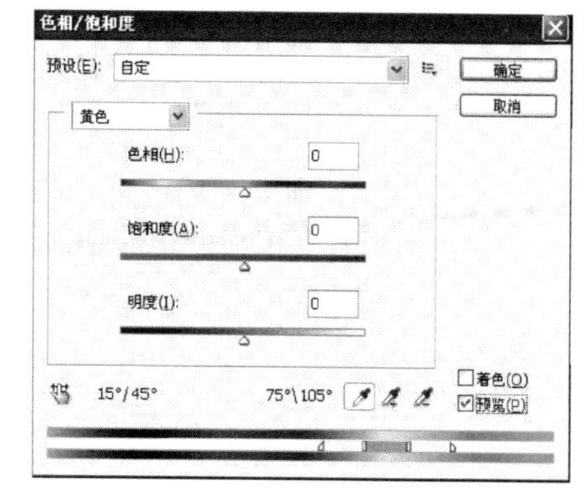

图 5-35　三个吸管工具被置亮

• “着色”复选框:选中该复选框后,灰度或黑白颜色的图像将变为单一颜色的彩色图像,原来的彩色图像也将被转换为单一色彩的图像。

注意:位图、灰度模式及多通道模式的图像不能使用“色相/饱和度”命令,要对这些模式的图像使用该命令,必须先将图像转换为RGB 模式或其他颜色模式的图像。

2. 色彩平衡

使用“色彩平衡”命令可以单独对图像的阴影、中间调或高光区域进行色彩调整,从而改变图像的整体色彩。

打开一幅图像后,选择“图像→调整→色彩平衡”命令,或按快捷键 Ctrl+B,打开“色彩平衡”对话框,如图 5-36 所示。

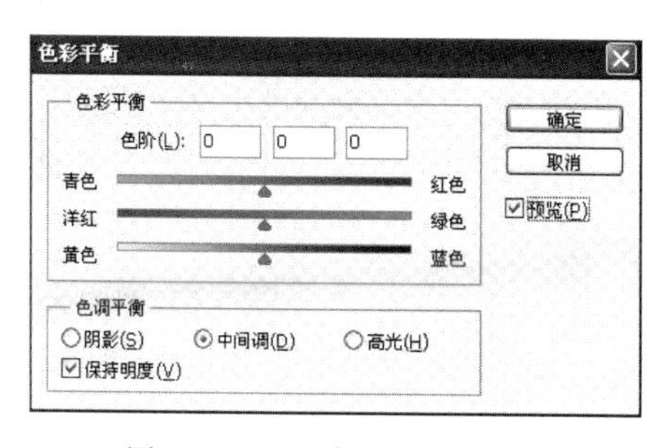

图 5-36　“色彩平衡”对话框

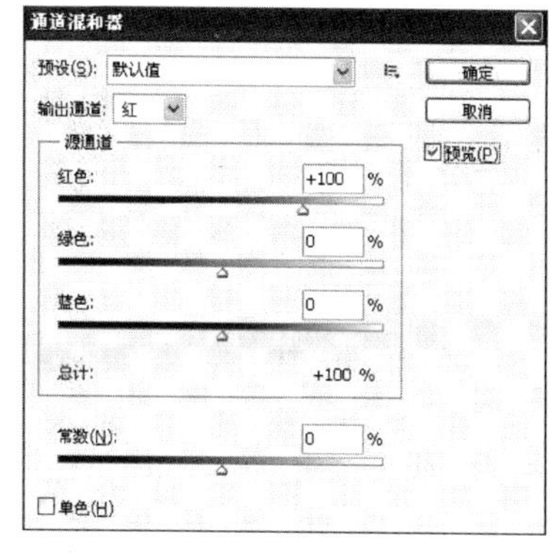

图 5-37　“通道混合器”对话框

在该对话框中,在“色调平衡”选项组中选择要调整色彩的色调,若勾选“保持明度”复选框,则在改变图像色彩时会保持图像的亮度不变。在“色彩平衡”选项组中,可在三个“色阶”文本框中输入数值(-100 ~ 100),或拖动对应的滑块来调整图像的色彩。

3. 通道混合器

使用“通道混合器”命令可以对图像的各单色通道分别进行调整,并混合到复合通道中,产生一种图像合成的效果。

打开一幅图像后,选择“图像→调整→通道混合器”命令,打开“通道混合器”对话框,如图 5-37 所示。

• 在“输出通道”下拉列表中选择要调整的颜色通道,在“源通道”选项组中设置其各种颜色值,图像颜色会发生相应的变化。

• “常数”:用于调整输出通道的灰度值。正值可增加白色,负值可增加黑色。

• “单色”复选框：勾选该复选框后，彩色图像将变成灰度图像。注意，图像的颜色模式并未改变，只是“输出通道”中只有一个“灰色”通道。

4. 变化

使用“变化”命令可非常直观地调整图像的色相、亮度和饱和度，它对于色调平均、不需要精确调整的图像非常有用。

打开一幅图像后，选择“图像→调整→变化”命令，打开“变化”对话框，如图 5-38 所示。

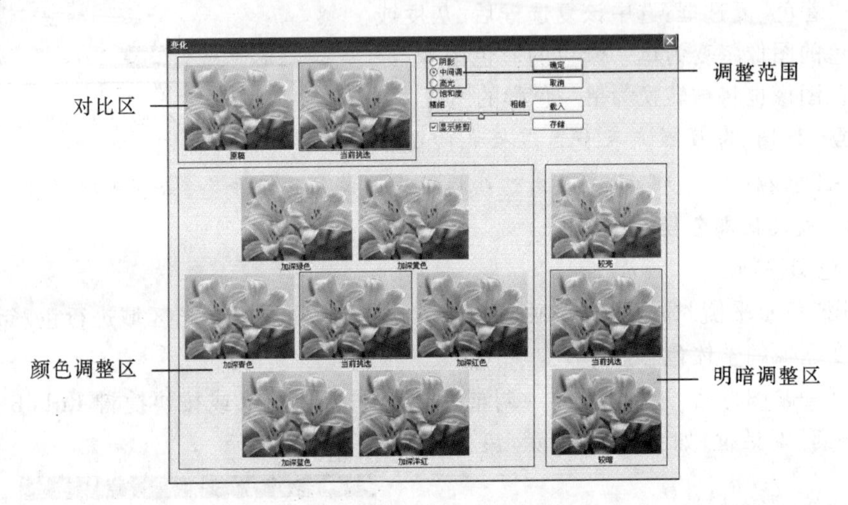

图 5-38　“变化”对话框

• 对比区：用来查看图像调整前后的对比效果。“当前挑选”为图像调整后的图像效果。

• 颜色调整区：用于调整图像的颜色。若要将某种颜色添加到图像中，则需单击相应的加深颜色缩览图；若要减去某种颜色，则需单击其相反颜色的缩览图。例如，若要减去青色，则需单击“加深红色”缩览图。

• 明暗调整区：用于调整图像的明暗度。

• 调整范围：用来设置图像调整的色调区域。这三种情况下，对话框中均有 12 幅图像缩览图。

• “饱和度”：若选择该项，则对话框中只有 5 幅图像缩览图，如图 5-39 所示。在该对话框中可通过单击“减少饱和度”或“增加饱和度”图像缩览图来调整图像色彩的饱和度。

• “精细/粗糙”：该滑块用于设置每次调整图像的幅度。

• “显示修剪”：该复选框被选中后可显示图像中的溢色区域，这样可防止调整后出现溢色现象。

5. 替换颜色

使用“替换颜色”命令可以为图像中选中的颜色改变其色相、饱和度和亮度。

打开一幅图像后，选择“图像→调整→替换颜色”命令，打开“替换颜色”对话框，如图 5-40 所示。

• 三个吸管工具：用于设置需要替换的颜色范围。其功能和使用方法与“色相/饱

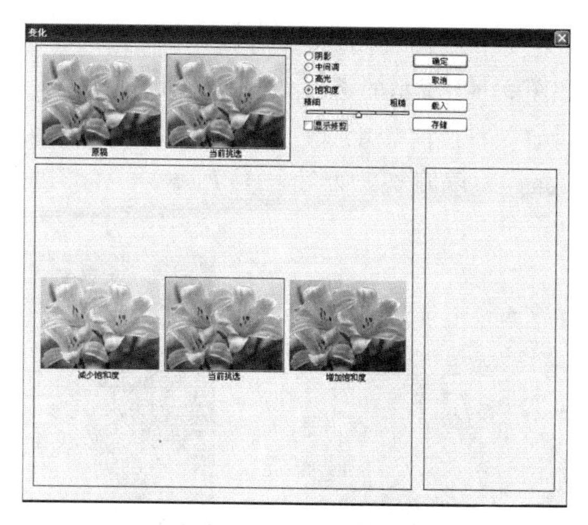

图 5-39　选中“饱和度”

和度”对话框中的三个吸管工具相同。

- “颜色容差”：用于设置被替换颜色选取范围的大小。数值越大，颜色的选取范围就越大。
- 预览区：可选择预览“图像”或“选区”。若选择“选区”，则在预览区中会显示选区蒙版，完全选中的颜色区域显示为白色，未选中的颜色区域显示为黑色，部分选中的颜色区域会根据选中的程度大小呈现不同亮度的灰色，如图 5-41 所示。

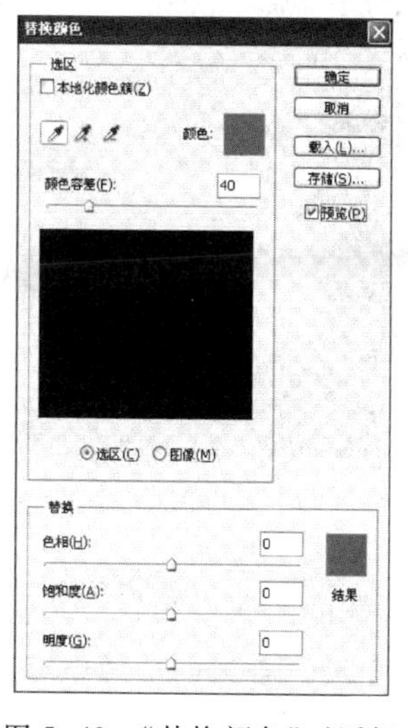

图 5-40　“替换颜色”对话框

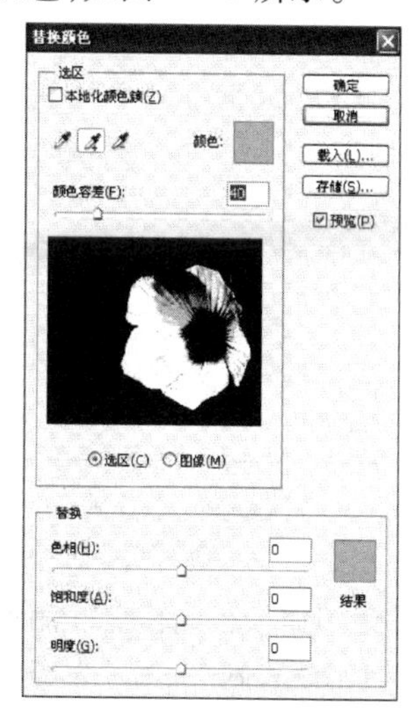

图 5-41　预览“选区”

- “替换”选项组：设置好要调整的颜色范围后，在“替换”选项组中，利用“色相”、“饱和度”、“明度”三个滑块可分别改变其色相、饱和度和明度。

6. 匹配颜色

使用“匹配颜色”命令可以将一幅图像的颜色与另一幅图像相匹配，也可以将一个图层中图像的颜色与另一个图层相匹配，还可以将一个选区内图像的颜色与另一个选区内的颜色相匹配，从而达到一致的外观。该命令只对 RGB 颜色模式的图像有效。

打开“花.jpg”和“花1.jpg”两幅图像，并分别用“快速选择工具”在两幅图像中为花朵创建如图5-42和图5-43所示的选区；选择“花1.jpg”图像为当前图像，选择“图像→调整→匹配颜色”命令，打开“匹配颜色”对话框，设置各参数如图5-44所示，单击“确定”按钮后，“花1.jpg”图像的效果如图5-45所示。

图5-42 素材图像“花.jpg”

图5-43 素材图像“花1.jpg”

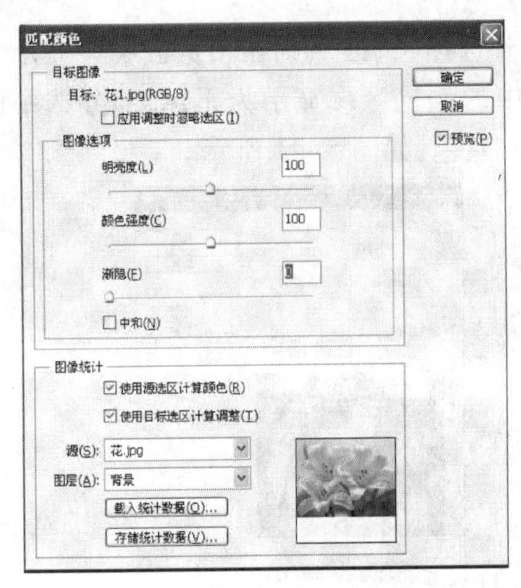

图5-44 “匹配颜色”对话框

图5-45 “花1.jpg”被匹配颜色后的效果

- “目标图像”选项组：“目标图像”是指被匹配的图像。“目标”为当前图像，若当前图像有多个图层，则“目标”为当前图像的当前图层。若当前图像中有选区，则“应用调整时忽略选区”复选框被激活，若勾选该复选框，则对整个图像或整个图层匹配颜色，否则，只对选区内的图像匹配颜色。
- “图像选项”选项组：利用其中的选项可调整被匹配图像的亮度、颜色强度等。“渐隐”选项用于控制被匹配图像的调整量，数值越大，对目标图像调整的强度越弱。若选中“中和”复选框，会将目标图像的色调与源图像的色调进行中和，从而消除图像的色偏。
- “图像统计”选项组：设置匹配与被匹配的相关选项。“源”下拉列表框用来指定作为匹配依据的图像，“图层”下拉列表框用来指定作为匹配依据的图层。如果“源”图像中存在选区，则“使用源选区计算颜色”复选框被激活，若勾选该复选框，则会使用源选区的颜色计算图像调整，否则，会使用整个源图像对目标图像进行匹配。若“目标”图像中存在选区，则“使用目标选区计算调整”复选框被激活，若勾选该复选框，则会使用目标选区的颜色计算图像调整。

7. 自然饱和度

使用“自然饱和度”调整图像时，图像的饱和度不会出现溢出现象，即此命令可以仅调整与饱和的颜色相比那些不饱和颜色的饱和度。

打开一幅图像后，选择“图像→调整→自然饱和度”命令，打开“自然饱和度”对话框，如图 5-46 所示。

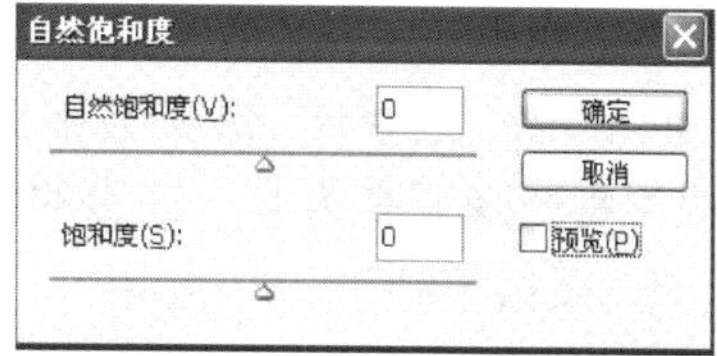

图 5-46 “自然饱和度”对话框

- “自然饱和度”：将该滑块向右移动时，将主要增大图像中不饱和颜色的饱和度，而对已达饱和的颜色的饱和度基本无影响；若图像中存在过饱和的颜色，则将该滑块向左移动时，将主要减小过饱和颜色的饱和度，而对不饱和颜色的饱和度相对影响较小。
- “饱和度”：移动该滑块时，将对图像中所有颜色的饱和度统一调整，若饱和度调整到最小值(-100)时，图像变为灰度图像。

5.3 特殊色调控制

特殊色调控制主要包括黑白、反相、色调均化、阈值、去色等操作。

1. 去色

使用“去色”命令会将图像中的彩色信息丢掉，变为当前颜色模式下的灰度图像。选择“图像→调整→去色”命令后，当前图像即去掉所有的颜色信息变为灰度图像，如图 5-47 所示。

(a) 去色前

(b) 去色后

图 5-47 去色前后图像效果对比

2. 黑白

使用“黑白”命令可以将彩色图像转换为灰度图像，也可将图像调整为单一色彩的彩色图像。

打开一幅图像后，选择“图像→调整→黑白”命令，打开“黑白”对话框，如图 5-48 所示。

- “预设”:该下拉列表框用于选择预定义的灰度混合模式,若选择“默认值”,则图像效果与执行“去色”命令相同。
- 各颜色滑块:用于调整图像中特定颜色的灰度级。
- “色调”复选框:若勾选该复选框,则其下方的“色相”及“饱和度”滑块会被激活,利用这两个滑块可将图像调整为单一色彩的彩色图像。

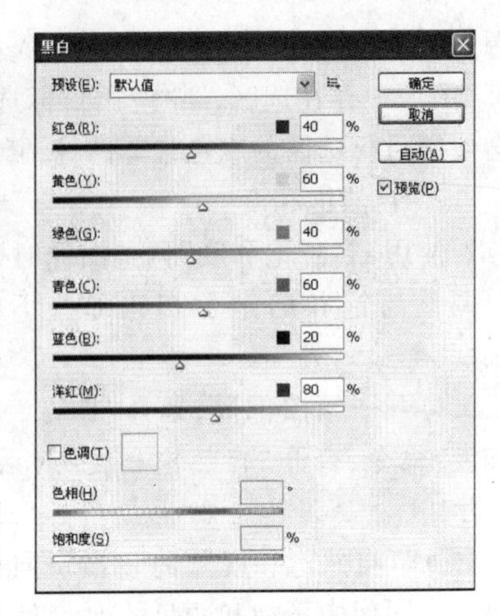

图 5-48 “黑白”对话框

3. 反相

使用“反相”命令可以将图像中所有像素的颜色变成其互补色,产生照相底片的效果。连续执行两次“反相”命令,图像先反相后还原。选择“图像→调整→反相”命令后,当前图像即转变成底片效果,如图 5-49 所示。

(a) 反相前

(b) 反相后

图 5-49 反相前后图像效果对比

4. 色调分离

使用“色调分离”命令可以减少图像色彩的色调数,产生色调分离的特殊效果。选择“图像→调整→色调分离”命令后,打开“色调分离”对话框,如图 5-50 所示。图像色彩的色调数由“色阶”值控制,其取值范围为 2 ~ 255,“色阶”值越小,图像变化越剧烈,图像中的色块效应越明显,如图 5-51 所示。

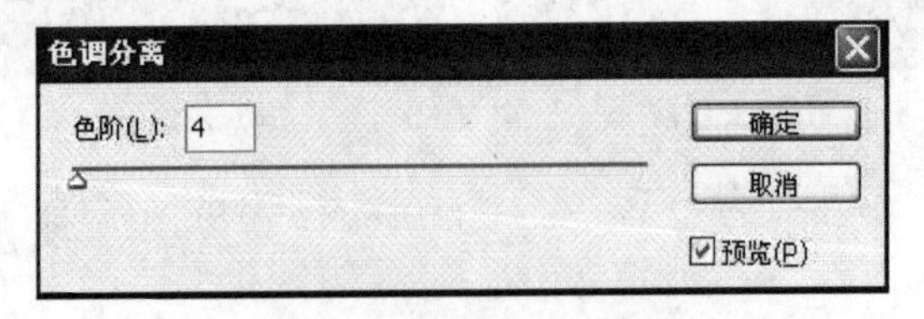

图 5-50 “色调分离”对话框

5. 阈值

使用“阈值”命令可以将灰度图像或彩色图像变成只有黑、白两种色调的图像。该命令会根据图像像素的亮度值把它们一分为二,一部分用白色来表示,另一部分用黑色

(a) 原图

(b)“色阶”值为 15

(c)“色阶”值为 2

图 5-51 “色阶”大小对图像效果的影响比较

来表示，其黑、白像素的分配由“阈值”对话框中“阈值色阶”的值来决定，其取值范围为 1 ~ 255。

选择“图像→调整→阈值”命令后，打开“阈值”对话框，如图 5-52 所示。“阈值色阶”的值越大，黑色像素分布越广；“阈值色阶”的值越小，白色像素分布越广。图 5-53 是按照图 5-52 的设置对图 5-51 中的原图执行“阈值”命令后的效果。

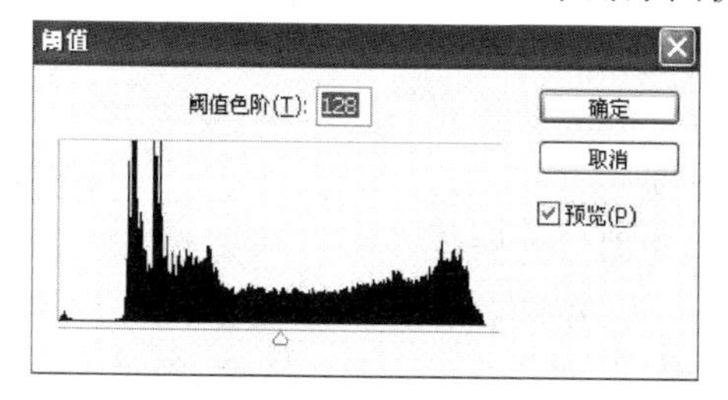

图 5-52 “阈值”对话框

图 5-53 执行“阈值”命令的效果

6. 渐变映射

使用“渐变映射”命令可以将相等的图像灰度范围映射到指定的渐变填充色，以产生一种特殊的渐变填充效果。如果指定双色渐变填充，图像中的暗调会映射到渐变填充的一个端点颜色，高光会映射到渐变填充的另一个端点颜色，而中间调会映射为两个端点颜色之间的混合渐变。

选择“图像→调整→渐变映射”命令后，打开“渐变映射”对话框，如图 5-54 所示。在该对话框中，在“灰度映射所用的渐变”下拉列表框中可以选择预设的渐变样式，也可自定义渐变样式。

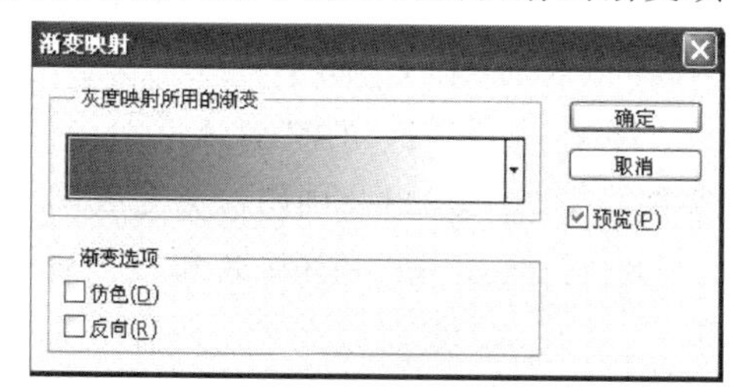

图 5-54 “渐变映射”对话框

7. 色调均化

使用“色调均化”命令可以重新分布图像中像素的亮度值，使它们更均匀地呈现所有范围的亮度级别，将图像中最亮的像素转换为白色，最暗的像素转换为黑色，而中间调则映射到相应的灰度值上。该命令可提高图像的对比度，使图像色调分布更平均。

若图像中有选区存在，则选择“图像→调整→色调均化”命令后，会打开“色调均化”对话框，如图 5-55 所示。

- “仅色调均化所选区域”：选择该选项后，只对选区内的图像进行色调均化调整。

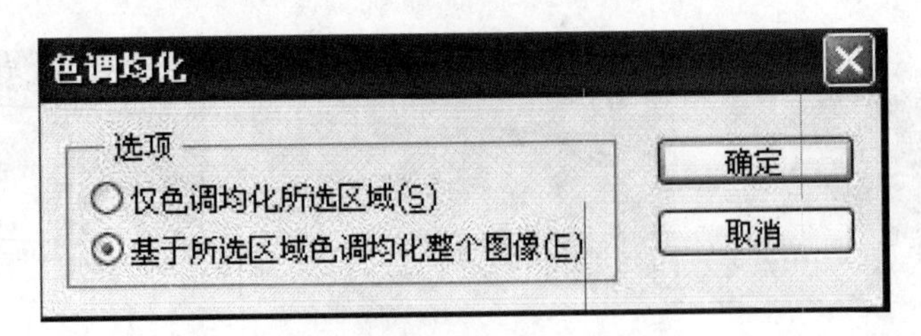

图 5-55 “色调均化”对话框

● “基于所选区域色调均化整个图像”：选择该选项后，会根据选区内图像的明暗度来调整整个图像。

练习与实训

一、填空题

1. 在“直方图”面板中，横坐标表示________，纵坐标表示________。

2. 打开“色阶”对话框的快捷键是________。在该对话框中。“输入色阶”右边的文本框数值减小，则图像变________。

3. “色阶”对话框中三个吸管工具的名称是________、________、________，利用它们准确地设置图像的________范围，可有效校正图像的偏色。

4. 打开“曲线”对话框的快捷键是________。在该对话框中，改变曲线形状的工具有两种，分别是________和________；默认情况下，曲线向________弯曲，图像变亮，曲线向________弯曲，图像变暗；若“显示数量”的方式选择________，则正好相反。

5. 使用________命令可以对照相时曝光不足或曝光过度的图像进行调整。在该对话框中，________主要用来控制图像高光区域的色调，________主要用来控制阴影和中间调区域的色调。

6. 使用________命令主要用于校正在强逆光条件下拍摄的照片。在该对话框中，阴影的“数量”增大，则图像变________。

7. 在“色相/饱和度”对话框中，三个吸管工具的作用是________。在该对话框中，选中________复选框，则图像会变成单一色彩的图像。

8. 不能使用“色相/饱和度”命令的图像的颜色模式有________、________和________。

9. “色彩平衡”命令的快捷键是________。

10. 使用________命令可以对图像的各单色通道分别进行调整，并混合到复合通道中，产生一种图像合成的效果。在该对话框中，勾选________复选框后，彩色图像将变成________，但是________没改变。

11. 在“变化”对话框中，选择“阴影”、“中间调”或“高光”时，对话框中均有________幅缩览图，而选择“饱和度”时，对话框中只有________幅缩览图；“精细/粗糙”滑块的作用是________；勾选________复选框后，可显示图像中的溢色区域，这样可防止调整后出现溢色现象。

12. 在“替换颜色”对话框中，预览方式有两种：________或“选区”，若选择“选区”,则预览区中________色的区域为有效区域。

13. “匹配颜色”命令只对________模式的图像有效。

14. 在“自然饱和度”对话框中,将“自然饱和度”滑块向右移动时,将主要增大图像中________颜色的饱和度,而对________颜色的饱和度基本无影响;若图像中存在过饱和的颜色,则将该滑块向左移动时,将主要减小________颜色的饱和度,而对________颜色的饱和度相对影响较小。

15. 使用“去色”命令可使彩色图像变成________,其颜色模式________。

16. 使用“黑白”命令可使彩色图像变成________,也可使彩色图像变成单一色彩的彩色图像。若要实现后者,则需在该对话框中勾选________复选框,并通过调整________和________两滑块调整图像色彩。

17. 连续两次执行________命令,可使图像先反色后还原。

18. 执行________命令可使图像变成只有黑、白两种色调的图像,其黑、白像素的分配由________对话框中________的值决定。

19. 使用________命令可以减少图像色彩的色调数,产生色调分离的特殊效果。图像色彩的色调数由该对话框中的“色阶”值控制,其取值范围为________,“色阶”值越________,图像变化越剧烈,图像中的色块效应越明显。

20. 使用________命令可以重新分布图像中像素的亮度值,使它们更均匀地呈现所有范围的亮度级别,将图像中最亮的像素转换为________,最暗的像素转换为________,而中间调则映射到相应的灰度值上。执行该命令时,若________,则该命令会直接执行,不会出现对话框;若________,则会出现对话框,该对话框中有两个选项,分别是________和________。

二、上机实训

1. 利用素材图像“一枝玫瑰.jpg”,如图 5-56 所示,制作成如图 5-57 所示的“三支玫瑰.jpg”图像。

提示:利用“图像→调整→替换颜色”命令。

图 5-56　一枝玫瑰.jpg

图 5-57　三枝玫瑰.jpg

2. 利用素材图像“红月季.jpg”、“黄月季.jpg”,如图 5-58、图 5-59 所示,制作成如图 5-60 所示的“新品月季.jpg”图像。

提示:利用“图像→调整→匹配颜色”命令。

图 5-58　红月季. jpg

图 5-59　黄月季. jpg

图 5-60　新品月季. jpg

3. 利用素材图像“海宝. jpg”，如图 5-61 所示，制作成如图 5-62 所示的“海宝共舞. jpg”图像。

提示：利用“图像→调整→色相/饱和度”命令。

图 5-61　海宝. jpg

图 5-62　海宝共舞. jpg

4. 利用素材图像“云南风光. jpg”，如图 5-63 所示，制作成如图 5-64 所示的“云南风光效果图. jpg”图像。

提示：利用“图像→调整→色阶”命令和“图像→调整→曝光度”命令。

图 5-63　云南风光. jpg

图 5-64　云南风光效果图. jpg

第 6 章 滤镜的应用

案例 17 怀旧照片制作——“渲染”滤镜的使用

案例要求

利用“云彩”、“纤维”和“添加杂色”滤镜功能，完成由图 6-1 到图 6-2 所示的效果。

图 6-1 素材图像“岁月.jpg”

图 6-2 怀旧照片效果图

案例分析

① 调整照片的色调，利用“添加杂色”滤镜添加杂色。

② 利用“云彩”和“纤维”滤镜生成纹理。

③ 利用图层混合模式“颜色加深”实现最终效果。

操作步骤

① 打开素材图像“岁月.jpg”，如图 6-1 所示。在“图层”面板中拖动“背景”图层至“创建新图层”按钮，复制“背景”图层。选中“背景副本”图层，选择菜单“图像→

调整→去色”命令，去除图像的颜色。

② 选择菜单“滤镜→杂色→添加杂色”命令，弹出如图 6-3 所示的对话框，设置后单击“确定”，此时的图像效果如图 6-4 所示。

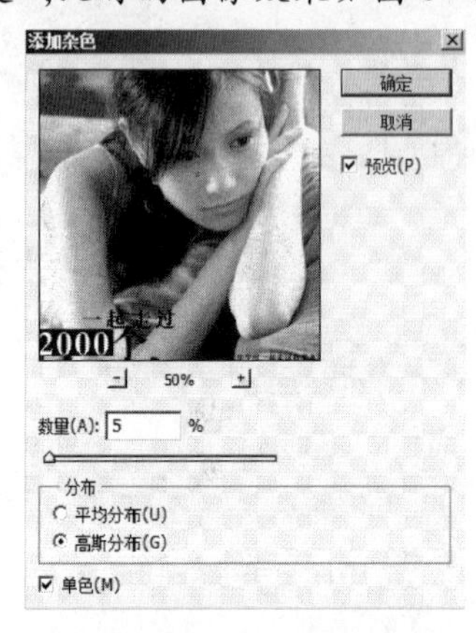

图 6-3 “添加杂色”滤镜参数

图 6-4 “添加杂色”后的效果

③ 选择菜单“图像→调整→变化”命令，弹出“变化”对话框，单击两次“加深黄色”缩略图，如图 6-5 所示，此时的图像效果如图 6-6 所示。

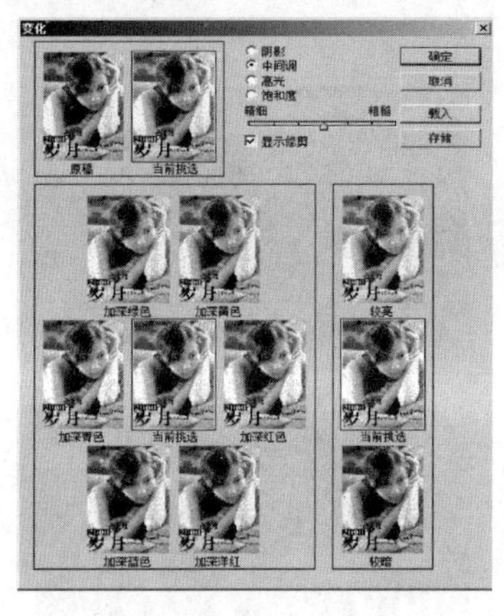

图 6-5 “变化”对话框

图 6-6 “加深黄色”后的效果

④ 单击“图层”面板中的“创建新图层”按钮，新建图层并命名为“渲染”，按 D 键，将工具箱中的前景色和背景色恢复为默认的黑白两色。选择菜单“滤镜→渲染→云彩”命令，制作云彩效果，按组合键 Ctrl+F，重复应用几次“云彩”滤镜，图像效果如图 6-7 所示。

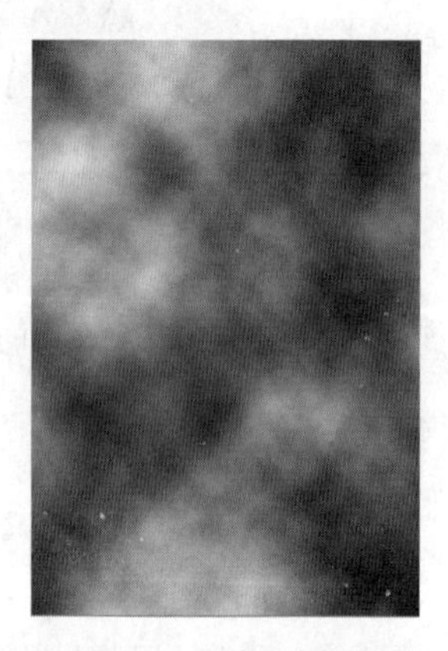

图 6-7 “云彩”滤镜效果

⑤ 选择菜单“滤镜→渲染→纤维”命令，弹出“纤维”对话框，如图 6-8 所示，多次单击“随机化”按钮，选择所需的纤维效果，单击“确定”按钮，图像效果如图 6-9 所示。

⑥ 选中“渲染”图层，在“图层”面板中设置混合模式为“颜色加深”，不透明度为 30%，得到如图 6-2 所示的效果，完成怀旧照片的制作。

滤镜是 Photoshop CS5 最重要的功能之一，充分而恰当地应用滤镜，不仅可以改善图像效果、掩盖缺陷，还可以在原有图像的基础上产生许多炫目的特殊效果。

滤镜的使用方法非常简单。只需从“滤镜”菜单中选择所需的滤镜，如图 6-10 所示，然后适当地调节参数即可。

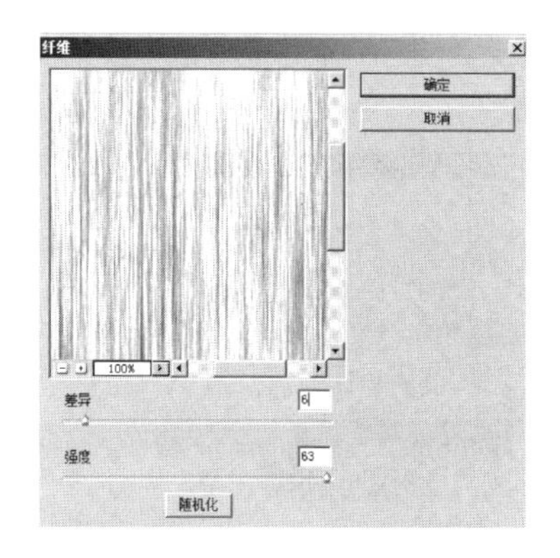

图 6-8 “纤维”对话框

图 6-9 “纤维”滤镜效果

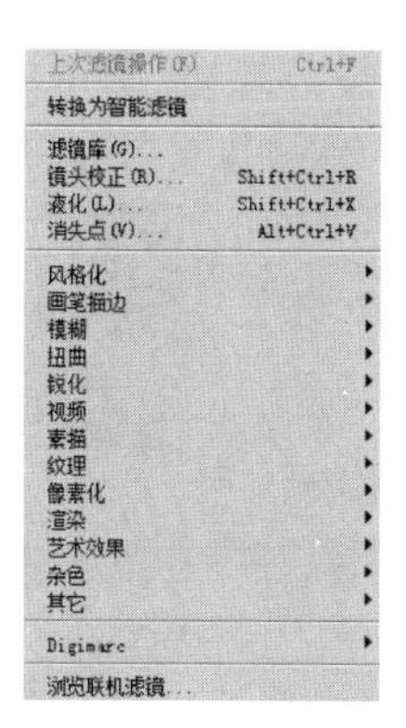

图 6-10 “滤镜”菜单

6.1 “渲染”滤镜组

“渲染”滤镜组可以产生光照、云彩以及特殊的纹理效果。该滤镜组包含 5 种滤镜，选择菜单“滤镜→渲染”命令，在如图 6-11 所示的子菜单选择即可。

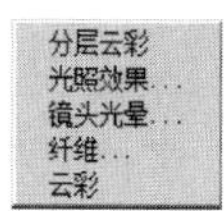

图 6-11 “渲染”滤镜子菜单

1. 云彩

“云彩”滤镜可根据当前的前景色和背景色之间的变化随机生成柔和的云纹图案，并将原稿内容全部覆盖，通常用来产生一些背景纹理。打开如图 6-12 所示的素材图像，选择菜单“滤镜→渲染→云彩”命令，效果如图 6-13 所示，会将原图完全覆盖。

图 6-12 原图

图 6-13 应用“云彩”滤镜后的效果

2. 分层云彩

“分层云彩”滤镜可根据前景色和背景色随机混合生成云彩的纹理，并和底图以“差值”方式合成。对图 6-12 所示的图像应用“分层云彩”滤镜后的效果如图 6-14 所示。

3. 镜头光晕

“镜头光晕”滤镜可以模拟亮光照射到相机镜头所产生的折射效果，其参数如图 6-15 所示，其效果如图 6-16 所示。

图 6-14　应用“分层云彩”滤镜后的效果

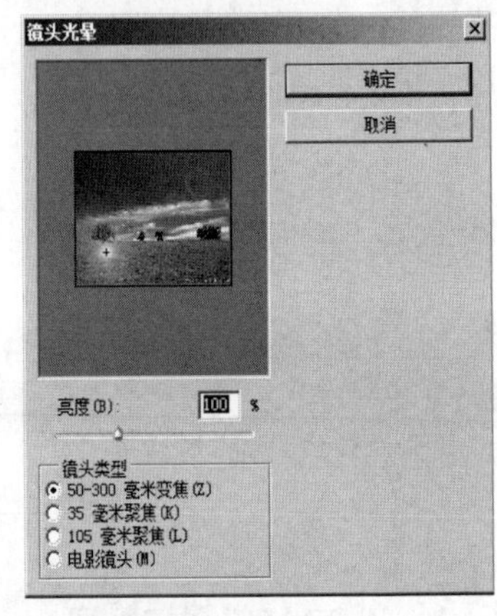

图 6-15　“镜头光晕”波镜设置

图 6-16　原图与“镜头光晕”后的效果

- “亮度”:用来控制镜头光晕的亮度。
- 光晕中心:预览框中的“十字”形光标，拖动它可以改变光晕的中心位置。
- “镜头类型”选项组:用来选择镜头的类型。

4. 纤维

“纤维”滤镜可使用前景色和背景色创建类似编织的纤维效果，其参数如图 6-8 所示。

- “差异”:用来设置颜色的变化方式，较低的数值可产生较长的纤维，较大的数值可产生较短且颜色分布变化更多的纤维。
- “强度”:用来设置纤维外观的明显程度。
- “随机化”:单击该按钮，可以随机产生新的纤维。

5. 光照效果

“光照效果”滤镜功能非常强大，类似于三维软件中的灯光功能，可对图像应用不同的光源、光类型和光特性，也可以改变基调，增加图像的深度和聚光区。

其参数如图 6-17 所示，“纹理通道”选择“绿”通道时，效果如图 6-18 所示。

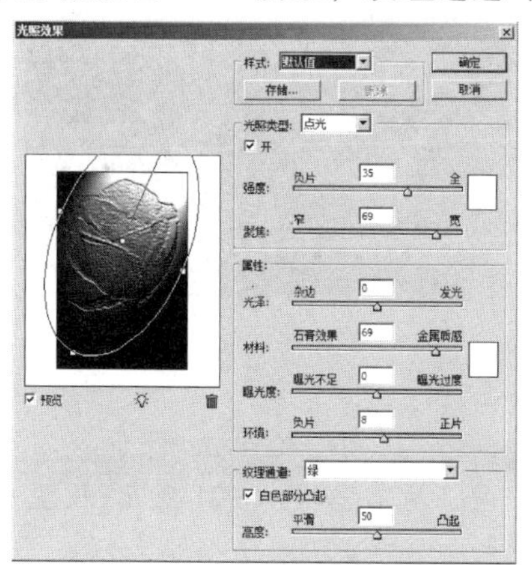

图 6-17 “光照效果”对话框

图 6-18 应用“光照效果”滤镜

6.2 “杂色”滤镜组

“杂色”滤镜组可以添加或移去图像中的杂色。

“添加杂色”滤镜的作用是在图像中添加一些随机分布的杂点，其参数如图 6-3 所示。

- “数量”：用来设置添加杂点的数量。
- “分布”：用来设置杂点的分布方式，包括“高斯分布”和“平均分布”两种方式。
- “单色”：选中此项，添加的杂色将只影响图像的色调，而不会改变图像的颜色。

案例 18 精彩瞬间——“模糊”滤镜的使用

案例要求

利用“径向模糊”以及“高斯模糊”滤镜功能，完成由图 6-19 到图 6-20 所示的效果。

案例分析

① 利用菜单“滤镜→模糊→径向模糊”命令为素材图像制作旋转模糊的效果。

② 利用“极坐标”滤镜制作扭曲文字，利用“高斯模糊”滤镜制作阴影效果。

操作步骤

① 打开素材图像“跳水.jpg”，如图 6-19 所示。拖动“背景”图层至“创建新图层”按钮 ，建立“背景副本”图层。

图 6-19　素材图像

图 6-20　效果图

② 单击选中“背景副本”图层，选择菜单“滤镜→模糊→径向模糊”命令，打开“径向模糊”对话框，将鼠标置于“中心模糊”区并稍向上拖动，如图 6-21 所示，设置后单击“确定”，此时图像效果如图 6-22 所示。

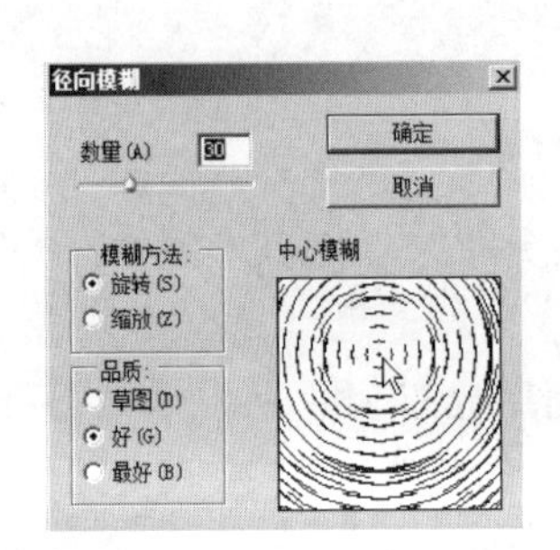

图 6-21　“径向模糊”滤镜参数

图 6-22　“径向模糊”滤镜效果

③ 隐藏“背景副本”图层并选中“背景”图层，用工具箱中的“快速选择工具”为人物建立选区，选择菜单“选择→反向”命令，将人物以外的区域选取。显示并选中“背景副本”图层，单击“添加图层蒙版”按钮，为“背景副本”图层添加图层蒙版。此时“图层”面板如图 6-23 所示，图像效果如图 6-24 所示。

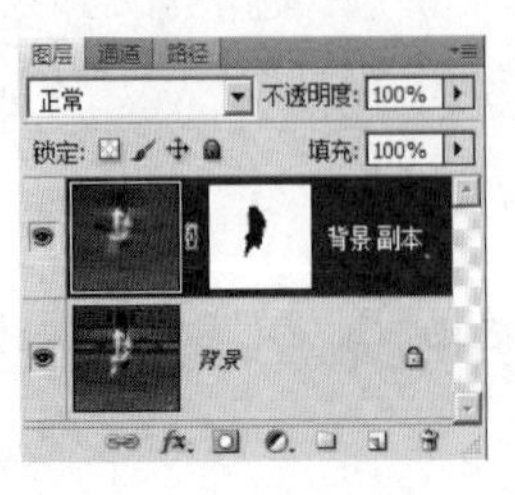

图 6-23　添加图层蒙版的面板

图 6-24　添加图层蒙版后的效果

④ 选择工具箱中的“横排文字工具”T，颜色设为白色，输入文字“At the time frame”，如图 6-25 所示。复制文字层两次，单击选中上方的文字图层，选择菜单“图层→栅格化→文字”命令，将其栅格化。

⑤ 选择菜单“滤镜→扭曲→极坐标”命令，打开如图 6-26 所示的“极坐标”对话框进行设置，对文字应用“极坐标”滤镜的扭曲效果。

图 6-25 文字位置

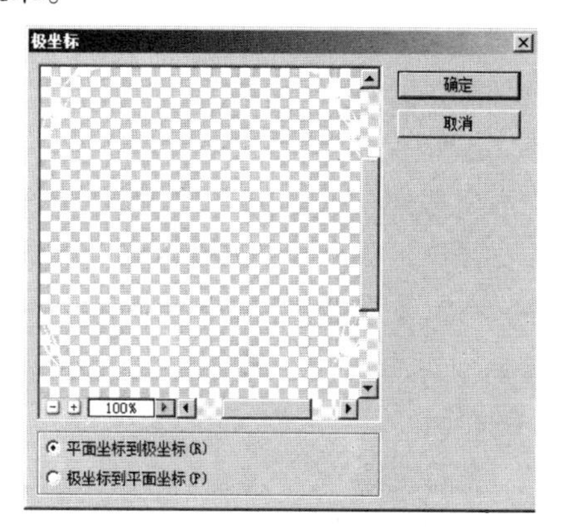

图 6-26 “极坐标”滤镜参数设置

⑥ 选中扭曲的文字层，按组合键 Ctrl+T，进入自由变换状态，旋转并调整其大小和位置，如图 6-27 所示。

⑦ 双击下方的文字层，将文字选中，在工具选项栏中将颜色改为黑色。选择菜单“滤镜→模糊→高斯模糊”命令，参数设置如图 6-28 所示，为文字添加高斯模糊。

图 6-27 应用“极坐标”滤镜并调整位置

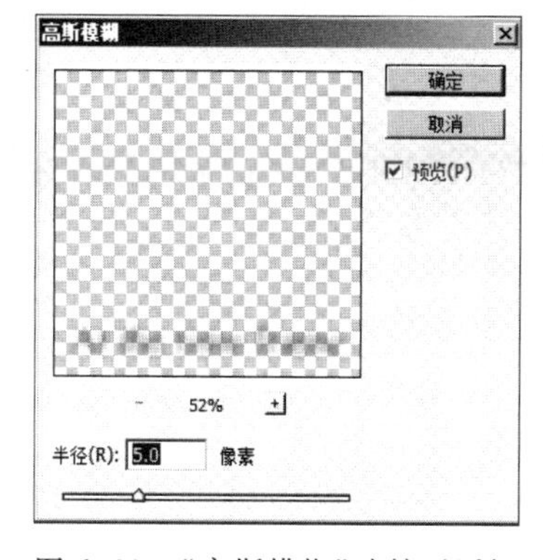

图 6-28 “高斯模糊”滤镜对话框

⑧ 选择工具箱中的“移动工具”，将模糊的文字层作为阴影向下、向右轻移，得到如图 6-20 所示的效果。

6.3 “模糊”滤镜组

“模糊”滤镜组可以柔化选区或图像，产生模糊的效果，它不仅能起到修饰的作用，还可以模拟物体运动。其基本算法是将图像中颜色边缘的像素与其周围邻近的像素颜色平均而产生模糊的效果。

1. 径向模糊

“径向模糊”滤镜用于模拟缩放或旋转相机时所产生的模糊，产生的是一种柔化的效果，其对话框参数如图 6-21 所示。

“模糊方法”：选择“旋转”选项时，图像可以沿同心圆产生旋转的模糊效果，如图 6-22 所示；选择“缩放”选项时，可以从中心向外产生反射的模糊效果，如图 6-29 所示。

图 6-29　模糊方法为“缩放”的效果

2. 高斯模糊

“高斯模糊”滤镜可以向图像中添加低频细节，使图像产生一种朦胧的模糊效果，是常用的一种模糊滤镜，其参数如图 6-28 所示。

“半径”：用来设置模糊程度，数值越大，模糊效果越明显。

3. 表面模糊

“表面模糊”滤镜可以在保留图像边缘的同时模糊图像，可以用来创建特殊效果并消除杂色或粒度，其参数如图 6-30 所示。图 6-31 是应用“表面模糊”滤镜前后的效果对比，可以看到，“表面模糊”滤镜只对设定范围内的大面积色块产生作用，对细小的发丝没有影响。

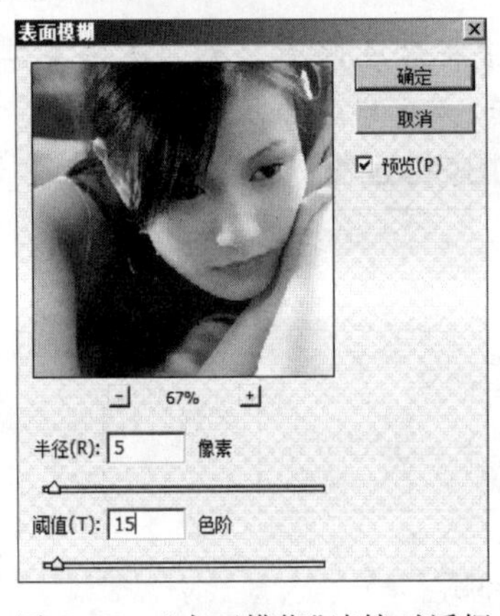

图 6-30　“表面模糊”滤镜对话框

图 6-31　应用“表面模糊”滤镜前后效果对比

- “半径”：用于设置模糊区域取样的大小。
- “阈值”：控制相邻像素色调值与中心像素相差多大时才能成为模糊的一部分。色调值差小于阈值的像素被排除在模糊之外。

6.4 “扭曲”滤镜组

“扭曲”滤镜组可以将图像进行几何扭曲，以创建波纹、球面化、波浪等三维或变形效果，适用于制作水面波纹或破坏图像形状。

1. 极坐标

“极坐标”滤镜可以将平面坐标转换为极坐标，或从极坐标转换为平面坐标，其参数如图 6-32 所示。

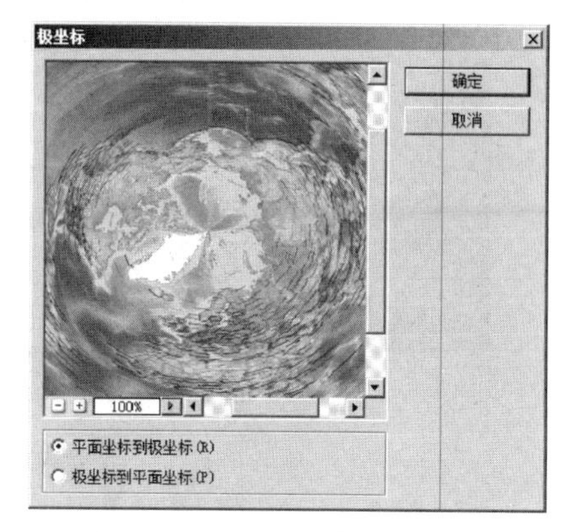

图 6-32 “平面坐标到极坐标”设置

图 6-33 为一张世界地形图，选择菜单“滤镜→扭曲→极坐标”命令，打开如图 6-32 所示的对话框，选择“平面坐标到极坐标”后，扭曲后得到球体效果，如图 6-34 所示。

当再次执行“极坐标”滤镜，选择“极坐标到平面坐标”选项，可恢复至如图 6-33 所示的平面效果。

2. 玻璃

“玻璃”滤镜可产生一种类似透过玻璃看图像的效果，图 6-35 所示为“玻璃”滤镜的参数。

图 6-33 平面地图

图 6-34 从平面坐标转换为极坐标的效果

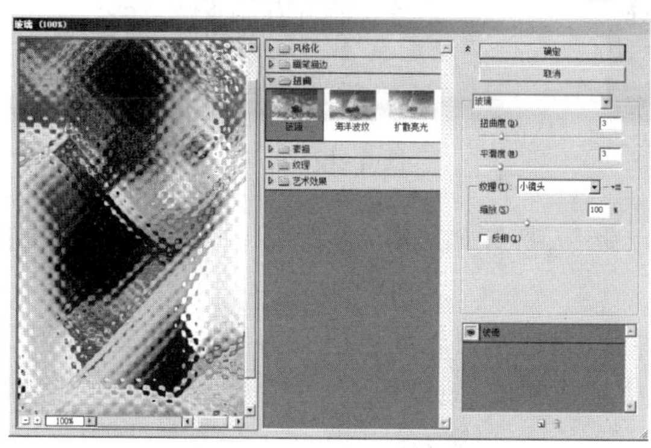

图 6-35 “玻璃”滤镜对话框

图 6-36 “小镜头”纹理效果

“纹理”：用于选择扭曲时产生的纹理类型，包含“块状”、“画布”、“磨砂”和“小镜头”。图 6-36 为应用“小镜头”纹理后的效果。

3. 水波

“水波”滤镜可以使图像产生真实的水波纹效果，其参数如图 6-37 所示，对选区应用此参数设置后的滤镜效果如图 6-38 所示。

4. 置换

“置换”滤镜可以用另外一张图像（必须为 PSD 格式文件）的亮度值对当前图像的像素重新排列并产生位移，从而产生扭曲的效果。

图 6-37 “水波”参数设置

图 6-38 “水波”滤镜效果

使用“置换”滤镜的步骤为：

① 准备一张 PSD 格式的置换用图，如图 6-39 所示，打开如图 6-40 所示的素材。

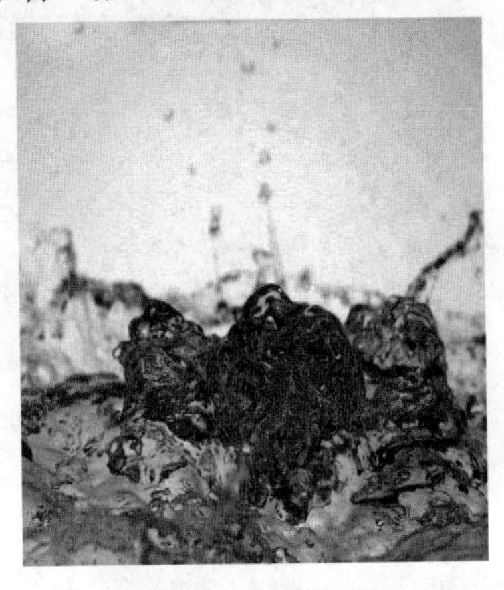

图 6-39 置换用图

图 6-40 原素材图

② 选择菜单“滤镜→扭曲→置换”命令，打开如图 6-41 所示的对话框，设置后单击“确定”按钮。

③ 随后弹出“选取一个置换图”对话框，选择预先准备的置换用图，单击“打开”按钮。原素材图即按置换用图的亮度发生置换扭曲，效果如图 6-42 所示。

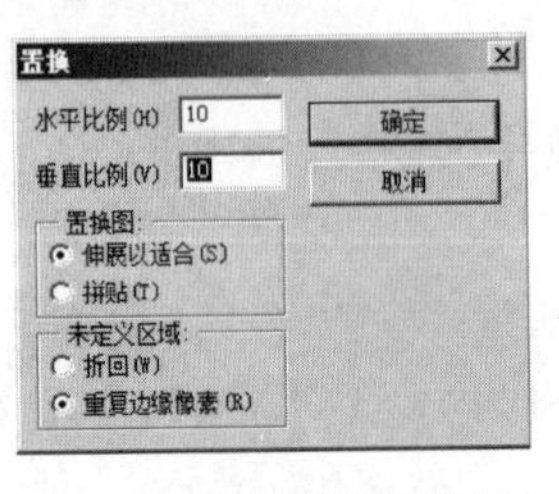

图 6-41 “置换”滤镜对话框

图 6-42 “置换”滤镜效果

案例 19　图像修复与修饰——“消失点”与“液化”滤镜的使用

案例要求

利用“消失点”和“液化”滤镜功能，完成由图 6-43 到图 6-44 所示的效果。

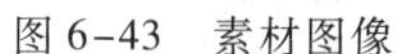

图 6-43　素材图像

图 6-44　效果图

案例分析

① 选区图像中的小狗，将其复制到新图层中并隐藏。

② 在“消失点”滤镜中创建并编辑透视平面，分别利用“选区工具”、“仿制图章工具”将电线、刷子消除。

③ 利用“液化”滤镜将小狗的眼睛、鼻子和身体进行变形处理。

操作步骤

① 打开如图 6-43 所示的图像“小狗. jpg”。选择工具箱中的“快速选择工具”，选取小狗，按组合键 Ctrl+J 复制选区生成图层 1，并将其隐藏，选中“背景”图层，再次按组合键 Ctrl+J 复制整个背景图层。

② 选择菜单“滤镜→消失点”命令，打开“消失点”对话框。选择对话框左侧的“创建平面工具”，鼠标指针变为，在预览区木板缝隙处单击，创建第一个端点，沿木板边缘移动鼠标并再次单击，创建第二个端点，以此类推，建立出一个适合木板透视的四边形平面框，如图 6-45 所示。

③ 选择对话框左侧的“编辑平面工具”拖动平面框的四周的端点，以适合木板的透视方向和角度，并将要修复的区域包围，如图 6-46 所示。

④ 选择对话框左侧的“选框工具”，在预览区中电线的右下方绘制出一个带有透视的矩形选区，比电线所占的木板面积稍大，如图 6-47 所示；按 Ctrl 键在选区内单击，指针变为，将选区沿木板纹路向上移动至盖住电线，松开鼠标电线即被木板无缝替换，如图 6-48 所示。完成后在选区外单击鼠标将选区取消。

图 6-45　在“消失点”对话框中用“创建平面工具”建立平面框

图 6-46　“编辑平面工具”调整透视平面

图 6-47　“选框工具”选项设置

图 6-48　修复后效果

⑤ 选择对话框左侧的“仿制图章工具”，在其选项栏中设置“直径”为 275，“修复”为“开”，勾选“对齐”复选框，按 Alt 键在刷子右下方的木板上单击取样，鼠标变为“十”字形，在刷子上对齐木板缝隙拖动即可将刷子修复掉，如图 6-49 所示，完成后单击“确定”。

图 6-49 “消失点”对话框中“仿制图章工具”选项的设置

⑥ 显示并选择隐藏的“小狗”图层，选择菜单“滤镜→液化”命令，打开“液化”对话框，如图 6-50 所示。在对话框左侧的工具栏中选择“膨胀工具”，将画笔中心对准小狗的眼睛，连续单击 5 次，使眼睛变大；选择“顺时针扭曲工具”，在鼻子上单击，使鼻子扭曲；选择“向前变形工具”将其身体轮廓向外拖动，使身体变粗，如图 6-44 所示，完成后单击“确定”。

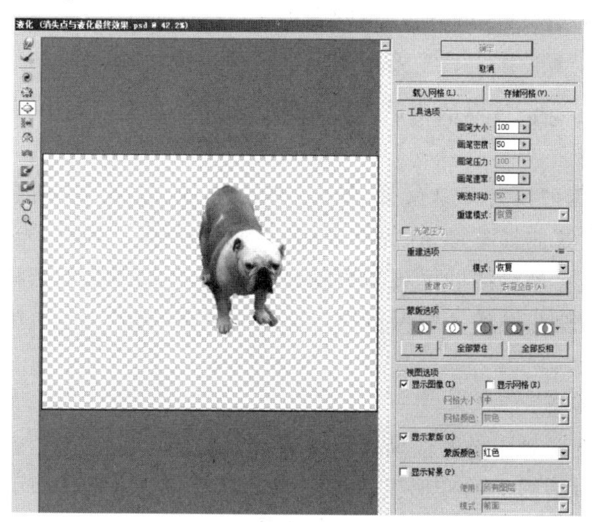

图 6-50 “液化”滤镜对话框

6.5 特殊滤镜

特殊滤镜位于“滤镜”主菜单中，相对独立且功能强大，拥有自己的工具。特殊滤镜包括“镜头校正”、“液化”、“消失点”、“抽出”、“图案生成器”，其中“抽出”滤镜和“图案生成器”在 Photoshop CS5 中是作为增效工具的形式出现的，用户可以决定是否要安装这两种滤镜。

1. “消失点”滤镜

“消失点”滤镜可以在透视的角度下编辑图像，允许在包含透视平面（例如建筑物的侧面、墙壁、地面或任何矩形对象）的图像中进行透视校正操作。在修饰、仿制、复制、粘贴或移去图像内容时，可以准确地确定这些操作的方向，结果更加逼真。

选择菜单“滤镜→消失点”命令，可打开“消失点”对话框，如图 6-45 所示。

- “创建平面工具”：用于定义透视平面的 4 个角节点，如图 6-45 所示。创建好 4 个角节点后，可以使用该工具对节点进行移动、缩放等操作。如果按住 Ctrl 键拖拉边节点，可以拉出一个垂直平面。另外，如果节点不正确，按 Backspace 键删除该节点，Delete 键不起作用。
- “编辑平面工具”：用于选择、编辑、移动平面的节点以及调整平面的大小，如图 6-46 所示。
- “选框工具”：可以在创建好的透视平面上绘制选区，以选取选区平面上的某个区域，建立选区后，按住 Alt 键拖曳选区，可以复制图像；如果按住 Ctrl 键拖曳选区，可以用源图像填充该区域。
- “图章工具”：按住 Alt 键在透视平面内单击，可以设置取样点，然后在其他区域拖曳鼠标即可仿制操作。
- “画笔工具”：可以使用选定的颜色在透视平面上绘制。
- “变换工具”：该工具主要用来变换利用选区复制的图像。
- “吸管工具”：可以使用该工具在图像上拾取颜色，以用作“画笔工具”的绘画颜色。

注意：复制图像的同时可以设置“修复”模式，分别是“关”、“明亮度”和“开”。

- “关”：原样复制样本像素，使绘画的区域不与周围的颜色、光照、阴影混合。
- “明亮度”：会使绘画的区域与周围的光照混合，同时又保留样本像素的颜色。
- “开”：会使要绘画的区域保留样本像素的纹理，同时又与周围像素的颜色、光照和阴影混合。

2. “液化”滤镜

“液化”滤镜可以对图像的任何区域创建推、拉、旋转、扭曲、收缩等变形效果。

使用“液化”对话框中的变形工具在图像上单击并拖曳鼠标即可进行变形操作，变形集中在画笔的中心。主要的工具有以下几种。

- “向前变形工具”：可以向前推动像素，产生变形效果。
- “重建工具”：用于局部或全部恢复变形的图像。
- “顺时针旋转扭曲工具”：用于顺时针旋转扭曲，按住 Alt 键进行操作，可产生逆时针旋转扭曲效果。

- “褶皱工具”：使像素向画笔中心的方向移动，产生内缩效果。
- “膨胀工具”：使像素向远离画笔中心的方向移动，产生膨胀效果。
- “左推工具”：使像素垂直移向绘制方向。当向上拖曳鼠标时，像素会向左移动；向下拖动时，像素向右移动。按住 Alt 键的同时操作移动方向相反。
- “镜像工具”：将像素复制到画笔区域，以创建镜像效果。
- “湍流工具”：平滑地方式混杂像素，用于创建火焰、云彩、波浪等效果。

案例 20　将数码照片转为油画效果——“艺术效果”滤镜的使用

案例要求

利用“滤镜库”中的“绘画涂抹”等滤镜功能，完成由图 6-51 到图 6-52 所示的效果。

图 6-51　素材图

图 6-52　效果图

案例分析

① 利用“玻璃”、“绘画涂抹”、“成角的线条”滤镜，将数码照片进行处理。

② 利用“浮雕效果”滤镜制作凹凸的油画质感，利用“叠加”混合模式完成最终效果。

操作步骤

① 打开素材图像文件“大风车.jpg”，按组合键 Ctrl+J 复制“背景”图层。选中复制的“背景副本”图层，选择菜单“图像→调整→色相/饱和度”命令，打开如图 6-53 所示的对话框进行设置，增加图像的饱和度。

② 选择菜单“滤镜→扭曲→玻璃”命令，打开如图 6-54 所示的对话框，进行设置。

③ 设置完成后，直接在对话框中单击“新建效果层”按钮，从“艺术效果”列表中选择“绘画涂抹”，参数设置如图 6-55 所示，添加绘画涂抹效果。

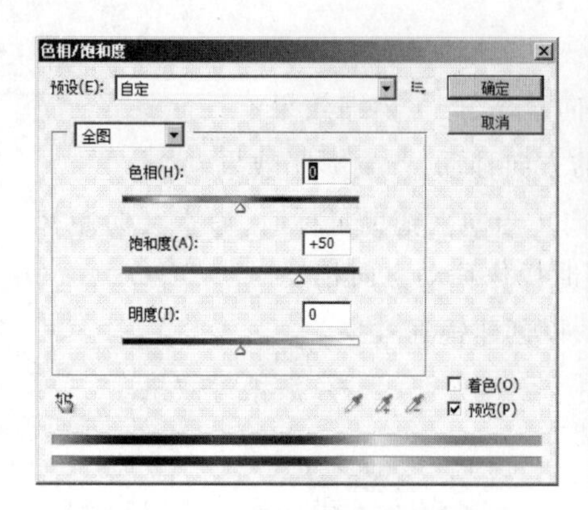

图 6-53 “色相/饱和度”对话框参数

图 6-54 “玻璃”滤镜参数设置

图 6-55 “绘画涂抹”参数设置

④ 再次单击对话框中的“新建效果层”按钮，从“画笔描边”列表中选择“成角的线条”，如图 6-56 所示。

图 6-56 “成角的线条”滤镜参数设置

⑤ 用同样的方法新建效果层，选择“纹理”类别中的“纹理化”，如图 6-57 所示，设置后单击“确定”，关闭“滤镜库”对话框，此时的图像效果如图 6-58 所示。

图 6-57 “纹理化”参数

图 6-58 执行“滤镜库”后的效果

⑥ 选择菜单“图层→复制图层”命令,并选中复制的图层副本,选择“图像→调整→去色”命令,将图像的颜色去除。选择菜单“滤镜→风格化→浮雕效果”命令,在弹出的对话框中进行设置,如图 6-59 所示,此时图像效果如图 6-60 所示。

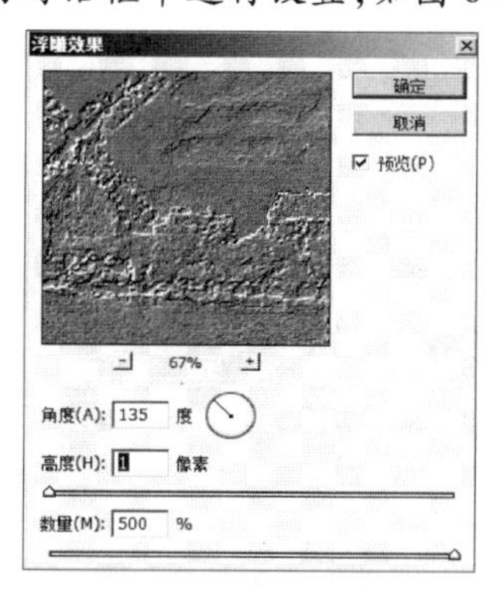

图 6-59 “浮雕效果”滤镜参数

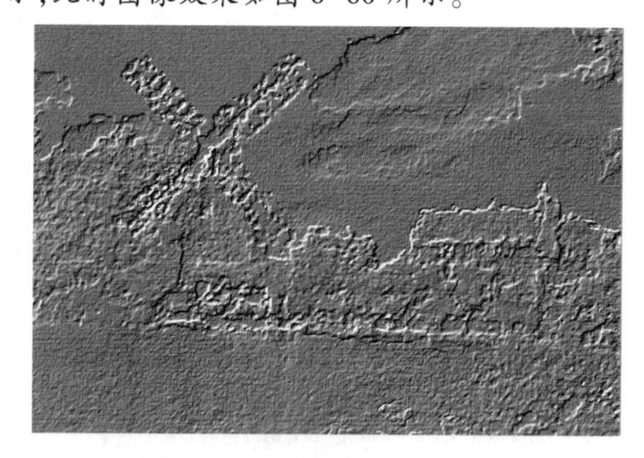

图 6-60 “浮雕效果”滤镜效果

⑦ 在“图层”面板中将该图层的混合模式设为“叠加”,不透明度设为 50%,完成如图 6-52 所示的最终效果。

6.6 滤镜库

滤镜库集合了大部分常用滤镜,以折叠菜单的方式显示,并为每一个滤镜提供了直观的效果预览,使用十分方便。

选择菜单“滤镜→滤镜库”命令或选择其中所包含的任何一个命令都会打开“滤镜库”对话框,如图 6-55 所示。在对话框的中部为滤镜列表,每个滤镜组下面包含了多个特色滤镜,单击需要的滤镜组,可以预览到滤镜中的各个滤镜和其相应的滤镜效果。

在滤镜库中,可以对一张图像应用一个或多个滤镜,或对同一图像多次应用同一滤镜;另外,还可以使用其他的滤镜替换原来的滤镜,也可以调整滤镜在滤镜库的执行顺序来改变图像的效果。

6.7 “艺术效果”滤镜组

“艺术效果”滤镜主要用于为美术或商业项目制作绘画效果或艺术效果。

1. 绘画涂抹

绘画涂抹可以使用6种不同类型的画笔进行绘画，其参数如图6-55所示。

- “画笔大小”：用于设置画笔的大小，该值越高，涂抹的范围越广。素材图像如图6-61所示，应用“绘画涂抹”时，“画笔大小”分别为10和30时的效果如图6-62所示。

图6-61 “绘画涂抹”素材图

图6-62 “画笔大小”分别为10和30(绘画涂抹)

- “锐化程度”：用于设置画笔涂抹的锐化程度。数值越大，绘画效果越明显。“锐化程度”分别为1和40时的效果如图6-63所示。

图6-63 “锐化程度”分别为1和40(绘画涂抹)

• “画笔类型”:用于选择绘画涂抹的画笔类型,包含“简单”、“未处理光照”、“未处理深色”、“宽锐化”、“宽模糊”、“火花”6 种类型。

2. 壁画

“壁画”滤镜使用一种粗糙的绘画风格来重绘图像,产生壁画一样的效果,如图 6-64 所示。

3. 彩色铅笔

“彩色铅笔”滤镜可以使用彩色铅笔在纯色背景上绘制图像,并且可以保留图像的重要边缘。图 6-65 为应用“彩色铅笔”滤镜后的效果。

图 6-64 “壁画”滤镜效果

图 6-65 “彩色铅笔”滤镜效果

4. 木刻

“木刻”滤镜对图像中的颜色进行色调分离处理,得到几乎不带渐变的简化图像,表现出类似于木刻画的效果,其参数及效果如图 6-66 所示。

图 6-66 “木刻”滤镜参数及效果

• “色阶数”:值越大,表现的图像颜色越多,显示效果越细腻。
• “边缘简化度”:值越大,边缘简化程度越高;值越小,边缘越明显。
• “边缘逼真度”:值越大,边缘的逼真程度越高。

6.8 “风格化”滤镜组

“风格化”滤镜组通过置换像素、查找并增加图像的对比度,从而产生绘画或印象派的效果。

1. 浮雕效果

“浮雕效果”滤镜通过勾勒图像或选区的轮廓和降低周围颜色值来生成凹陷或凸起的浮雕效果,其对话框如图 6-59 所示。

- “角度”:用于设置光线的方向,光线方向会影响浮雕的凸起位置。
- “高度”:用于设置图像凸起的程度。
- “数量”:决定原图像细节和颜色的保留程度,数值越大,边界越清晰(小于 40% 时图像会变灰)。当浮雕“高度”为 2、“数量”分别为 50% 和 500% 时的效果如图 6-67 所示。

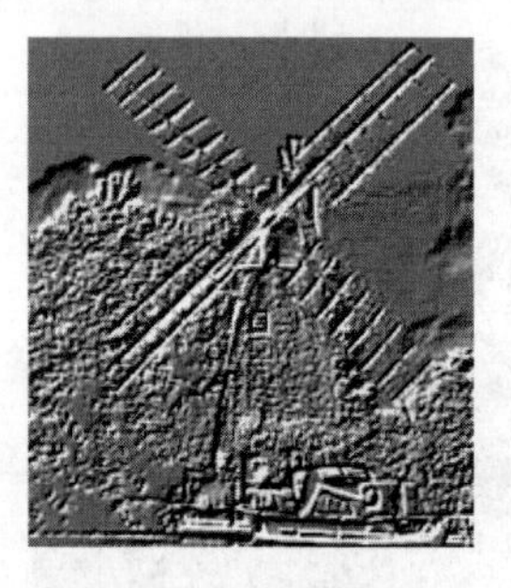

图 6-67　数量分别为 50% 和 500% 的浮雕效果

2. 风

“风”滤镜是按图像边缘中的像素颜色增加一些细小的水平线条,来模拟风吹的效果。该滤镜不具有模糊图像的效果,它只影响图像的边缘,其参数设置如图 6-68 所示。

- “方法”:包含“风”、“大风”和“飓风”3 个等级,当方法为“风”时重复执行 3 次滤镜的效果如图 6-69 所示。

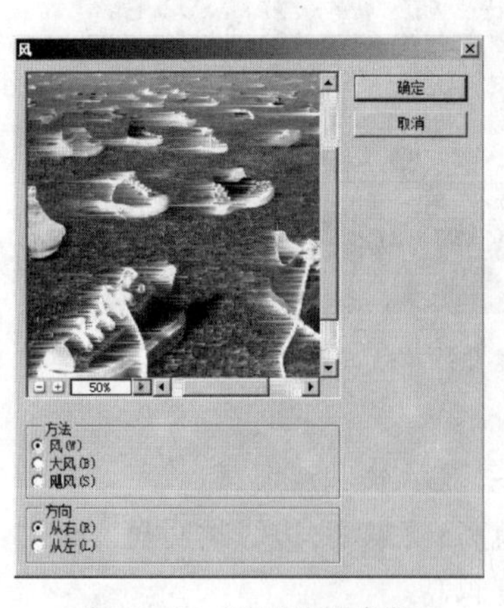

图 6-68　“风”滤镜参数

图 6-69　方法为“风”的效果

- “方向”:用来设置风源的方向,包含“从右”和“从左”两种。

3. 拼贴

“拼贴”滤镜可以将图像分解为一系列块状并使其偏离原来的位置,以产生不规则拼砖的图像效果,其参数设置及效果如图 6-70 所示。

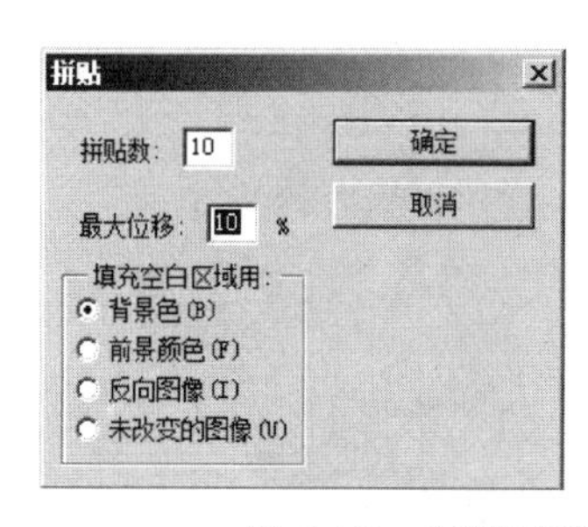

图 6-70 “拼贴”滤镜参数设置及效果

- “拼贴数”:用于设置图像在每行每列中要显示的贴块数。
- “最大位移”:用于设置拼贴偏移原始位置的最大距离。
- “填充空白区域用”:用于设置拼贴移动后空白区域图像填充的方法。

6.9 “纹理”滤镜组

“纹理”滤镜组可以向图像中添加纹理质感,产生一种将图像制作在某种材质上的质感变化。

1. 纹理化

“纹理化”滤镜可以将选定的或外部的纹理应用于图像。其选项如图 6-57 所示。

- “纹理”:用来选择纹理的类型,包括“砖形”、“粗麻布”、“画布”和“砂岩”4 种,不同的纹理效果如图 6-71 所示。
- “缩放”:用于设置纹理的粗细。
- “凸现”:用来设置纹理的凹凸程度。
- “光照”:用来设置光照的方向。
- “反相”:用来反转图像表面的亮色与暗色。

图 6-71 “砖形”、“粗麻布”、“画布”、“砂岩”纹理

2. 染色玻璃

“染色玻璃”滤镜可以将图像重新绘制成用前景色勾勒的单色的相邻单元格块，其参数及效果（前景色为黑色）如图 6-72 所示。

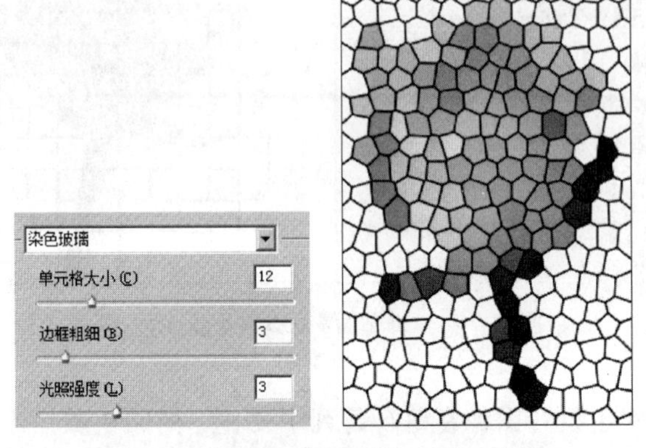

图 6-72 “染色玻璃”滤镜参数及效果

- “单元格大小”：设置每个玻璃小色块的大小。
- “边框粗细”：用来控制每个玻璃小色块的边界的粗细程度。
- “光照强度”：用来设置光照的强度。

3. 马赛克拼贴

“马赛克拼贴”滤镜可以模拟将图像用马赛克碎片拼贴起来的效果，其参数及效果如图 6-73 所示。

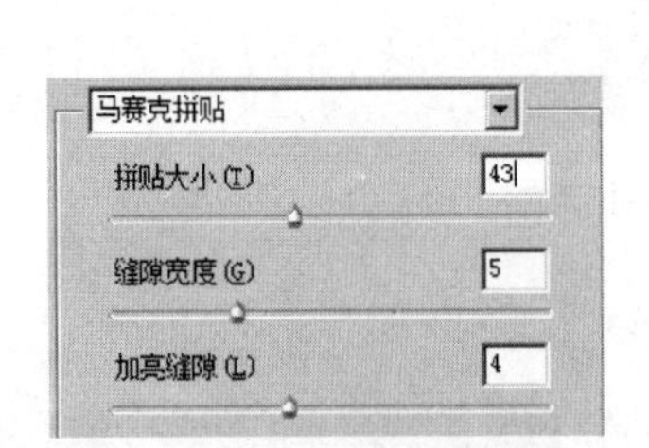

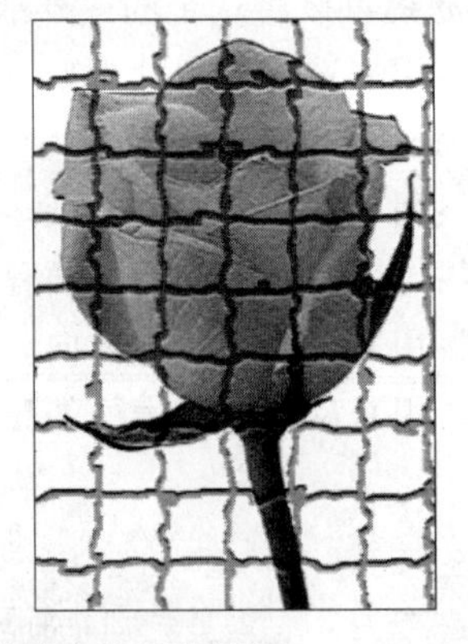

图 6-73 “马赛克拼贴”滤镜参数及效果图

- “拼贴大小”：用来设置马赛克拼贴的大小。
- “缝隙宽度”：用来设置马赛克拼贴之间的缝隙宽度。
- “加亮缝隙”：用来设置马赛克拼贴缝隙的亮度。

4. 龟裂缝

“龟裂缝”滤镜模仿在粗糙的石膏表面绘画的效果，沿着图像的等高线生成精细网状裂痕，其参数及效果如图 6-74 所示。

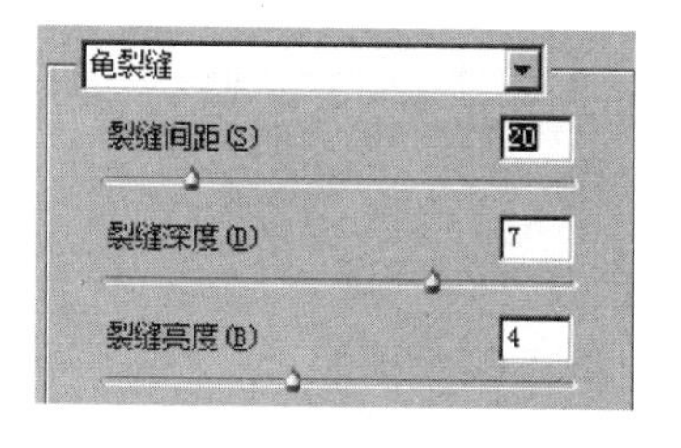

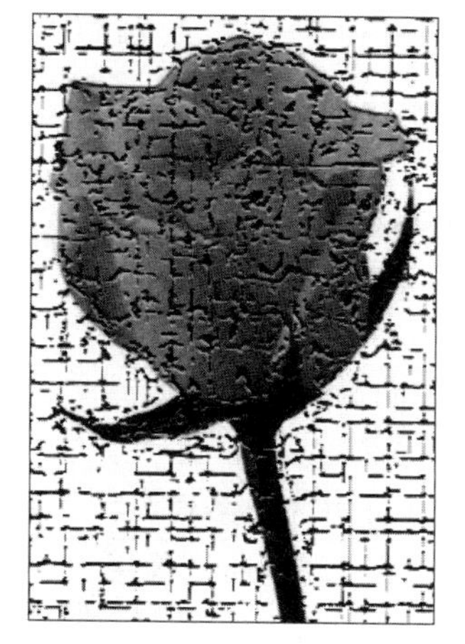

图 6-74 “龟裂缝”滤镜参数及效果图

练习与实训

一、填空题

1. 要使用滤镜命令，需从________菜单中选择，要重复执行上次执行的滤镜，可以按组合键________重复使用滤镜效果。

2. 可根据当前的前景色和背景色之间的变化随机生成柔和的云纹图案的滤镜是________和________滤镜，其中会与底图以“差值”方式的是________，会将底图完全覆盖的是________。

3. 可以模拟亮光照射到相机镜头所产生的折射效果的滤镜是________，该命令属于滤镜组________。

4. 可以添加或移去图像中的杂色的滤镜组是________。

5. 极坐标滤镜属于________滤镜组，该滤镜的两个选项分别是________

6. 用于模拟缩放或旋转相机时所产生的模糊的滤镜是________，该滤镜的两种模糊方法是________和________。

7. 可以在保留图像边缘的同时模糊图像的滤镜是________，向图像中添加低频细节，使图像产生一种朦胧的模糊效果的滤镜是________。

8. 可以将图像进行几何扭曲，以创建波纹、球面化、波浪等三维或变形效果的滤镜组是________。

9. 用另外一张图像的亮度值对当前图像的像素重新排列并产生位移，从而产生扭曲效果的滤镜是________，而且所用的另一图像的格式必须为________

10. 可以在透视的角度下编辑图像，允许在建筑物的侧面、墙壁中进行透视校正操作的滤镜是________，执行此命令时，必须先________。

11. 在液化滤镜中，[图标]是________工具，[图标]是________工具。

12. 选择菜单________命令可打开滤镜库，滤镜库集合了大部分常用滤镜，以________的方式显示，可以从中选择并预览的滤镜有________、________、________。

13. 用于美术或商业项目制作绘画效果或艺术效果的滤镜组是________。

14. 使用一种粗糙的绘画风格来重绘图像，产生壁画一样的效果的滤镜是________。

15. 对图像中的颜色进行色调分离处理，得到几乎不带渐变的简化图像，表现出类似于木刻画的效果的是________滤镜。

16. 通过置换像素、查找并增加图像的对比度，从而产生绘画或印象派的效果的滤镜组是________。

17. “风”滤镜的作用是________，其中“方法”包含________、________和________3种等级。

18. 将图像分解为一系列块状并使其偏离原来的位置，以产生不规则拼砖的图像效果的是________；模拟将图像用马赛克碎片拼贴起来的效果的是________。

19. 向图像中添加纹理质感，产生一种将图像制作在某种材质上的效果的滤镜组是________。

20. 将图像重新绘制成用前景色勾勒的单色的相邻单元格块的滤镜是________。

二、上机实训

1. 用滤镜制作如图6-75所示的简洁桌面背景。

提示：运用“云彩”和“镜头光晕”滤镜。

图6-75　效果图

2. 运用“光照效果”滤镜，将图6-76所示的图像“静物.jpg”处理成如图6-77所示的立体光感文字效果。

提示：借助纹理通道生成3D效果。

图6-76　原图

图6-77　效果图

3. 运用滤镜将图6-78所示的图像“夜景.jpg”处理成如图6-79所示的鱼眼镜头效果。

4. 仿照案例20的制作方法，将如图6-80所示的风景图像“江南水乡.jpg”处理成油画效果，如图6-81所示。

5. 运用所学知识，将如图6-82所示的素材图像制作成如图6-84所示的效果。

提示：利用图像“水.jpg”（如图6-83所示）的亮度使图像产生扭曲效果。

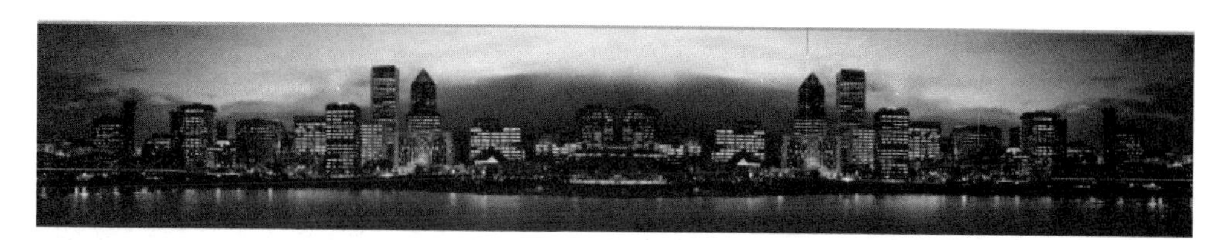

图 6-78　素材

图 6-79　效果图

图 6-80　“江南水乡.jpg”

图 6-81　效果图

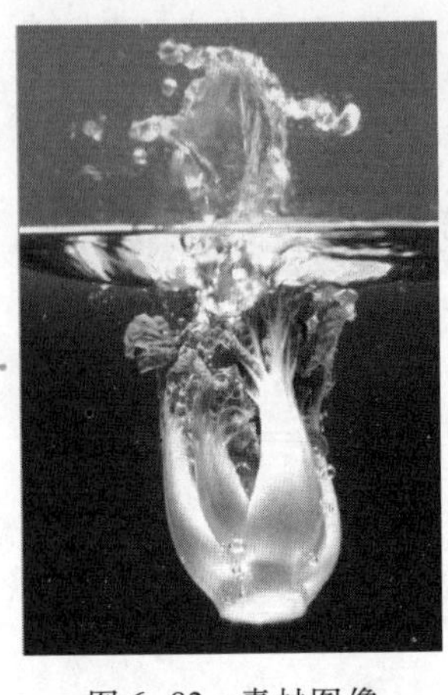

图 6-82　素材图像

图 6-83　水.jpg

图 6-84　效果图

6. 运用所学知识,将如图 6-85 所示的素材图像中的蝴蝶无痕地修复掉,效果如图 6-86 所示。

图 6-85　原图

图 6-86　修复后效果

第7章 动作、动画及3D功能

案例21 快速批量制作证件照片——“动作”面板和批处理命令的应用

案例要求

通过“动作”面板和批处理命令，利用图7-1完成如图7-2所示的8张一寸照片的排版。

图7-1 一寸照片素材

图7-2 效果图

案例分析

本案例主要利用了“动作”面板中的相关按钮，目的是让读者熟悉“动作”面板的功能，并且熟练运用“动作”面板。

操作步骤

① 打开一寸人物素材照片（一寸照片的标准尺寸是2.5 cm×3.5 cm），然后调出

“动作”面板，单击面板底部的“创建新组”按钮，此时弹出“新建组”对话框，“名称”改为照片，单击“确定”按钮；单击“创建新动作”按钮，在弹出的“新动作”对话框中，“名称”改为“一寸八张照片排版”，单击“记录”按钮，现在已经是记录状态，在 Photoshop CS5 中的所有操作都将记录成这一动作的自动操作内容。

② 选择“文件→新建”命令，在“新建”对话框中，设定名称为“一寸八张照片排版”，宽度为 1 500 像素，高度为 1 100 像素，分辨率为 300 像素/英寸，颜色模式为 RGB，背景内容为白色。

③ 单击人物素材照片，按 Ctrl+A 快捷键，将照片内容全部选中，按 Ctrl+C 快捷键复制照片，选择“一寸八张照片排版”文档，按 Ctrl+V 快捷键粘贴照片。

④ 单击“移动工具”，按下 Alt 键，再复制出来三张同样的照片，打开“图层”面板，同时选中“图层 1”、“图层 1 副本”、“图层 1 副本 2”和“图层 1 副本 3”四个图层，单击工具选项栏中的“水平居中分布”按钮，将照片水平居中分布，效果如图 7-3 所示。

图 7-3　水平居中分布后的效果

⑤ 在图像窗口中再次按下 Alt 键，向下拖动，又复制出来四张照片，调整好位置，效果如图 7-1 所示。然后按下 Shift+Ctrl+E 组合快捷键将图层合并，选择“文件→存储为”命令，将排版好的照片存储在指定的文件夹中，并且关闭素材照片。单击“动作”面板底部的“停止播放\记录”按钮，停止记录动作。此操作过程的“动作”面板的内容如图 7-4 所示。

⑥ 试试刚才记录的动作效果。打开另外一张素材照片，在“动作”面板上单击“一寸八张照片排版”，动作将从开始处执行。由于不同的照片要有不同的存储名称，所以我们打开“动作”面板，单击“存储”动作前边的“切换对话开/关”按钮，当动作执行到此时，会调出“存储为”对话框，以便以不同的名称存储所处理的照片，然后单击“保存”按钮，即可完成操作。

图 7-4　“动作”面板

7.1　“动作”面板

动作是一系列操作的集合。将 Photoshop CS5 中的一系列操作依次组合在一起，就构成一个动作，当执行这个动作时，就开始依次执行组成动作的一系列操作。动作可以使操作自动化，提高工作效率。

动作的记录、播放、编辑、删除等操作都可以通过“动作”面板来实现。如果“动作”

面板没有显示,可以通过选择菜单“窗口→动作”命令将其调出。“动作”面板如图 7-2 所示,其中各按钮的主要功能如下。

1. “切换项目开/关”按钮

- 如果该按钮没有显示对号,则表示该文件夹内的所有动作都不能执行,或表示该动作不能执行。
- 如果该按钮显示黑色对号时,表示该文件夹内的所有动作和所有操作都可以执行。
- 如果该按钮显示红色对号时,表示该文件夹内的部分动作或该动作下的部分操作可以执行。

2. “切换对话开/关”按钮

- 当该按钮显示黑色时,表示在执行动作的过程中,会调出对话框并暂停,等用户设置完成单击“确定”按钮后才可以继续执行。用鼠标单击图标使之消失时,表示使用原动作设定的值。
- 当该按钮显示红色时,表示动作文件夹中只有部分动作会在执行过程中调出对话框并暂停。

3. “展开动作”按钮

单击动作文件夹或者动作名称左边的展开按钮,可以将该动作文件夹中所有的动作展开或者展开组成该动作的所有操作名称。此时展开的按钮会变为形状,单击按钮收回。

4. “停止播放/记录”按钮

单击此按钮可以使当前正在录制的动作暂停。

5. “开始记录”按钮

单击此按钮可以开始录制一个新的动作。

6. “播放选定的动作”按钮

单击此按钮可以执行当前的动作或操作。

7. “创建新组”按钮

组是存储动作的文件夹,单击该按钮可以创建一个新的组,它的右边给出了动作文件夹的名称。

8. “创建新动作”按钮

单击此按钮可以创建一个动作,新建的动作将存放在当前动作文件夹内。

9. “删除”按钮

单击此按钮可以删除当前的动作文件夹、动作或者操作等。

案例 22　制作下雪的动画效果——“动画”面板的使用

案例要求

利用“动画”面板的功能，借助滤镜，将图 7-5 所示的素材图像制作成如图 7-6 所示的下雪效果。

图 7-5　素材图像

图 7-6　下雪效果

案例分析

① 本案例主要运用滤镜来制作雪的效果

② 利用“动画”面板的“复制所选帧”按钮和“过渡动画帧”按钮来完成动画的制作。

操作步骤

① 打开素材图像，复制一个副本，“图层”面板上自动增加一个“背景副本”图层。

② 选中“背景副本”层，选择“滤镜→像素化→点状化”命令，打开“点状化”对话框，将单元格大小设置为 3，然后单击“确定”按钮。

③ 选择“图像→调整→阈值”命令，打开“阈值”对话框，将“阈值色阶”的值改为 255，单击“确定”按钮。

④ 打开“图层”面板，将“背景副本”图层的“混合模式”改为“滤色”，此时得到的效果如图 7-7 所示。

⑤ 选择“滤镜→模糊→动感模糊”命令，打开“动感模糊”对话框，将“角度”设置为 50 度，“距离”设置为 4 像素，然后单击“确定”按钮。

⑥ 选中“背景副本”图层，按下 Ctrl+T 快捷键，调出变换框，按住 Shift 键等比例的放大到合适的位置后，按回车键应用此变换，如图 7-8 所示。

图 7-7 “背景副本”滤色后的效果图

图 7-8 等比例的放大“背景副本”

⑦ 打开“动画”面板，单击面板底部的“复制所选帧”按钮，复制出第二帧，单击“移动工具”，将“背景副本”的右上角与“背景”的右上角对齐，此时的“动画”面板如图7-9所示。

图 7-9 复制帧后的“动画”面板

⑧ 单击“动画”面板底部的“过渡动画帧”按钮，在弹出的“过渡”对话框中，将“要添加的帧数”改为 6，其他选项取默认值，然后单击“确定”按钮。此时的“动画”面板如图 7-10 所示。单击帧下面的“选择帧延迟时间”，在弹出的延迟时间中，设置每帧的显示时间为 0.1 秒，然后单击“动画”面板底部的“播放动画”按钮，播放所创作的动画。

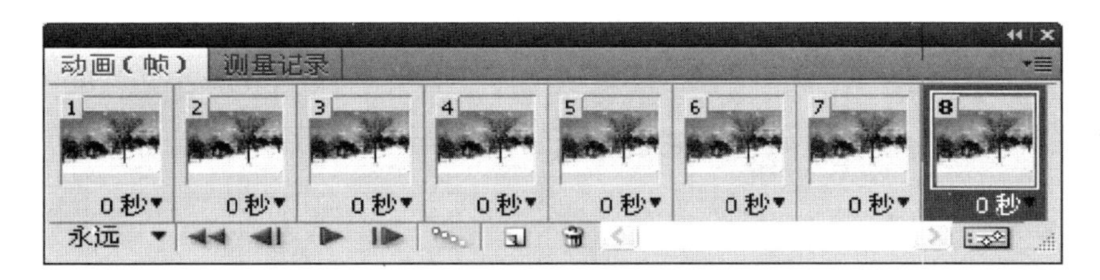

图 7-10 添加过渡帧后的“动画”面板

⑨ 选择“文件→存储为 Web 和设备所用格式”命令，将所创作的动画存储为 GIF 格式，即可完成图 7-6 所示的下雪效果。

7.2 “动画”面板

动画是在一段时间内显示的一系列图像或帧。每一帧较前一帧都有轻微的变化，当连续、快速地显示这些帧时就会产生运动或其他变化的错觉。

在 Photoshop 中，“动画”面板以帧模式出现，显示动画中的每个帧的缩览图。使用面板底部的工具可浏览各个帧、设置循环选项、添加和删除帧以及预览动画。另外，“动画”面板菜单包含其他用于编辑帧或时间轴持续时间以及用于配置面板外观的命令。单击面板菜单图标可查看可用命令。

如果“动画”面板没有打开，可以通过选择菜单“窗口→动画”命令将其打开。“动画”面板如图 7-11 所示，其中各按钮的主要功能如下。

图 7-11 “动画”面板

- “选择循环选项”：设置动画在作为 GIF 文件导出时的播放次数。
- “选择帧延迟时间”：设置帧在回放过程中的持续时间。
- “过渡动画帧”按钮：在两个现有帧之间添加一系列帧，通过插值方法（改变）使新帧之间的图层属性均匀。
- “复制所选帧”按钮：通过复制“动画”面板中的选定帧以向动画添加帧。
- “转换为时间轴动画”按钮：使用用于将图层属性表示为动画的关键帧将帧动画转换为时间轴动画。

案例 23 制作六面贴图的正立方体效果——3D 功能的应用

案例要求

利用 3D 的功能完成如图 7-12 所示的立体效果。

图 7-12　3D 效果图

案例分析

① 利用 3D 命令创建正立方体。

② 使用“3D”面板和 3D 工具，完成 6 个面的贴图任务。

操作步骤

① 新建一个文件，宽度和高度均为 400 像素，分辨率为 72 像素/英寸，颜色模式为灰度，背景内容为白色。

② 新建一个图层 1，选择“3D→从图层新建形状→立方体”命令，在图像窗口中建立了一个立方体图形，如图 7-13 所示。

图 7-13　创建的立方体图形

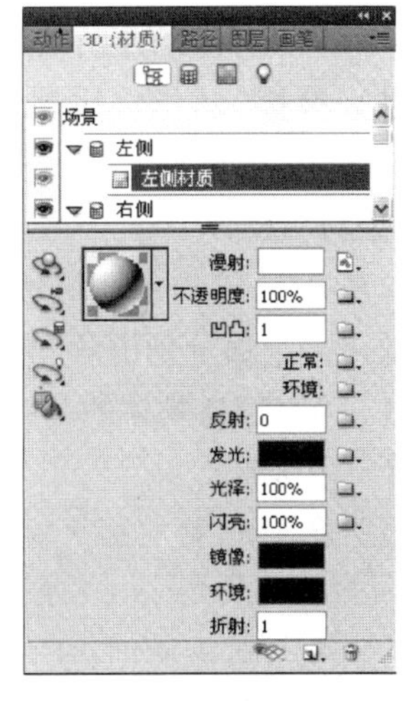

图 7-14　“3D”面板材质属性

③ 打开“3D”面板，在“场景”选项中，选择“左侧材质”，如图 7-14，单击“漫射”最

右边的“编辑漫射纹理”按钮 ，在下拉菜单中选择“载入纹理”命令，选择一个图像后单击“打开”按钮，现在我们看不到贴上的图像，这是因为图像贴在左侧，而现在右侧在前面。所以选择“对象旋转工具”进行旋转，就完成图 7-15 所示的效果。

④ 选择“对象旋转工具”把没有贴图的其他 5 个面旋转出来，用与步骤③类似的方法，分别贴上不同的图像，得到如图 7-16 所示的效果。

图 7-15　左侧贴图的效果

图 7-16　6 个面全部贴图的效果

⑤ 单击“3D”面板的“光源”按钮 ，将“强度”改为 1.29，即可得到图 7-12 所示的效果。

⑥ 单击“图层”面板菜单中的“拼合图像”命令，完成六面贴图的正立方体效果。

7.3　3D 功能

平时我们所看到的一些立体感、质感超强的 3D 图像，在 Photoshop CS5 中也可轻松实现。Photoshop CS5 在菜单栏中新增了“3D”菜单，同时还配备了“3D”面板，使用户可以使用材质进行贴图，制作出质感逼真的 3D 图像，进一步推进了 2D 和 3D 的完美结合。

1. 3D模型材质操作

每一个材质都有 12 种纹理属性，综合调整这些纹理属性能够使不同的材质展现出千变万化的效果。下面分别讲解“3D”面板的材质属性如图 7-14 所示。

- “漫射”：定义 3D 物体的基本颜色，如果为此属性添加了漫射纹理贴图，则该贴图将包裹整个 3D 物体。
- “不透明度”：此属性用于定义材质的不透明度，数值越大，3D 模型的透明度越高。
- “凹凸”：在材质表面创建凹凸效果。此属性需要借助于凹凸映射纹理贴图，凹凸映射纹理贴图是一种灰度图像，其中较亮的值创建突出的表面区域，较暗的值创建平坦的表面区域。
- “反射”：此属性用于控制 3D 物体对环境光的反射强弱，需要通过为其指定相对应的映射贴图，以模拟对环境或其他物体的反射效果。

● “发光”：此处的颜色用于由 3D 物体自身发出的光线的颜色。

● “光泽”：定义来自光源的光线经表面反射折回到人眼中的光线数量。如果为此属性添加了光泽度映射纹理贴图，则贴图图像中的颜色强度控制材质中的光泽度，其中黑色区域创建完全的光泽度，白色区域去除光泽度，而中间值减少高光大小。

● “闪亮”：定义“光泽”所产生的反射光的散射。

● “镜像”：定义镜面属性显示的颜色。

● “环境”：模拟将当前 3D 物体放在一个有贴图效果的球体内，3D 模型的反射区域中能够反射出环境映射贴图的效果。

● “折射”：设置折射率，在“表面样式”渲染设置为“光线跟踪”时，“折射”选项被选中。

2. 3D模型光源操作

● 添加光源：要想添加光源，可单击“3D”面板底部的“创建新光源”按钮，如图 7-17 所示，然后再弹出的下拉列表中选取光源类型（点光、聚光灯或无线光）。

● 删除光源：要删除光源，可在“3D”面板上方的光源列表中选择要删除的光源，然后单击面板底部的“删除”按钮。

● 改变光源类型：每一个 3D 场景中的光源都可以被任意设置成为三种光源类型中的一种，要完成这一操作，可以在“3D”面板上方的光源列表中选择要调整的光源，然后在“3D”面板下方的“光照类型”下拉列表中选择一种光源类型。

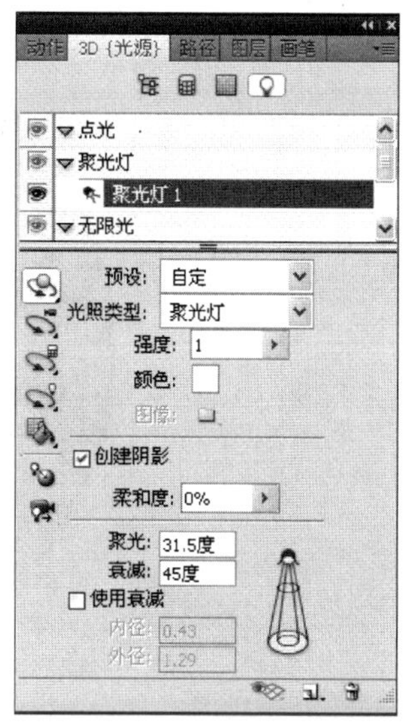

图 7-17 “3D”面板光源属性

练习与实训

一、填空题

1. 动作文件的扩展名为________。

2. 要执行选定的动作，可单击“动作”面板中的________按钮。

3. “动作”面板不仅可以执行动作，还可________、修改、________和________动作。

4. Photoshop CS5 系统中提供了________面板，利用该面板中现成的批处理命令，可以完成大量的重复操作。

5. 3D 图层是一类特殊的图层，在此类图层中，无法进行绘画等编辑操作，要应用的话，必须将此类图层________。

6. “动画”面板除了以时间轴动画的形式出现之外，还以________的形式出现。

7. ________是 Photoshop CS5 中非常重要的一个功能，它可以详细记录处理图像的全过程。

二、上机实训

1. 根据下列要求录制成动作，然后批量处理图片，并且保存每一幅图像。

要求：

① 将一组不同图像的大小统一改成 700×600 像素。

② 执行“滤镜→模糊→径向模糊”（模糊方法为“缩放”，数量为 100）。

③ 选择文本工具，字体为华文行楷，字体大小为 72 点，颜色为黄色，写入文字“录制动作”。

2. 利用“动画”面板制作旋转的小花。

提示：用 Photoshop CS5 自带的图案练习即可。

3. 利用 3D 功能制作地球模型，效果如图 7-18 所示。

图 7-18　地球模型

第8章 综合应用

案例24 制作相框效果

案例要求

将图8-1所示的素材图像制作成图8-2所示的镶嵌在相框内的照片效果。

图8-1 素材图像

图8-2 相框效果

案例分析

① 新建一个与素材图像大小相同的图像文件，并将素材图像复制到新文档中，形成“图层1”。

② 利用“图像→画布大小”命令适当增大画布，即增大“背景”图层。为“图层1”中的透明区域创建选区，并在一个新图层中用图案填充该选区，此即相框内框所使用的图案。

③ 利用选区变换命令和“载入选区”命令形成相框外框架的选区，并在新图层中填充相框外框架的颜色。

④ 利用“添加图层样式”按钮为相框框架所在的两个图层添加“斜面和浮雕”效果。

⑤ 将除“背景”图层外的其他图层合并为一个图层,并为该图层中图像设置“斜切”。

⑥ 为倾斜的相框设置阴影。

操作步骤

① 选择“文件→打开”命令,打开图 8-1 所示的素材图像。

② 选择 “文件→新建”命令,在出现的“新建”对话框中,设置新建文档的大小与素材图像相同,文件命名为“相框效果”,具体设置如图 8-3 所示,单击“确定”按钮。

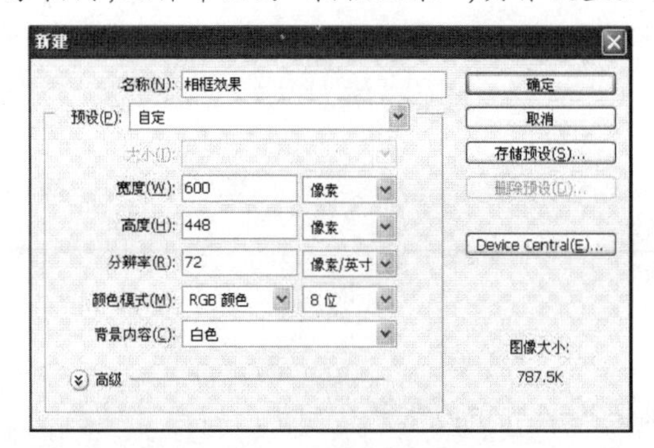

图 8-3 “新建”对话框

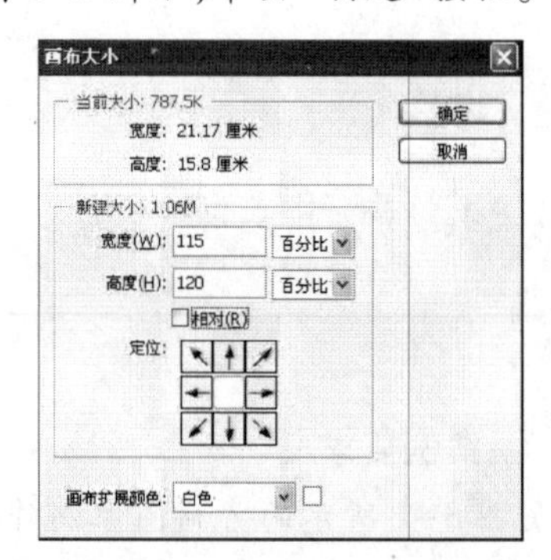

图 8-4 “画布大小”对话框

③ 选择“移动工具”,拖动素材图像的选项卡,使该图像置于浮动的图像窗口中,拖动该图像到“相框效果”图像中,形成“图层 1”,调整“图层 1”中的图像与背景层重合。关闭素材图像文件。

④ 选择“图像→画布大小”命令,在出现的“画布大小”对话框中,设置各参数值如图 8-4 所示,单击“确定”按钮。

⑤ 确保当前图层为“图层 1”,选择“魔棒工具”,在“图层 1”的透明像素区域单击,为该区域创建选区,效果如图 8-5 所示。

图 8-5 为透明区域建立选区

图 8-6 “图层”面板

⑥ 在“图层”面板中,选择“背景”图层为当前图层,单击“创建新图层”按钮,创建“图层 2”,此时,“图层”面板的状态如图 8-6 所示。选择“编辑→填充”命令,在出现的

“填充”对话框中，“内容”使用“图案”，然后在“自定图案”下拉列表框中选择“自然图案”类别中的“草”，如图 8-7 所示，单击“确定”按钮；按 Ctrl+D 取消选区，图像效果如图 8-8 所示，该图案即是相框内框架所使用的图案。

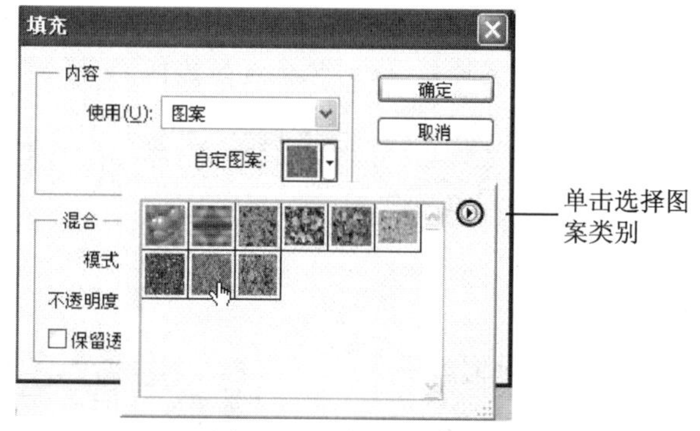

图 8-7 “填充”对话框

图 8-8 填充图案后的图像效果

图 8-9 扩展选区

⑦ 在“图层”面板中，按住 Ctrl 键单击“图层 1”的图层缩览图，为该图层中的不透明区域创建选区，选择“选择→修改→扩展”命令，在出现的“扩展”对话框中，“扩展量”设置为 8 像素，单击“确定”按钮，得到扩展后的选区，效果如图 8-9 所示。

⑧ 在“通道”面板中，单击“将选区存储为通道”按钮，将当前选区保存为“Alpha 1”通道，按 Ctrl+D 取消选区。

⑨ 选择“图像→画布大小”命令，在出现的“画布大小”对话框中，设置各参数值如图 8-10 所示，单击“确定”按钮。此时，图像状态如图 8-11 所示。

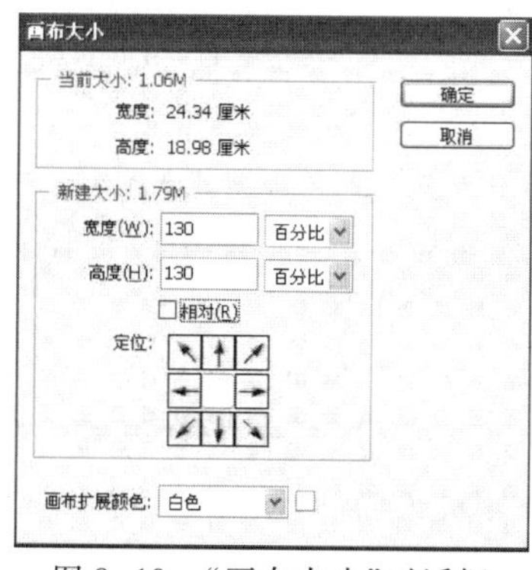

图 8-10 “画布大小”对话框

图 8-11 画布增大

⑩ 确保当前图层为"图层 2",选择"魔棒工具",在工具选项栏中设置参数如图 8-12 所示,在图像中图案填充框外部的透明区域单击鼠标,为该区域创建选区;选择"选择→反向"命令,选中图案填充框及其内部的区域,如图 8-13 所示。选择"选择→变换选区"命令,在工具选项栏中将"W"和"H"都设置为 105%,即选区的宽和高都增加至原选区的 105%,单击"进行变换"按钮,得到扩展后的选区,如图 8-14 所示。

图 8-12 "魔棒工具"选项栏

图 8-13 创建选区

图 8-14 扩展选区

⑪ 选择"选择→载入选区"命令,在出现的"载入选区"对话框中,设置参数如图 8-15所示,单击"确定"按钮,得到相框外框架选区,如图 8-16 所示。

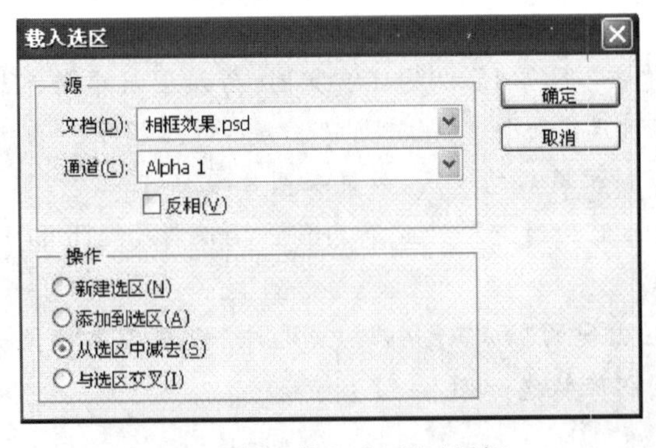

图 8-15 "载入选区"对话框

图 8-16 建立相框外框架选区

⑫ 在"图层"面板中,选择"图层 1"为当前图层,单击"创建新图层"按钮,创建"图层 3","图层"面板的状态如图 8-17 所示。设置前景色为墨绿色(#444f17),按 Alt+Delete 键填充选区,再按 Ctrl+D 取消选区,图像效果如图 8-18 所示。

⑬ 在"图层"面板中,选择"图层 2"为当前图层,单击"添加图层样式"按钮,选择"斜面和浮雕"命令,在出现的"图层样式"对话框中,勾选"等高线"和"纹理"复选框,"角度"设为 120 度,"高度"设为 40 度,其他参数保持默认值,如图 8-19 所示,单击"确定"按钮,然后对"图层 3"做相同处理,图像效果如图 8-20 所示。

图 8-17 “图层”面板

图 8-18 填充选区

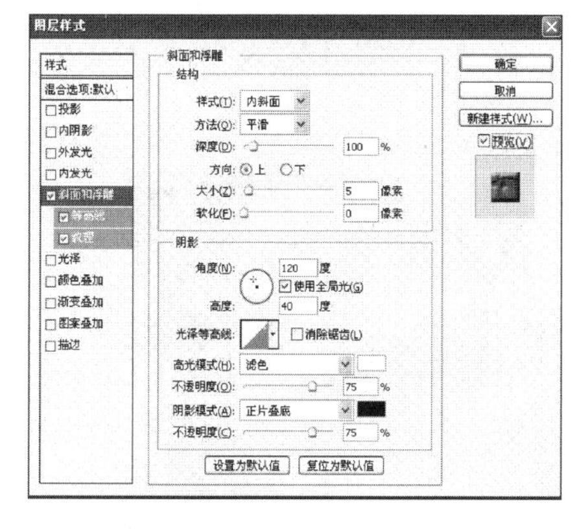

图 8-19 “图层样式”对话框

图 8-20 图像效果

⑭ 在“图层”面板中,选中除“背景”图层外的其他所有图层,按 Ctrl+E 组合键,将选中的图层合并为一个图层“图层 3”,此时“图层”面板的状态如图 8-21 所示。

图 8-21 “图层”面板

⑮ 选择“图层→变换→斜切”命令,在工具选项栏中设置“水平斜切”为-10 度,即“H”为-10 度,如图 8-22 所示,按 Enter 键进行变换,此时图像效果如图 8-23 所示。

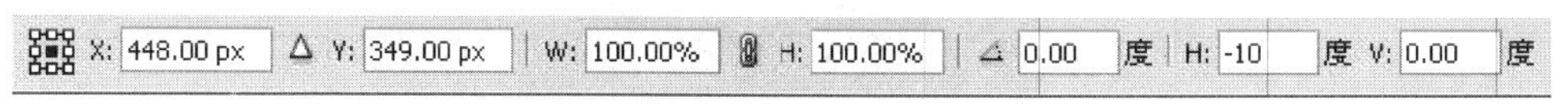

图 8-22 工具选项栏

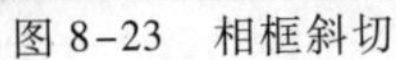

图 8-23　相框斜切

图 8-24　创建倒三角形选区

⑯ 在“图层”面板中，选择“背景”图层为当前图层，单击“创建新图层”按钮，创建“图层 4”。选择“多边形套索工具”，在倾斜相框的右下角创建一个倒三角形选区，如图 8-24 所示，设置前景色为深灰色，按 Alt+Delete 键填充选区，再按 Ctrl+D 取消选区，图像效果如图 8-25 所示。

图 8-25　填充选区

图 8-26　高斯模糊的效果

⑰ 选择“滤镜→模糊→高斯模糊”命令，在出现的对话框中，设置“半径”为 6 像素，单击“确定”按钮，图像效果如图 8-26 所示。

⑱ 选择“移动工具”，调整“图层 4”中三角形的位置，图像最终效果如图 8-2 所示。

案例 25　制作会员卡

案例要求

本案例主要进行会员卡的设计与制作，最终效果如图 8-27 所示。

图 8-27　最终效果

案例分析

① 本案例在 CMYK 颜色模式下完成会员卡正反面的制作，在 RGB 模式下完成合成效果的制作。

② 主要使用了图层的复制、图层的混合模式、图层样式、图层蒙版等图层的基本操作。

③ 利用图层组来组织管理图层，利用盖印图层来合并图层，利用调整层调整图像的色调。

④ 利用“风”滤镜和“高斯模糊”滤镜为人物添加效果，利用“纤维”、“极坐标”、“云彩”滤镜制作木纹效果。

⑤ 利用“动作”面板录制和播放动作来实现木地板效果的制作。

操作步骤

① 选择菜单“文件→新建”命令，打开“新建”对话框，参数设置如图 8-28 所示，新建空白文档“会员卡”。选择菜单“视图→新建参考线”命令，打开如图 8-29 所示的“新建参考线”对话框，分别在水平 0.6 厘米、8.4 厘米和垂直 0.6 厘米、5.4 厘米处建立 4 条参考线。

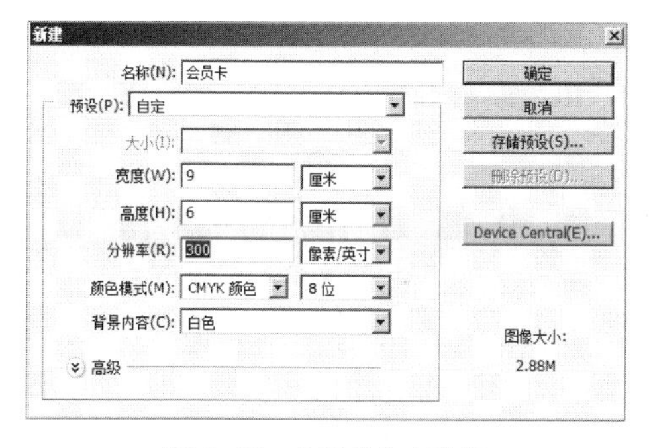

图 8-28 “新建”对话框

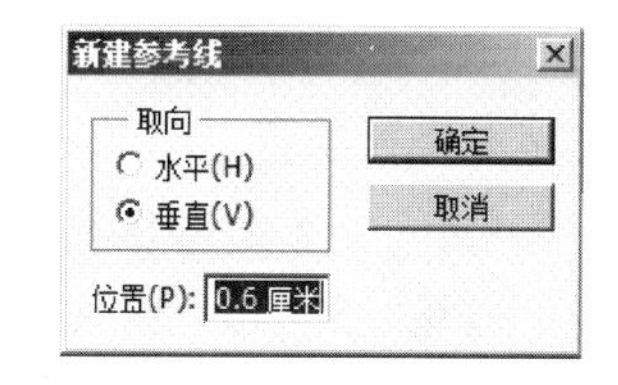

图 8-29 “新建参考线”对话框

② 单击“图层”面板底部的“创建新图层”按钮，新建“图层 1”并命名为“底色”。选择工具箱中的“渐变工具”，在“渐变编辑器”中设置两个渐变色标为“#a84293、#230f2d”，在工具选项栏中选择“径向渐变”，从左上向右下拖曳进行填充，此时的图像效果如图 8-30 所示。

③ 打开素材图像“底纹.psd”，选择“底纹”图层，利用“移动工具”将其拖至“会员卡”窗口中，自动产生新的图层，并命名为“底纹”。打开素材图像“花.jpg”，利用“移动工具”将其拖至会员卡窗口，命名为“花”；选择“魔棒工具”，在黑色背景上单击，按 Delete 键删除背景色。在“图层”面板中设置两个图层的混合模式均为“叠加”，效果如图 8-31 所示。

④ 打开素材图像“瑜伽.jpg”，利用“移动工具”将素材图像拖到“会员卡”窗口，自动生成新的图层，并命名为“人物”，按组合键 Ctrl+T，调整人物的大小和位置，如图

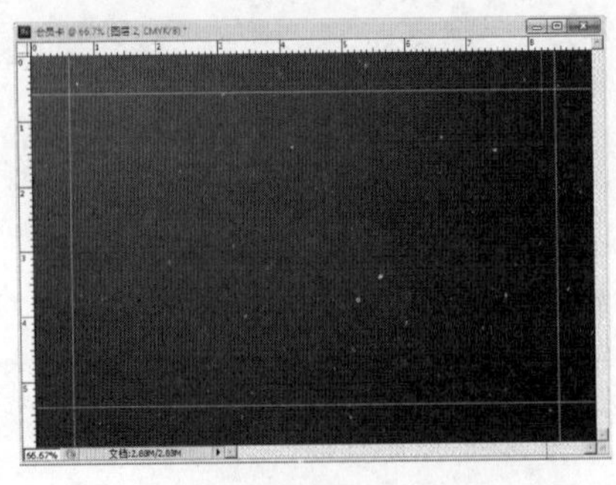

图 8-30　建立参考线、底色渐变的效果

图 8-31　添加底纹、花的效果

8-32所示。选择工具箱中的“魔棒工具”，在工具选项栏中设容差为 30，不勾选“连续的”复选框，借助 Shift 键在蓝色背景上多次单击，选取蓝色背景。

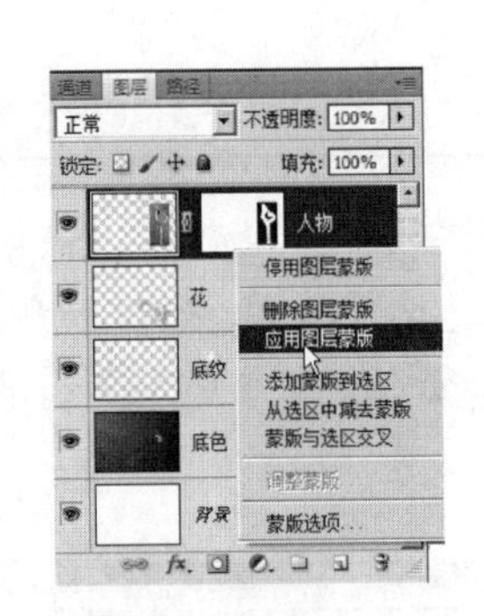

图 8-32　人物的位置及“图层”面板快捷菜单

⑤ 按住 Alt 键单击“图层”面板底部的“添加图层蒙版”按钮，为人物添加图层蒙版。选中图层蒙版缩览图，选择“画笔工具”，设前景色为白色，在人物脚部没有显示出的部位拖曳鼠标，将人物主体完全显示。完成后右击“图层蒙版缩览图”，从弹出的快捷菜单中选择“应用图层蒙版”命令，如图 8-32 所示。

⑥ 按住 Ctrl 键并单击“人物”图层缩览图，获得“人物”的选区；单击“图层”面板底部的“创建新的填充或调整图层”按钮，从弹出的菜单中选择“色彩平衡”命令，打开“调整”面板进行设置，参数及添加调整层后的“图层”面板如图 8-33 所示。为人物创建调整层，使人物与背景的色调一致。

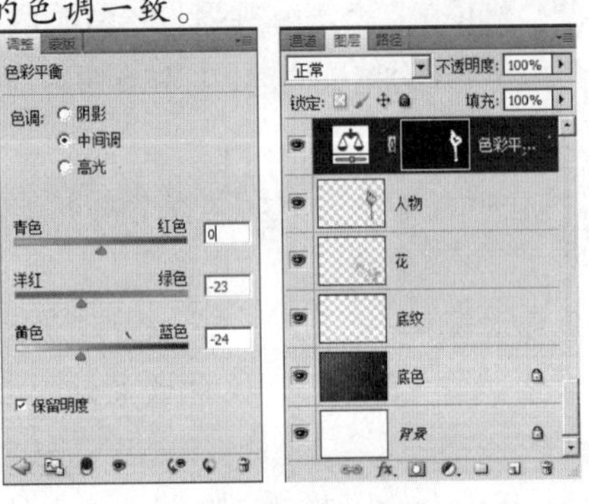

图 8-33　“调整”面板设置及“图层”面板

⑦ 在“图层”面板中，拖动图层“人物”至“创建新图层”按钮上，得到“人物副本”图层。选中上方的“人物”图层，选择菜单“滤镜→风格化→风”命令，打开如图 8-34 所示的对话框，设置后单击“确定”按钮。按组合键 Ctrl+F，重复应用“风”滤镜。选择菜单“滤镜→模糊→高斯模糊”命令，在如图 8-35 所示的对话框中进行设置。按组合键 Ctrl+[，将图层下移一层，此时的图像效果如图 8-36 所示。

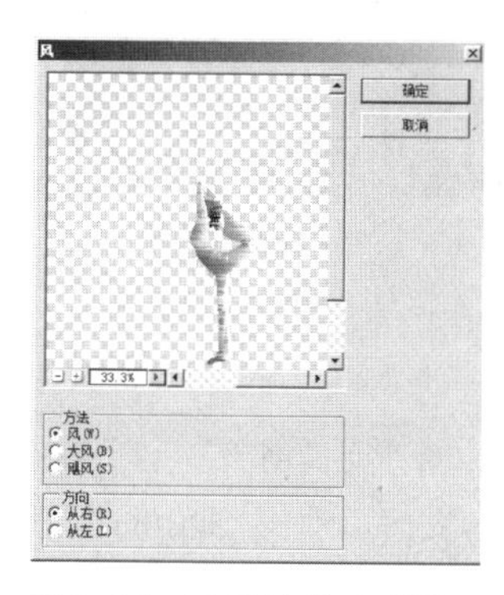

图 8-34 “风”滤镜选项设置

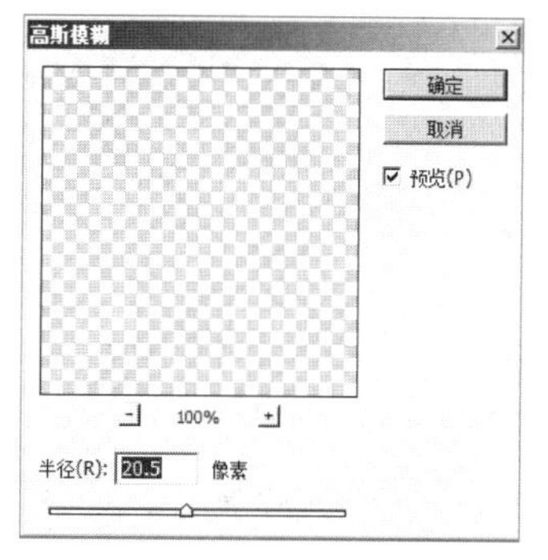

图 8-35 “高斯模糊”对话框

图 8-36 执行滤镜后的人物效果

⑧ 按住 Shift 键，在“图层”面板中同时选中两个人物图层与调整图层，选择菜单“图层→新建→从图层建立组”命令，弹出如图 8-37 所示的对话框，在“名称”文本框中输入“人物组”，单击“确定”按钮，将选定的图层添加到新建的图层组中。

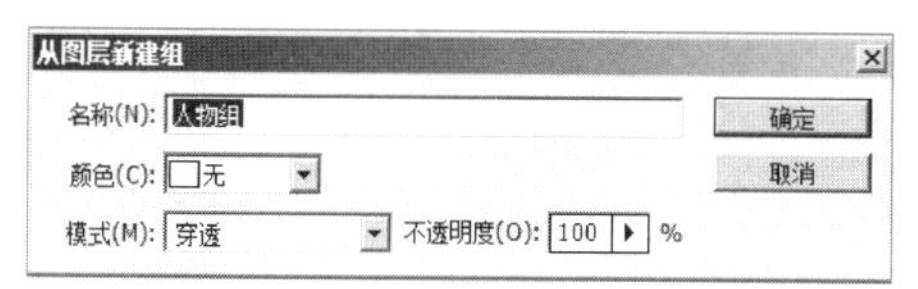

图 8-37 “从图层新建组”对话框

图 8-38 标志的位置

⑨ 打开素材图像“标志.jpg”，利用“移动工具”将其拖至“会员卡”窗口左上角参考线处，如图 8-38 所示，并将新图层命名为“标志”。选择工具箱中的“魔棒工具”，单击选中白色背景，按 Delete 键删除。在“图层”面板中双击图层“标志”的图层缩览图，弹出“图层样式”对话框后选择“斜面和浮雕”、“渐变叠加”和“描边”选项，设置如图 8-39 所示，此时图像效果如图 8-40 所示。

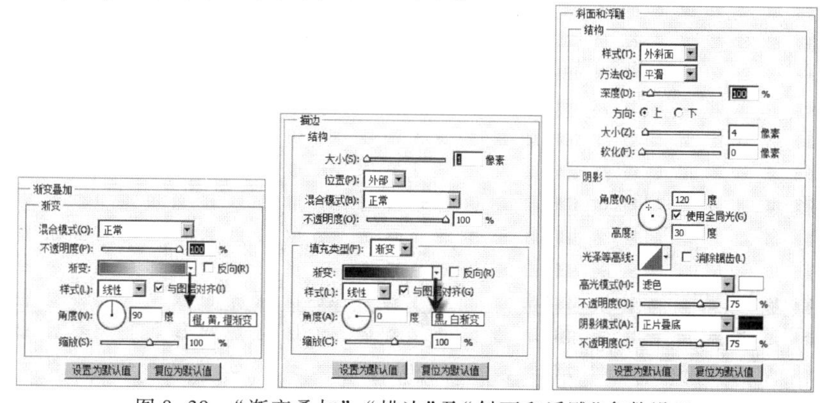

图 8-39 “渐变叠加”、“描边”及“斜面和浮雕”参数设置

图 8-40　标志位置及效果

图 8-41　选区的位置及填充效果

⑩ 单击“图层”面板底部的“创建新图层”按钮，新建一个图层。选择工具箱中的“矩形选框工具”，在画布下方绘制矩形选区。选择工具箱中的“渐变工具”，在“渐变编辑器”中设置4个渐变色标分别为“#641275、#a84293、#6c1879、#520fb6”，在工具选项栏中选择“线性渐变”，在选区中从左向右拖曳进行填充。在“图层”面板中设置图层的不透明为70%，效果如图8-41所示。

⑪ 选择工具箱中的“横排文字工具”，设置字体为“宋体”，大小为“10点”，颜色为黄色，在左下角输入编号文字“NO.0082620”，并命名为“编号”。在“图层”面板中该层名称后的空白处双击，打开“图层样式”对话框，选择“斜面和浮雕”选项，设置如图8-42所示；选择“内发光”选项，发光颜色设为金黄色，其余选项默认，设置后单击“确定”按钮，此时文字的效果如图8-43所示。

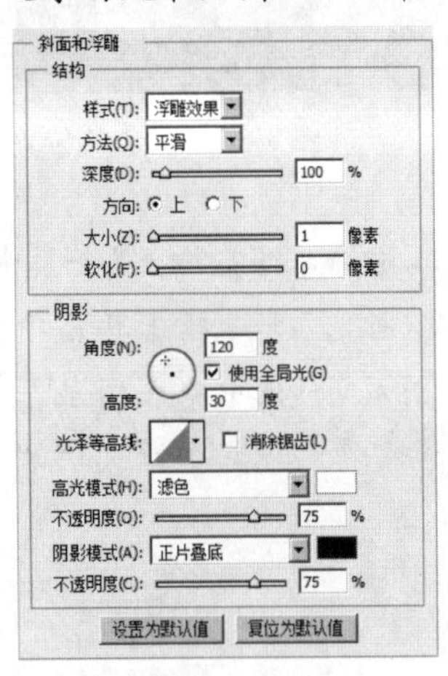

图 8-42　编号的“斜面和浮雕”设置

图 8-43　编号的位置及效果

⑫ 单击“图层”面板底部的“创建新组”按钮，创建新图层组并命名为“正面文字”。选择工具箱中的“横排文字工具”，分别在相应的位置输入以下文字。“shenglianyoga”设置为“Old English Text MT 字体、8点、黑色”；“圣莲瑜伽生活馆”设置为“方正细珊瑚简体、18点、深紫色”，其中“生活馆”的大小为14点；“VIP”设置为“Charlemagne Std 字体、颜色为# bd902e、大小为36点”；“贵宾卡”设置为“隶书、12点、白色”；“金牌服务，会员专享”设置为“隶书、12点、白色”；“瑜伽是一种生活 瑜伽是一种心境”设置

为“楷体、倾斜、白色、9点”，如图8-44所示。

图8-44 图层组“正面文字”中各文字的位置

⑬ 在“图层”面板中右击“标志”图层，从弹出的快捷菜单中选择“拷贝图层样式”命令，右击文字层“shenglianyoga”，从弹出的快捷菜单中选择“粘贴图层样式”，并将复制得到的效果中的“外发光”效果隐藏。

⑭ 在“图层”面板中双击文字图层“圣莲瑜伽生活馆”，打开“图层样式”对话框，选择“描边”选项，设置如图8-45所示。在“图层”面板中双击文字图层“VIP”，打开“图层样式”对话框，选择“颜色叠加”选项，设置叠加颜色为“#f0e437”，设置“投影”、“斜面和浮雕”，参数设置如图8-46所示，设置后的效果如图8-47所示。

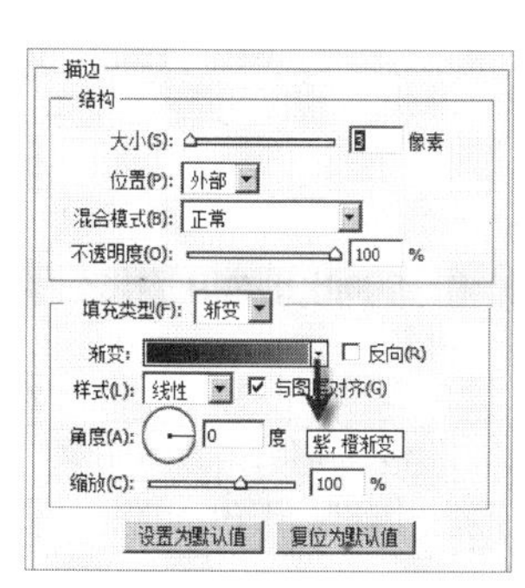

图8-45 “描边”选项设置

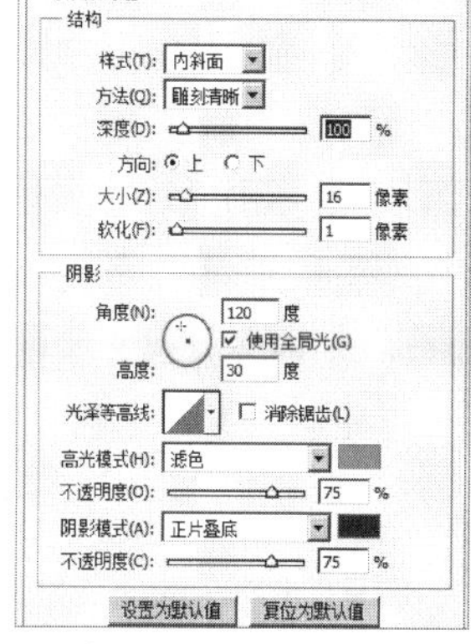

图8-46 文字VIP的“投影”、“斜面和浮雕”选项设置

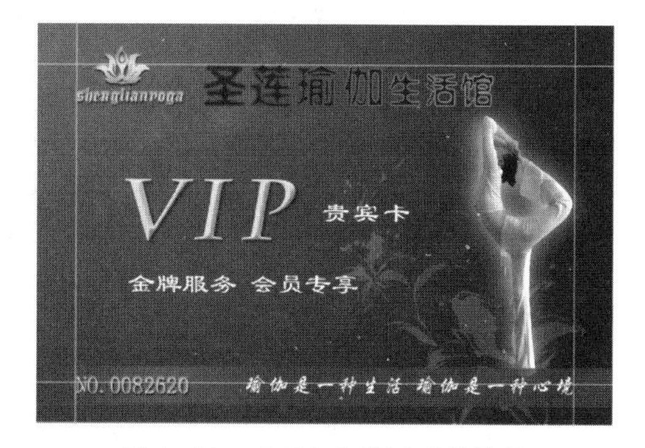

图8-47 正面文字设置后的效果

⑮ 在“图层”面板中选择最顶层，按组合键Ctrl+Shift+Alt+E，盖印所有可见图层，将盖印得到的图层命名为“正面效果”。

⑯ 在“图层”面板中，按住 Alt 键并单击“底色”图层前的图标，将“底色”图层以外的图层隐藏。复制“编号”图层，并命名为“反面编号”；选择菜单“编辑→变换→水平翻转”命令，将其翻转并向右平移至参考线内边缘。在“图层”面板中，双击“反面编号”图层，在打开的“图层样式”对话框中将“斜面和浮雕”中的“浮雕效果”样式改为“枕状浮雕”，取消“内发光”，选择“内阴影”和“颜色叠加”选项，并设置叠加颜色为深紫色。

⑰ 单击“图层”面板底部的“创建新组”按钮，创建新图层组并命名为“反面文字”。选择工具箱中的“横排文字工具”，设置颜色为白色，分别在相应的位置输入文字，如图 8-48 所示。

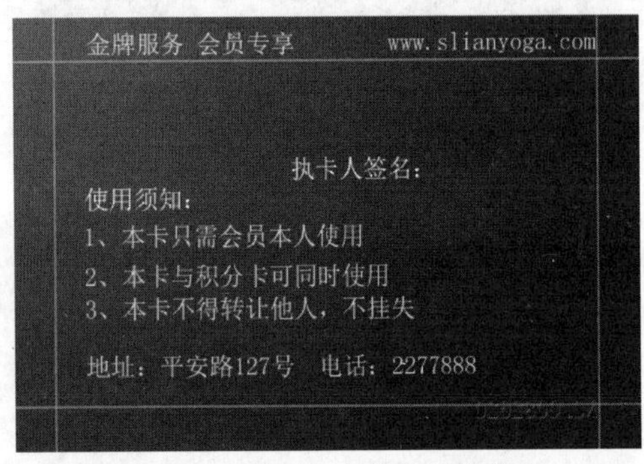

图 8-48 反面文字的内容及位置

⑱ 创建新图层并命名为“黑条”，在第一条水平参考线下绘制矩形选区。选择“渐变工具”，在“渐变编辑器”中设置 4 个渐变色标的位置分别为“0%、15%、50%、100%”，颜色分别为“#2c362b、#8f8f8f、#0b0b0b、#b0b0b0”，在工具选项栏中选择“线性渐变”，在选区中从左上向右下斜向拖曳进行填充。创建新图层并命名为“白条”，绘制矩形选区，选择菜单“编辑→填充”命令，“填充”对话框的设置如图 8-49 所示。此时的图像效果如图 8-50 所示。

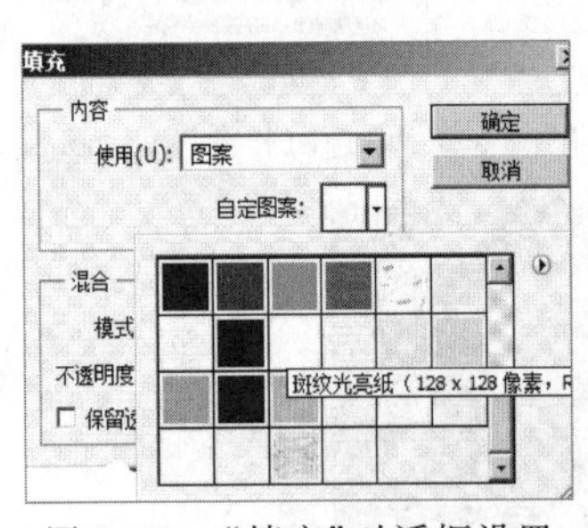

图 8-49 “填充”对话框设置

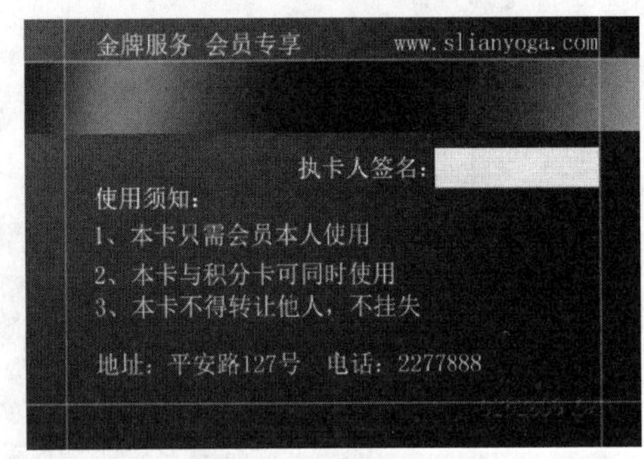

图 8-50 反面的效果

⑲ 按组合键 Ctrl+Shift+Alt+E，盖印所有可见图层，将盖印得到的图层命名为“反面效果”。

⑳ 选择工具箱中的“圆角矩形工具”，在工具选项栏中单击“路径”，设置“半径”为 100，拖曳鼠标绘制圆角矩形路径。选择菜单“窗口→蒙版”命令打开“蒙版”面板，单击其中的“添加矢量蒙版”按钮为其添加矢量蒙版；单击“蒙版”面板中底部的“应用”按钮，应用矢量蒙版，如图 8-51 所示。显示并选择“正面效果”图层，用同样

的方法为其添加矢量蒙版并应用。

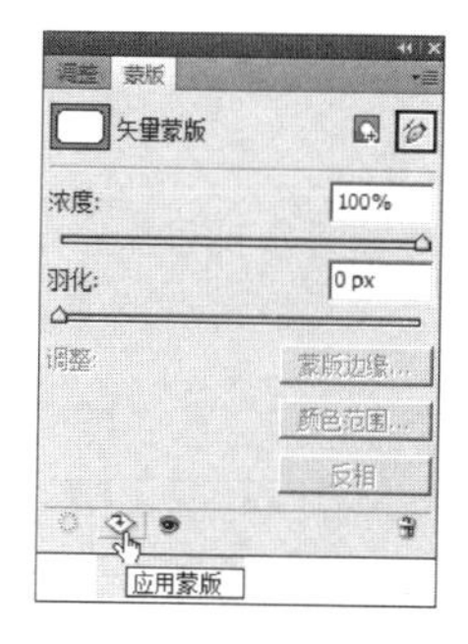

图 8-51 “蒙版”面板中应用矢量蒙版

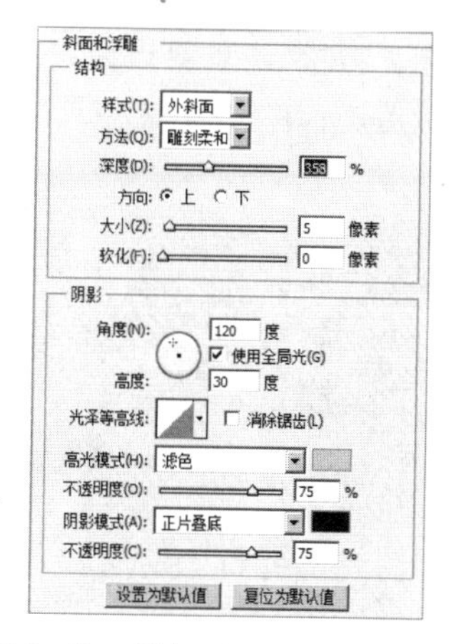

图 8-52 “斜面和浮雕”选项参数

㉑ 在“图层”面板中隐藏除了“背景”、“正面效果”、“反面效果”以外的图层。双击“正面效果”图层缩览图，打开“图层样式”对话框，选择“投影”、“斜面和浮雕”选项，参数如图 8-52 所示。在“图层”面板中右击，从弹出的快捷菜单中选择“拷贝图层样式”命令，右击“反面效果”图层，选择“粘贴图层样式”命令。选择菜单命令“视图→清除参考线”，并将文件存储为 PSD 格式。此时会员卡正反面效果的制作完成，如图8-53所示。

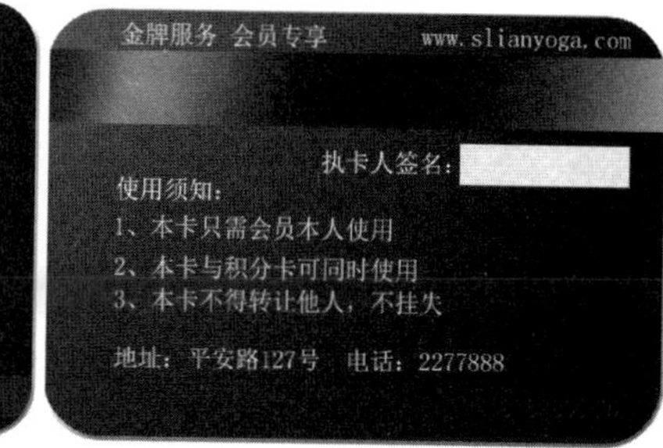

图 8-53 正面及反面效果

㉒ 选择菜单“文件→新建”命令，打开“新建”对话框，参数设置如图 8-54 所示，新建文档“合成效果”。设前景色为“#806c5e”，背景色为“#dac4b3”，选择菜单“滤镜→渲染→纤维”命令，打开如图 8-55 所示的对话框进行设置。

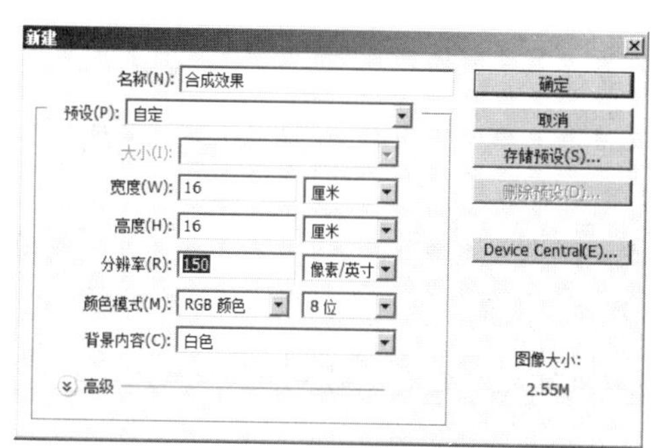

图 8-54 “新建”对话框

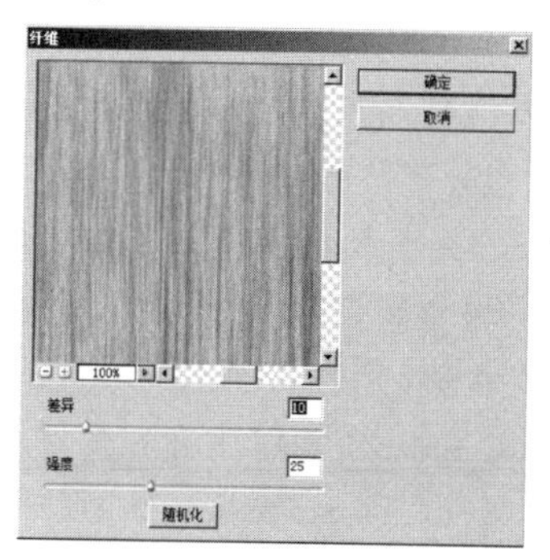

图 8-55 “纤维”滤镜设置

㉓ 选择工具箱中的“魔棒工具”，设置“容差”为30，不勾选“连续的”复选框，在画布任意处点击，建立不规则选区，如图8-56所示。按组合键Ctrl+J，复制选区得到新图层。双击新图层，打开“图层样式”对话框后添加“投影”效果，参数设置如图8-57所示。

图8-56　用“魔棒工具”建立选区

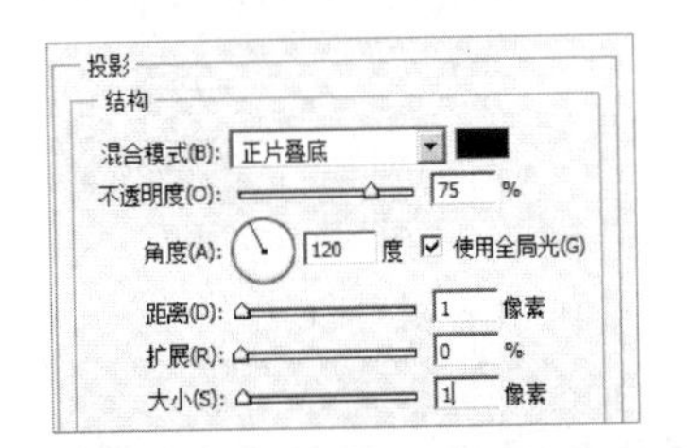

图8-57　“投影”效果参数

㉔ 按组合键Ctrl+E将图层合并。选择工具箱中的“矩形选框工具”，选取画布的左半部分，选择菜单“滤镜→扭曲→极坐标”命令，在打开的“极坐标”对话框中选择“极坐标到平面坐标”单选按钮，如图8-58所示，此时的效果如图8-59所示。用同样的方法，将右半部分选取并执行“极坐标”滤镜。

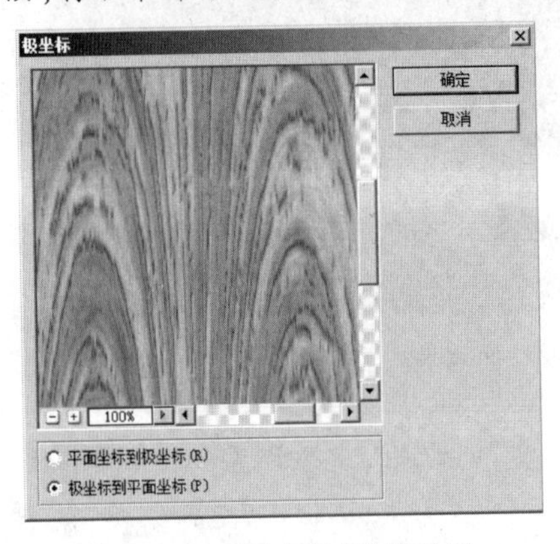

图8-58　“极坐标”滤镜设置

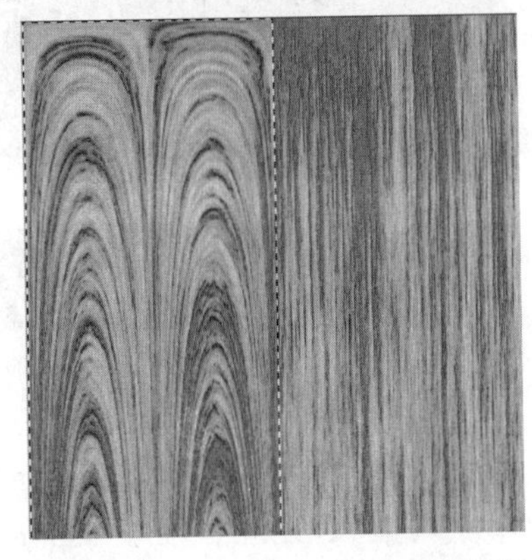

图8-59　左半边执行“极坐标”滤镜

㉕ 继续使用“魔棒工具”在图像中任意位置单击，建立不规则选区，按组合键Ctrl+J复制选区得到新图层。双击新图层，打开“图层样式”对话框，添加“斜面和浮雕”效果，其参数设置及图像效果如图8-60所示。

㉖ 按组合键Ctrl+Shift+N创建新图层，选择菜单“滤镜→渲染→云彩”命令，执行“云彩”滤镜，并将图层的混合模式设为“正片叠底”。选中最上方的图层，按组合键Ctrl+Shift+Alt+E盖印所有可见图层，将盖印得到的图层命名为“木纹”。此时的图像效果如图8-61所示，至此木纹制作完成。

㉗ 保持“木纹”图层为当前图层，选择工具箱中的“矩形选框工具”，在工具选项栏中设置“样式”为“固定大小”，“宽度”为“4厘米”，“高度”为“16厘米”，“羽化”为

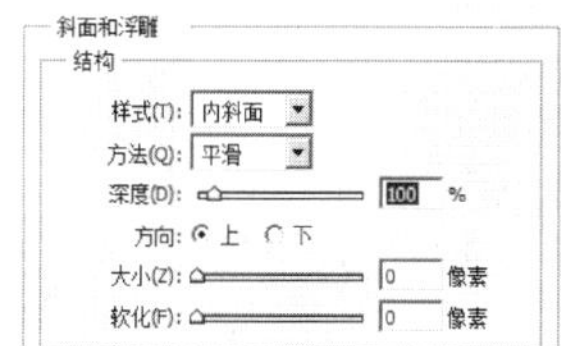

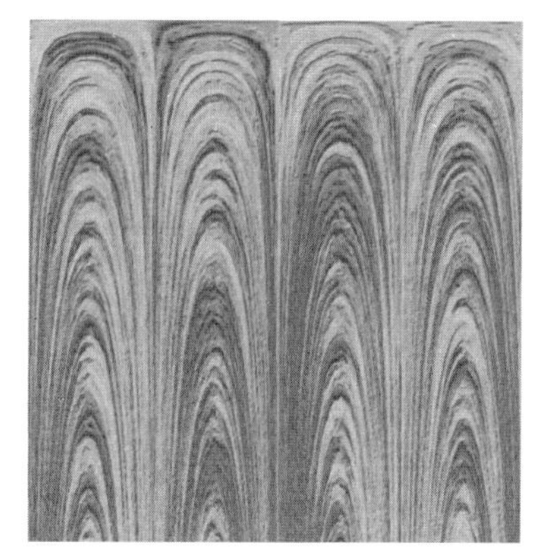

图 8-60　“斜面和浮雕”参数及效果

“0 像素”，在左上角单击，选中左边的四分之一。选择菜单“窗口→动作”命令，打开“动作”面板，单击“动作”面板底部的“创建新动作”按钮，弹出如图 8-62 所示的对话框，输入动作名称，单击“确定”后即开始动作的录制。

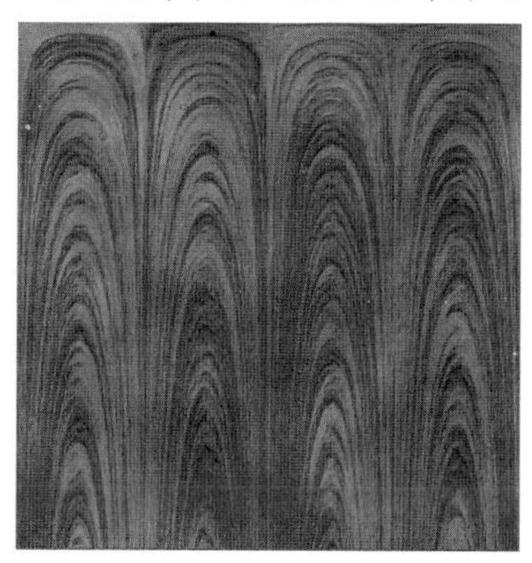

图 8-61　木纹效果图

图 8-62　“新建动作”对话框

㉘ 按组合键 Ctrl+J 复制选区得到新图层，双击新图层缩览图，打开“图层样式”对话框，选择“投影”、“斜面和浮雕”，如图 8-63 所示。在“图层”面板中再次选中“木纹”图层；单击“动作”面板底部的“停止播放/记录”按钮，本动作录制结束。此时的图像效果如图 8-64 所示。

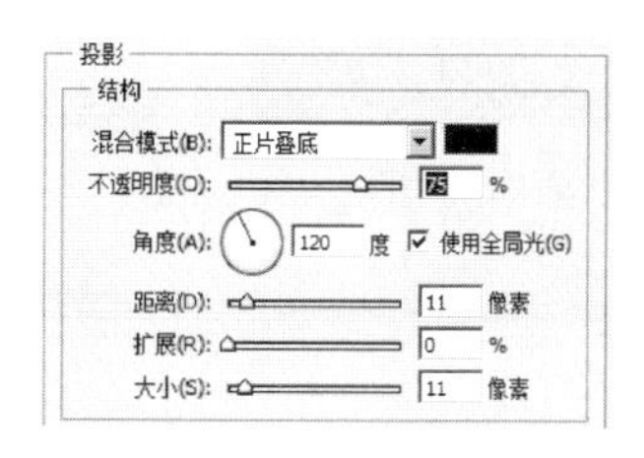

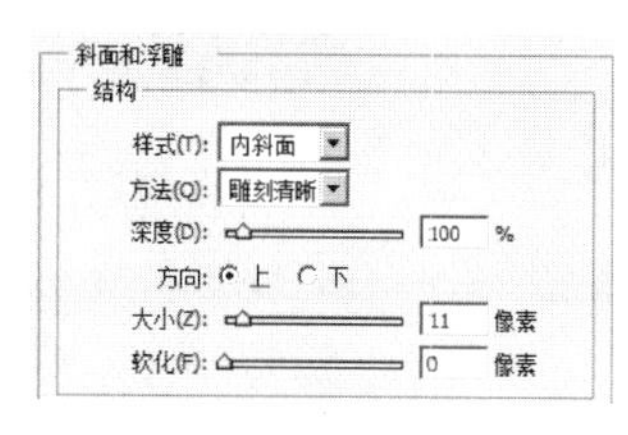

图 8-63　木条的效果参数

图 8-64　录制动作结束后效果

㉙ 再次选择工具箱中的“矩形选框工具” ，保持“木纹”图层为当前图层，在第一根木条右侧的左上角单击，创建第二根木条的选区；在“动作”面板中选中刚录制的动作“制作木条”，如图 8-65 所示，单击“动作”面板底部的“播放选定的动作”按钮 ，开始动作的播放，即可将制作出第二根木条。同样的方法制作第三根、第四根木条，此时的效果如图 8-66 所示，如果木条间距不一致，可使用图层分布命令进行调整。

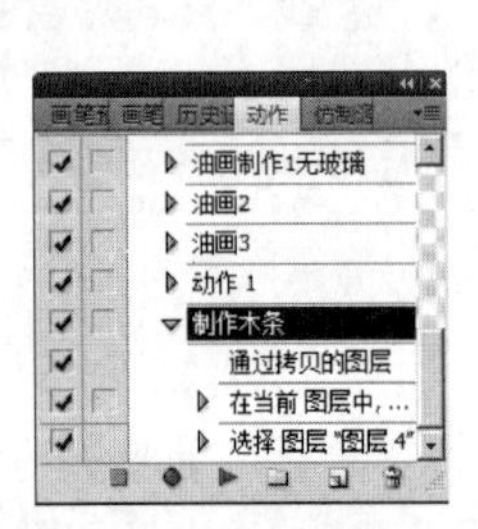

图 8-65 “动作”面板播放动作

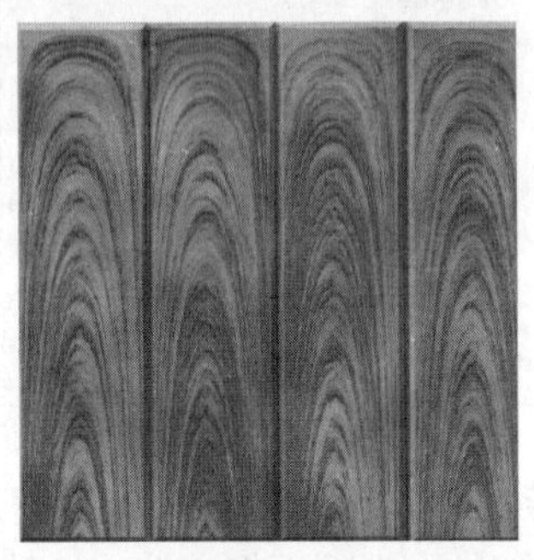
图 8-66 图层“地板”的效果

㉚ 选取最上方的图层，按组合键 Ctrl+Shift+Alt+E 盖印所有可见图层，新图层命名为“地板”。还可以通过添加调整层进行调整，以得到不同色调的实木地板效果。

㉛ 返回“会员卡”制作窗口，将“正面效果”和“背面效果”图层复制到合成窗口中，调整大小、位置和角度，存储文件，完成如图 8-27 所示的最终效果的制作。

案例 26 月饼包装盒封面的设计

案例要求

本案例主要运用一张月饼图片如图 8-67 所示，创意并制作月饼包装盒的封面如图8-68 所示。

图 8-67 月饼图片

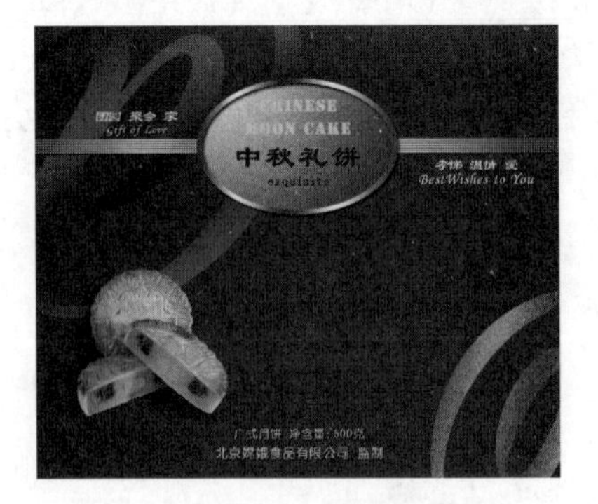

图 8-68 效果图

案例分析

本案例运用了大量的工具、命令及快捷键，是 Photoshop CS5 中各知识点的综合运用，其制作方法具有较强的通用性。

① 利用选区工具、快捷键等功能绘制图形。

② 使用“滤镜”菜单中的命令调整图像的立体效果及质感。

③ 利用“图层样式”增加图像的立体感。

操作步骤

① 新建一个文件，文件的宽度为 30 厘米，高度为 25 厘米，分辨率为 300 像素/英寸，背景为白色。

② 将前景色设置为深红色（R:139，G:13，B:14），新建“图层 1”，按下 Alt+Delete 快捷键填充此深红色。

③ 将前景色设置为红色（R:72，G:8，B:8），背景色设置为黄色（R:248，G:228，B:115），新建“图层 2”，单击工具箱中的“矩形选框工具”，在图像上绘制一个小的矩形选区。然后单击工具箱中的“渐变工具”，在工具选项栏中选择“点按可编辑渐变”按钮，打开“渐变编辑器”对话框，在“预设”中选择“前景色到背景色的渐变”，在渐变编辑条中的 35% 处添加一个色标，颜色设置为黄色（R:248，G:228，B:115），在 72% 处再添加一个色标，颜色设置为黄色（R:248，G:228，B:115）。双击第四个色标，将颜色改为红色（R:72，G:8，B:8）。“渐变编辑器”对话框如图 8-69 所示。单击“渐变工具”选项栏中的“线性渐变”按钮，从矩形选区的左边缘向右边缘拖曳鼠标，为矩形选区填充一个从左到右的线性渐变效果，然后取消选区，效果如图 8-70 所示。

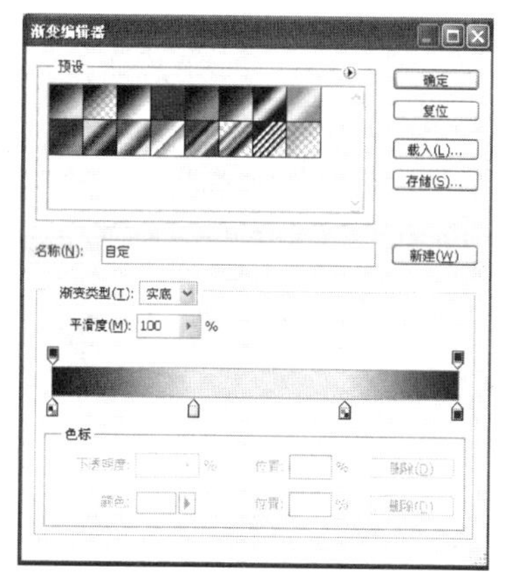

图 8-69　渐变编辑器对话框

图 8-70　取消选区后得到的横条

④ 单击工具箱中的“移动工具”，按住 Alt 键，向下拖动复制出 5 个横条，“图层”面板上自动添加 5 个图层，即“图层 2 副本”到“图层 2 副本 5”；选中“图层 2”，按住 Shift 键，单击“图层 2 副本 5”，将这 6 个图层同时选中，按 Ctrl+T 快捷键，进行自由变换，稍微调整一下这 6 个横条的高度，效果如图 8-71 所示。

图 8-71　调整好高度后的 6 个横条

⑤ 选择菜单“视图→标尺”命令，分别在水平 6.5 厘米、垂直 14.5 厘米处创建两条参考线。

⑥ 设置前景色为黄色（R:250，G:229，B:

12)，背景色为棕色(R:130,G:54,B:2)，在“图层”面板中，选中“图层 2 副本 5”，单击“创建新图层”按钮，在“图层 2 副本 5”上创建“图层 3”。

⑦ 单击“椭圆选框工具”，将鼠标定位在两条参考线的交叉点处，按下鼠标左键，同时按下 Alt 键，向外拖动鼠标，在图像上绘制一个椭圆选区。

⑧ 在“椭圆选框工具”的选项栏中单击“从选区减去”按钮，用与步骤⑦一样的操作方法，再次绘制一个椭圆选区，效果如图 8-72 所示。

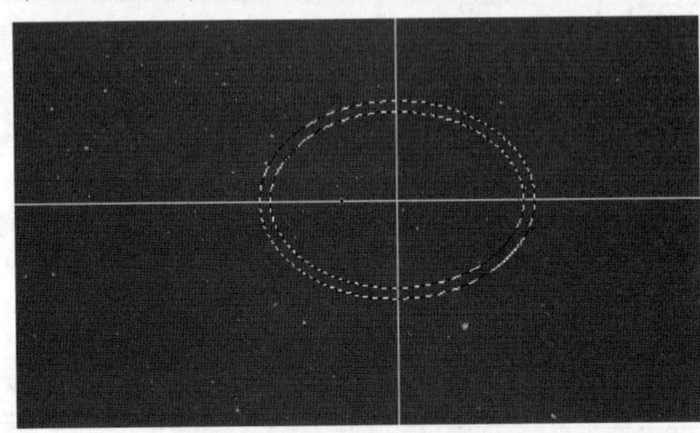

图 8-72　绘制的椭圆选区

⑨ 单击工具箱中的“渐变工具”，用与步骤③类似的方法编辑渐变条，5 个色标的位置分别为 0%、25%、50%、75%、100%，颜色分别为棕色、黄色、棕色、黄色、棕色。在其选项栏中选择“线性渐变”按钮，从选区的左上方向右下方拖曳，为椭圆选区添加如图 8-73 所示的渐变效果，然后取消选区。

⑩ 单击“图层”面板底部的“添加图层样式”按钮，为其添加“投影”效果，在弹出的图层样式对话框中，设置投影的参数如图 8-74 所示。

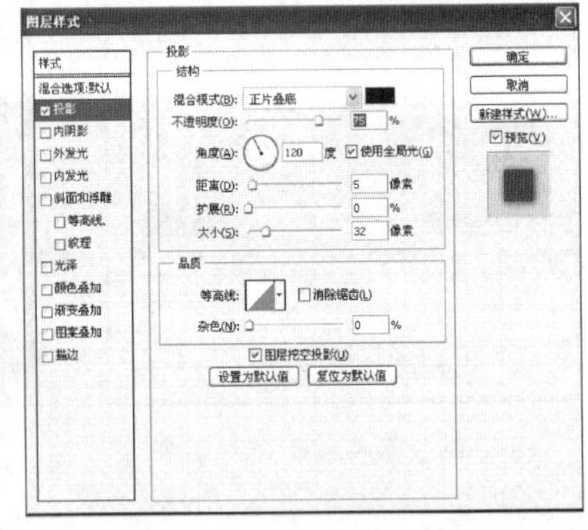

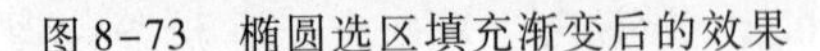

图 8-73　椭圆选区填充渐变后的效果　　　图 8-74　“图层样式”对话框

⑪ 单击“魔棒”工具，在其选项栏中勾选“连续的”选项，在图像窗口中单击椭圆内部区域，将其选中。在“图层”面板中，选择“图层 2 副本 5”，单击“图层”面板底部的“创建新图层”按钮，在其上面创建“图层 4”。

⑫ 设置前景色为浅黄色(R:202,G:169,B:74)，背景色为棕色(R:137,G:90,B:38)，单击“渐变工具”，在工具选项栏上单击“线性渐变”按钮，从选区的左边向右边拖曳鼠标，添加一个从左到右的渐变，然后取消选择。

⑬ 选择菜单“滤镜→杂色→添加杂色”命令，为“图层 4”的内容添加杂色，在弹出

的“添加杂色”对话框中,“数量”设置为 16.57%,选择“平均分布”单选按钮,勾选“单色”复选框,然后点击“确定”按钮,效果如图 8-75 所示。

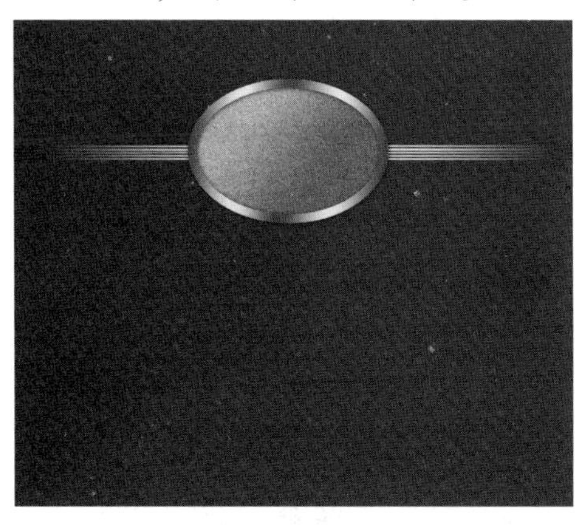

图 8-75　添加杂色后的效果图

⑭ 单击工具箱中的“横排文字工具”,在其工具选项栏中,设置字体为 Cooper Std,字体大小为 24 点,颜色为黄色(R:228,G:200,B:91),在图像上输入英文“CHINESE”;单击选项栏中的“提交所有当前编辑”按钮,完成输入。单击“字符”面板,将字符的字距调整为 100。用同样的方法在下一行中输入“MOON CAKR”,并调整字距为 100。

⑮ 选择“隶书”字体,字体大小为 50 点,颜色为(R:59,G:28,B:6),在图像上输入文字“中秋礼饼”。单击“字符”面板,选中“仿粗体”。双击此文字图层,在弹出的“图层样式”对话框中,设置“投影”的距离为 2 像素,其余的参数取默认值;设置“描边”的“大小”为 1 像素,描边的“颜色”改为白色,其余的参数取默认值;设置“斜面和浮雕”效果,斜面和浮雕的参数设置如图 8-76 所示。调整完成后单击“确定”按钮。为“中秋礼饼”添加“投影”、“描边”和“斜面和浮雕”效果。

⑯ 设置字体为“Georgia”,字体大小为 18 点,在图像上输入英文“exquisite”,单击“字符”面板,将字符的字距调整为 200,效果如图 8-77 所示。

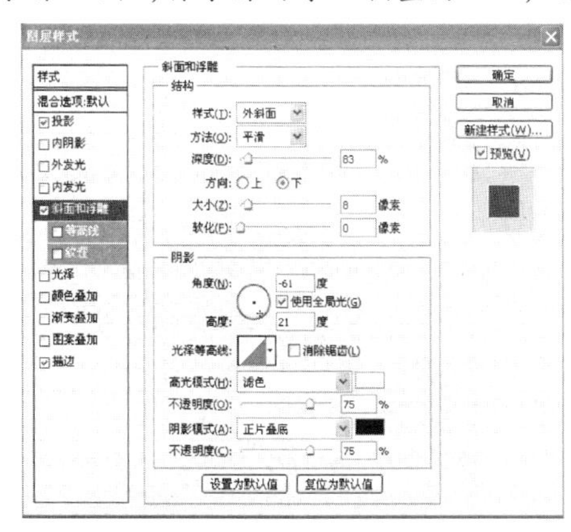

图 8-76　斜面和浮雕的参数设置

图 8-77　添加文字后的效果

⑰ 单击“横排文字工具”,在其选项栏中设置字体为“隶书”,字号大小为 24 点,颜色设置为黄色(R:254,G:230,B:108),在图像上输入文字“团圆 聚会 家”;再将字体设

置为“Monotype Corsiva”，字体大小为24点，输入英文“Gift of love”，并且为此图层添加“投影”和“斜面和浮雕”效果，参数取默认值即可。

⑱ 用与步骤⑰相似的方法，在图像的右边部分添加文字“孝悌 温情 爱”和“Bestwishes to you”，效果如图8-78所示。

图8-78 左右两边添加文字后的效果

⑲ 设置前景色为棕色(R:147,G:76,B:44)，背景色为深红色(R:96,G:10,B:11)，在“图层”面板中选择“图层1”，单击工具箱中的“横排文字工具”，在其选项栏中设置字体为“Bickham Script Pro”，字号大小为800点，在图像窗口中单击，输入符号“@”，在@文字图层上单击右键，选择“栅格化图层”命令，将此文字图层栅格化。

⑳ 按下Ctrl键，并且单击“@”图层的缩览图，将此图层的内容载入选区；单击“渐变工具”，为此选区添加从左到右的线性渐变，取消选择。按下Ctrl+T快捷键，调整@的大小与位置，效果如图8-79所示。

㉑ 将“@”图层复制得到“@副本”图层，对此图层进行自由变换，放置到图像的右下角；选择菜单“滤镜→杂色→添加杂色”命令，在弹出的“添加杂色”对话框中，设置“数量”为30%，选择“平均分布”单选按钮，勾选“单色”复选框，然后单击“确定”按钮，为此图层添加杂色，效果如图8-80所示。

图8-79 添加左上角的@后的效果图

图8-80 添加右下角的@的效果图

㉒ 打开“月饼.jpg”素材，去除白色背景，将月饼拖曳到图像窗口中，调整好大小后，放置到如效果图(图8-68)所示的位置。

㉓ 单击“横排文字工具”，在工具选项栏中设置字体为“黑体”，字号大小为 20 点，颜色为黄色(R:254, G:233,B:116)，在图像窗口中输入“广式月饼 净含量 500 克”；双击此文字图层，为其添加“投影”图层样式，将“距离”设置为 9 像素，“扩展”设置为 0%，“大小”设置为 0 像素，单击“确定”按钮。

㉔ 用与步骤㉓同样的方法，输入文字“北京嫦娥食品有限公司 监制”，也为其添加上述“投影”样式，最终完成月饼包装盒的封面制作。

综合实训

1. 利用提供的图 8-81、图 8-82 和图 8-83 所示的素材，参照效果图 8-84 制作“鲜之源餐厅宣传卡”。

图 8-81 菜品 1

图 8-82 菜品 2

图 8-83 菜品 3

图 8-84 鲜之源餐厅宣传卡

2. 运用所学的知识，利用图 8-85 所示的素材制作“学生守则宣传卡”，如图 8-86 所示。

图 8-85 学生素材

图 8-86 学生守则宣传卡

3. 运用所学知识，利用图8-87、图8-88、图8-89和图8-90所示的4幅图像合成制作“青春的记忆”图像，如图8-91所示。

图8-87　月亮

图8-88　落日

图8-89　放大镜

图8-90　青春记忆

图8-91　青春的记忆

提示：

(1) 图8-87与图8-88的拼接(将图8-87复制到图8-88中，图8-87使用蒙版、黑白渐变、滤镜效果)。

(2) 将图8-89、图8-90复制到图8-88中，对图8-90所在图层运用“动感模糊”滤镜，然后新建一图层，画一正圆，大小与放大镜相同。

(3) 在图8-90上建立“剪贴蒙版”。

4. 房产广告设计。运用所学的知识，将图8-92、图8-93、图8-94所示素材合成制作如图8-95所示的房地产广告。

图8-92　小区外观

图8-93　图标

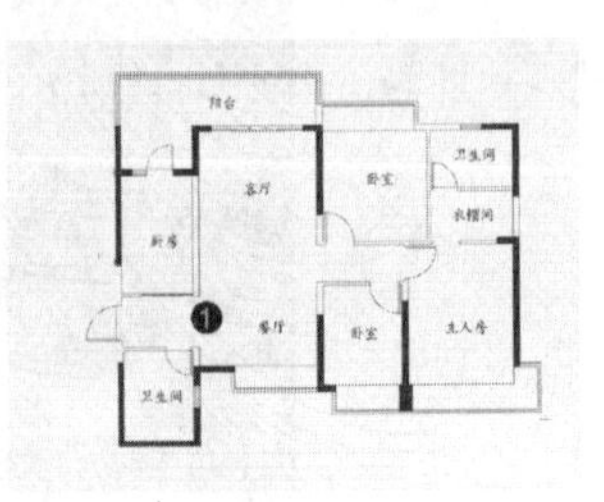

图8-94　户型

恒大地产 香港联合交易所上市股票代码：3333
济南恒大绿洲
千亩湖山 都市生态城
即将盛大开盘
前20名买家特享82折优惠
运动中心
业主乒乓球比赛
邀您参加
★世界级皇家园林 满屋名牌9A精装★
恒大地产集团
EVERGRANDE REAL ESTATE GROUP
热线电话：0531-87356666
项目地址：济南市历城区王舍人镇
看楼免费
济南恒大城
火爆热銷 循衆加推
5300元/m² 起

图 8-95　房地产广告

学习卡账号使用说明：

本书所附防伪标兼有学习卡功能，登录“http://sve.hep.com.cn”或“http://sv.hep.com.cn”进入高等教育出版社中职网站，可了解中职教学动态、教材信息等；按如下方法注册后，可进行网上学习及教学资源下载：

(1) 在中职网站首页选择相关专业课程教学资源网，点击后进入。

(2) 在专业课程教学资源网页面上“我的学习中心”中，使用个人邮箱注册账号，并完成注册验证。

(3) 注册成功后，邮箱地址即为登录账号。

学生：登录后点击“学生充值”，用本书封底上的防伪明码和密码进行充值，可在一定时间内获得相应课程学习权限与积分。学生可上网学习、下载资源和提问等。

中职教师：通过收集5个防伪明码和密码，登录后点击“申请教师”→“升级成为中职计算机课程教师”，填写相关信息，升级成为教师会员，可在一定时间内获得相关教学资源。

使用本学习卡账号如有任何问题，请发邮件至：“4a_admin_zz@pub.hep.cn”。